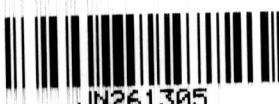

図　学　下巻

玉腰芳夫・伊従　勉

ナカニシヤ出版　増補改訂版

図学下巻—目次

6章 曲　　面 ………… 129

6-1 球 ………… 130
6-1-1 球の輪郭線 ………… 130
6-1-2 球の接平面 ………… 131
6-1-3 球の切断 ………… 132
6-1-4 球面三角形 ………… 134
6-2 円　　柱 ………… 135
6-2-1 円柱の切断 ………… 135
6-2-2 円柱の陰影 ………… 137
6-2-3 円柱の展開図と測地線 ………… 138
6-3 円　　錐 ………… 140
6-3-1 円錐の切断と円錐曲線 ………… 140
6-3-2 円錐の陰影 ………… 147
6-3-3 円錐の展開図と測地線 ………… 148
6-4 二次の線織面 ………… 150
6-4-1 単双曲線回転面 ………… 150
6-4-2 双曲放物線面 ………… 154
6-5 複 曲 面 ………… 155
6-5-1 トーラス（円環） ………… 155
6-5-2 一般回転面 ………… 158

7章 相　　貫 ………… 161

7-1 相貫の基本 ………… 161
7-2 柱面の相貫 ………… 162
7-2-1 柱面の相貫の基本 ………… 162
7-2-2 直円柱の相貫 ………… 164
7-2-3 円柱内部の陰影 ………… 166
7-3 錐面の相貫 ………… 168
7-3-1 錐面の相貫の基本 ………… 168
7-3-2 角錐の相貫 ………… 168
7-3-3 直円錐の相貫 ………… 169
7-4 柱面と錐面の相貫 ………… 171
7-4-1 直円柱と直円錐の相貫 ………… 171
7-4-2 円錐内部の陰影 ………… 172
7-5 柱面と球面の相貫 ………… 173
7-5-1 直円柱と球の相貫 ………… 173
7-5-2 球の内部の陰影 ………… 174
7-6 一般回転面の相貫 ………… 175

8章 標高投象 ………… 176

8-1 標高投象の原理と基本的作図 ………… 176
8-1-1 点 ………… 176
8-1-2 直　　線 ………… 176
8-1-3 平　　面 ………… 179
8-1-4 直線と平面の交点 ………… 182

8-2　標高投象の量に係わる基本的作図 …… 182
8-2-1　直線と平面の勾配 …… 182
8-2-2　平面上の図形の実形 …… 184
8-2-3　平面への垂線 …… 186
8-3　標高投象の応用 …… 187
8-3-1　幾何学的立体の切断と相貫 …… 187
8-3-1　地形曲面と幾何学的平面の相貫（1） …… 190
8-3-1　地形曲面と幾何学的平面の相貫（2） …… 190

9章　透視図法 …… 194

9-1　直立画面の透視図法 …… 196
9-1-1　切　断　法 …… 196
9-1-2　組　立　法 …… 198
9-1-3　測点法（自由透視図法） …… 200
9-2　透視図法の位置に係わる作図法 …… 205
9-2-1　点と直線 …… 205
9-2-2　直線と直線 …… 206
9-2-3　平　　面 …… 207
9-2-4　直線と平面 …… 208
9-3　透視図法の量に係わる作図法 …… 208
9-3-1　平面図形の実形 …… 209
9-3-2　垂線，角度の作図 …… 213
9-3-3　円の透視図 …… 216
9-3-4　球の透視図 …… 219
9-4　傾斜画面の透視図法 …… 220
9-4-1　組　立　法 …… 220
9-4-2　測点法（1） …… 224
9-4-3　測点法（2）―透視図の射線交会法 …… 225
9-5　透視図からの計量的性質の再構成 …… 228
9-5-1　立面図の再構成（直立画面） …… 229
9-5-2　立面図の再構成（傾斜画面） …… 230

参考文献 …… 234
索　引 …… i

6章　曲　　面

投象図より元像が再構成できること，投象図において元像が直観的に把握できること，これらの要請は曲面の場合にも満たされなければならない。後者の要請は，輪郭線の投象図を求めることで対処される。前者の要請は，直線や曲線によって構成されている曲面については，その線などの投象図を求めることで対処される。

詳しくいえば，ある線を一定の規則のもとである線に沿って，もしくはある面に平行に移動してできる軌跡として曲面をとらえ，それらの構成要素の投象図を求める。この動く線を**母線**，それを導く線・面を**導線・導面**という。母線と導線について，それが直線もしくは曲線であることに応じて母直線・母曲線，導直線・導曲線という。また各位置における母線を面素という。さて，表1に示したように，これらに基づいて曲面の分類が生じる。母直線による曲面を**線織面**といい，それは展開可能・不可能(後述)に応じて，**単曲面**と**捌面**(**ねじれ面**ともいう）に分けられる。母曲線による曲面を**複曲面**といい，それは空間的に閉じているか開いているかに対して，**閉複曲面**と**開複曲面**に分けられる。

線織面	単曲面	：柱面　錐面　類似捌面(トルセ)
	捌　面*1	：単双曲線面　単双曲線回転面　双曲放物線面　柱状面　錐状面　螺旋面など
複曲面	閉複曲面	：楕円面　楕球球　円環(トーラス）など
	開複曲面	：複双曲線面　複双曲線回転面楕円放物線面　放物線回転面　一般回転面など

表6-1　曲面の分類

このような定義によって，把握できる曲面は曲面全体の一部分にすぎないことを承知しておこう。一方，曲面は，**規則的な曲面**と**描出的***2**な曲面**に分けられる。前者は，数学の一定の規則のもとで，適当な座標軸を導入することで，方程式の形でとらえられるものをいう。後者は，曲面を特徴づける線の群によってとらえられる曲面である。つまり，この方法によると，曲面のすべての点がとらえられるのではなく，線の群以外の点は原則として無定義であり，ただできるかぎりの滑らかな線という，書き手の技能に負う形でとらえられる。

規則的な曲面の中には，代数曲面が含まれる。それは多項式で表現されるもので，

$$f(x,\ y,\ z)\ \equiv \sum_{i+j+k\leqq n} a_{ijk}x^i y^j z^k = 0 \qquad (6.\ 1)$$

先の表1に掲げた曲面のすべては，この代数曲面に含まれるものであるが，これらの曲面を統一的に取扱うために，x，y，zを実数だけでなく，虚数を含めた複素数の領域にまで拡大しておくのが便利である。例えば，係数はすべて実数である2次の曲面，$x^2+y^2+z^2+1=0$は，実点を原点とする半径$\sqrt{-1}$の球で，虚点よりなる代数実曲面であるとして取扱う。

規則的な曲面F(x，y，z)は次のようにも分類される。点P(0，0，0)における曲面F(x，y，z）の接平面（後述）をxy面に選ぶと，F(x，y，z)はテイラー展開されて，

$$z = f(x,y) = \frac{1}{2}(\alpha x^2 + 2\beta xy + \gamma y^2) + \cdots + (\text{高次の順}) \qquad (6.\ 2)$$

となる。点Pの近傍を考えると，近似的には三次以上の項を無視しうるので，6.2式は次の二次式によって表示される。

$$z = \frac{1}{2}(\alpha x^2 + 2\beta xy + \gamma y^2) \qquad (6.\ 3)$$

この曲面φを**頂点接触放物線面***という。この放物線面φは点PにおけるF(x，y，z)の曲率と同じ曲率を示す。また6.3式は，

$$\frac{1}{2\alpha}\left[(\alpha x + \beta y)^2 + (\alpha\gamma - \beta^2)\ y^2\right] \qquad (6.\ 4)$$

と書き替えうる。点Pでの接平面に近接し，かつこの接平面に平行な平面でこの放物線面φを切断すると，6.4式の，$\alpha\gamma-\beta^2$が正，0，負になるに応じて特徴ある切断線が生じる。そのことによって，放物線面を次のように分類し，そのことによって規則的な曲面F(x，y，z)が分類される。

*1　ねじれ面ともいう
*2　graphischの暫定的な訳語

*　oskulierendes Scheitelparaboloidの暫定的訳語

1）　$\alpha\gamma-\beta^2>0$，楕円的放物線面。

曲面 φ を $z=const.$ で切断すると，楕円に似た切断線が生じる。楕円面，楕球，球，放物線回転面，その他凸状の一般回転面などがこれに含まれる。

2）　$\alpha\gamma-\beta^2<0$，双曲線的放物線面。

曲面 φ を接平面（$z=0$）で切断すると，曲面 φ の切断面は二つの（実）直線となる。次に $z=const.$ で切断すると，曲面 φ の切断線は双曲線状となり，先の二直線はその漸近線となる。単双曲線回転面，双曲放物線面，螺旋面または反った形の線織面などが含まれる。また，部分的には一般回転面の喉内の部分がこれに属する。

3）　$\alpha\gamma-\beta^2=0$，放物線的柱面。

曲面 φ を接平面（$z=0$）に切断すると，切断線は二本の直線が重なった直線となる。また $z=const.$ で切断すると，この直線に平行な二本の直線が切断線となる。柱面，錐面，類似拗面などがこれに含まれる。

6-1　球

6-1-1　球の輪郭線

球は，一定点より一定距離（実）の点の集まりとして定義されるので，投象の観点から次のようにも定義される。すなわち，直径を共有する互いに垂直に交わる二つの円があって，その一方を母線，他方を導線とし，かつ直径の両端の点は固定しておくことによって生ずる軌跡が球である。この定義は，母線である円の一直径を回転軸として母線を回転することと同じである。母線を回転することで生ずる曲面を**回転面**というが，球は通常，回転面として取扱われる。

球の投象図を考える（図**6-1**）。円 k_2（$/\!/ \Pi_2$）を直径 NS を回転軸として回転したとして表示する。この円 k_2 も直径 NS もその投象図は簡単に求まるので，元像の再構成については問題がない。次に球としての投象図であるが，それは球に対する投射線（一定方向の球の接線）と投象面との交点の集まりである。球のこの接点の集まりを**真の輪郭線**，その投象図を**見えの輪郭線***という。図**6-1**では，円 k_1 が真の輪郭線，平面図の k_1' が見えの輪郭線，立面図に関して円 k_2，k_2'' がそれぞれ真の，見えの輪郭線である。

＊　scheinbare Kontur, coutour apparent の暫定的訳語

今，図**6-1**において球面上に点 P，Q があるとする。軸 NS 上に中心がある円の上に点 P はあるはずであるから，点 P″ が与えられたとすると，円 k_P［$\ni P_1$］の k_P'' が定まり，次に円 k_P' が定まり，p［P″］$\wedge$ k_P' として点 P′ が定まる。このとき，点 P′ は二つあり手前の P′ は真の輪郭線 k_2 より前にあるので立面図では見え，後の P′ は隠れて見えない。また，点 Q′ が与えられたとすると，点 Q″ が二つ出てきて，輪郭線 k_1'' より上の点 Q″ の Q は平面図で見え，下の点 Q″ の Q は隠れて見えない。この見え，隠れの関係は，単純で取扱いやすいので，一般に回転面の輪郭線を求める際，一般の回転面の一部分を球の一部分に置きかえて，球で輪郭線を求め，それによって回転面の輪郭線を求めるといったように，球が用いられる。これについては後述する。

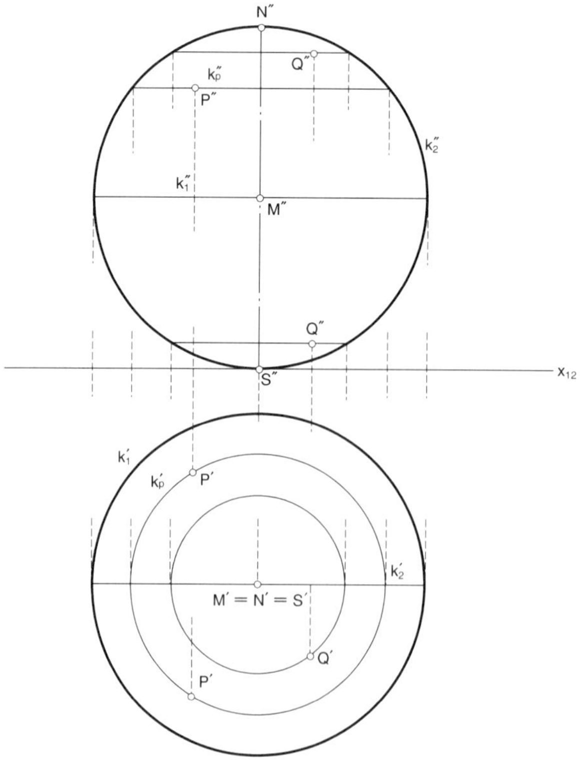

図6－1　球の輪郭線

6-1-2　球の接平面

曲面 φ 上の点Pを通る曲面 φ 上の曲線 c があるとすると，一般に点Pにおける一群の曲線 c_n の接線は一つの平面を決定する。この平面を**接平面**という。また，このように一つの接平面が定まる曲面上の点を**一般点**という。

図**6-2**において球 Γ 上の点Pの接平面 ε を求めよう。点Pを通る球 Γ 上の曲線(円)の接線によって接平面が定まる。すなわち，大円 k_1[P, $\perp \Pi_1$]，小円 k_2[P, $/\!/ \Pi_1$]，小円 k_3[P, $/\!/ \Pi_2$]を考え，点Pにおける k_1, k_2, k_3 の接線を t_1, t_2, t_3 とする。接線 $t_2 /\!/ \Pi_1$ であるから，それは水平跡平行線となって，接平面 ε の水平線 $e_1 /\!/ t_2'$ となる。また同様に，接線 $t_3 /\!/ \Pi_2$ より直立跡線 $e_2 /\!/ t_3''$ となる。大円 k_1 の接線 t_1 は，楕円の接線の項で既に触れたように，点 P_0 (軸NSを回転軸にして点Pを輪郭線上まで回転して求めた点)における円 k'' の接線 t_{01} と回転軸N″S″との交点 T_1'' を通る(この場合，$\boldsymbol{Af}(P_0'') = P''$，但し $\boldsymbol{Af}$[N″S″, $/\!/ P_0''P''$])。次に接線 t_1 の両跡点H, Vを通るので，水平跡線 e_1 ($/\!/ t_2'$)と直立跡線 e_2 ($/\!/ t_3''$)が求められる。

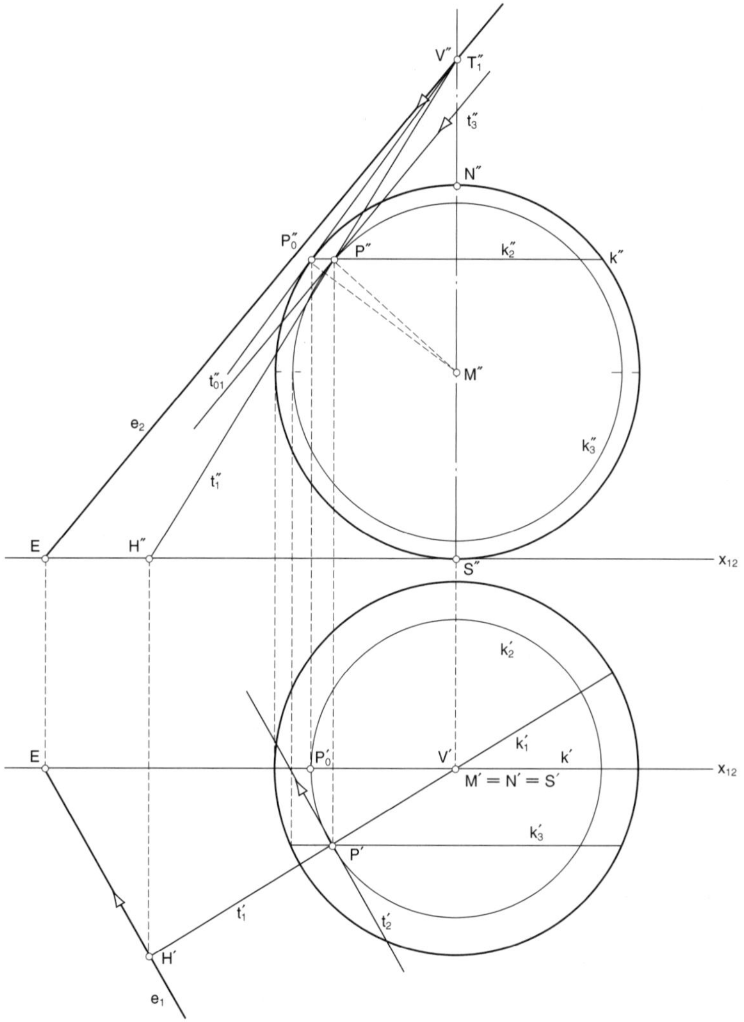

図6－2　球の接平面

6-1-3　球の切断

平面 ε で立体を切断する場合，この平面 ε を**切断平面**，切断されてできる立体の面を**切断面**という。切断面は**切断線**によって囲われる。切断線は立体の面と切断平面との交線である。曲面の切断線を求めようとする場合，一般的には曲面を構成している面素と切断平面との交点を数多く求める方法がとられる。

球の切断面は，既に1章，2章で触れてきたように，球の中心を含む面で切断すれば大円に，その他の切断平面では小円になる。したがって，その投象図は一般的には楕円となる。それ故，いちいち面素と切断平面との交点を求めるのではなく，長軸・短軸などといった特殊な点を求めればよい。

図**6-3**では，切断平面が直立投象面 Π_2 に垂直で，かつ球の中心Mを含む場合が示されている。切断大円 c(中心M)の直径のうち，直立投象面 Π_2 に垂直な直径 l と，平面 ε の水平跡垂線 g [M, $\perp e_1$]とが，平面図 c' の長軸と短軸となる。楕円 c' の長軸寸法を a，短軸寸法を b とすると，焦点 F_1，F_2 は $\sqrt{a^2-b^2}=e$ で得られる。

図**6-4**では，切断平面 $\varepsilon(\perp \Pi_2)$ による切断線 c が小円となる場合が示されている。作図法は図**6-3**とほぼ同様である。平面図で切断線 c' と見えの輪郭線 k' が接するが，その接点 R_1', R_2' は，立面図で真の輪郭線 k の立面図 k'' と切断線 c'' の交点 R_1'', R_2'' より求められる。

次に図**6-5**で一般平面を切断平面 ε に選んだ場合を考えてみよう。但し，簡潔さを考慮して，切断線は大円 c としておく。この場合，立面図 c'' も平面図 c' も楕円となる。それらの長軸は，跡線にそれぞれ平行で，かつその長さは球の直径に一致する。また，短軸はその長軸に直交し，その長さは副投象によって容易に求められる。例えば，副基線 x_{13}[M′, $\perp e_1$]とすると，E′[$x_{13} \wedge e_1$]，C′＝M‴より，副跡線 e_3 が求まり，点G‴F‴が求まって短軸G′F′の長さが求められる。次に直線A′B″とA′B′の交点と，C″D″とC′D′の交点（つまり一致点)を結んでできる一致直線 h に注目する。切断線の平面図 c' と立面図 c'' は，$\boldsymbol{Af}(c')=c''$, $\boldsymbol{Af}$[h, // M′M″]とする平面配景的アフィン対応の関係にある。この関係に着目するとき，一方の楕円の長軸・短軸となる円 c の直径が他方の楕円の共投軸となるが，その対応関係が容易に判明する。また，立面図 c'' の最高点，最低点となる点は平面図では水平跡線 e_1 より最も遠い点と近い点になるはずであるから，短軸上の点G，Fがそれに該当し，上述の方法で立面図 c'' 上に求められる。さらに例えば，楕円 c' 上の点P′の接線 t' が，上巻**1-5**で述べた方法で求めたとすると，その接線となった線は他方の楕円 c'' 上の点P″接線 t'' になるはずであるから，$\boldsymbol{Af}(t')=t''$，但し $\boldsymbol{Af}$[h，// M′M″]として容易に求められる。

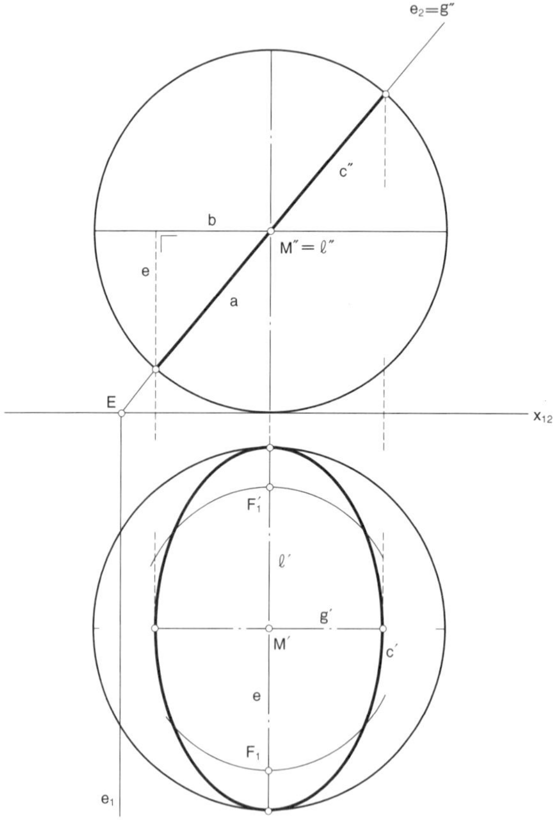

図6－3　球の切断線(大円の場合)
F_1, F_2は楕円の焦点

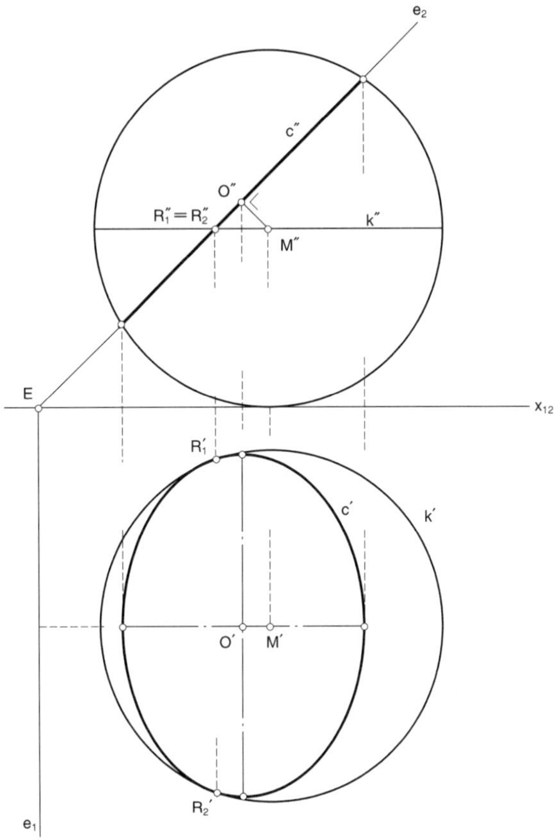

図6－4　球の切断線（小円の場合）

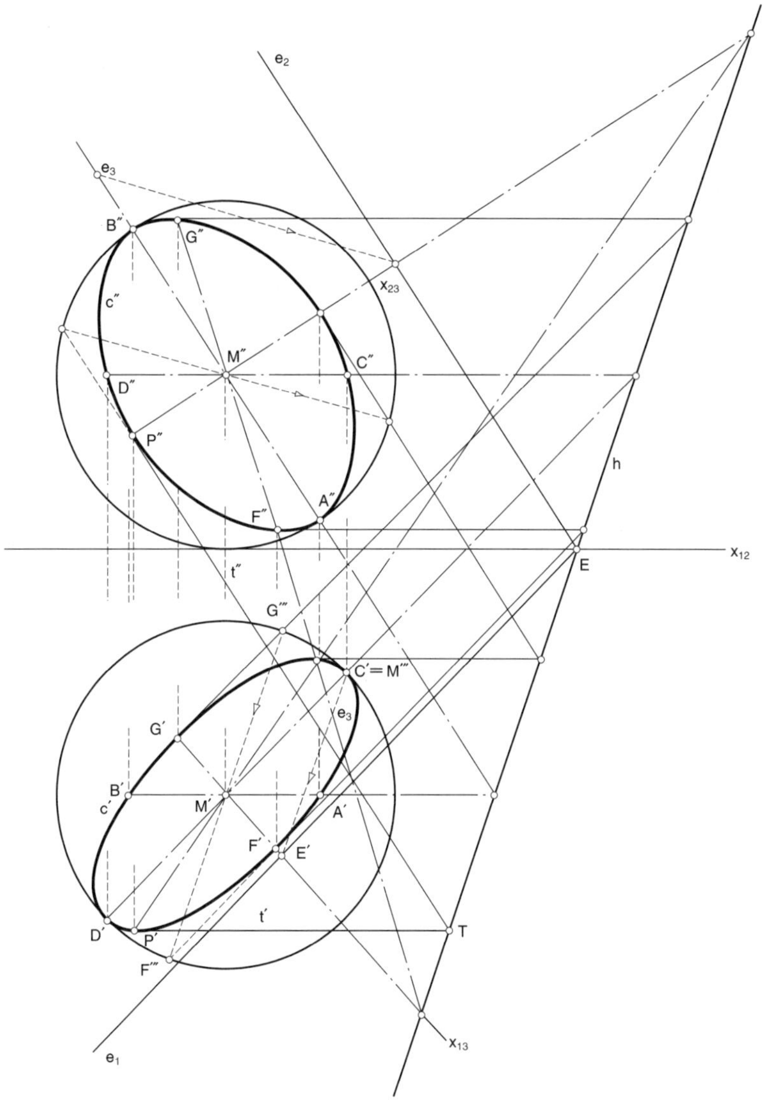

図6－5　一般平面による球の切断

6-1-4　球面三角形

曲面上の二点を結ぶ線のうち，最短距離をなす線をその曲面の**測地線**という。球面上の測地線は大円の弧である。球面上の三点を結ぶこの三本の測地線で囲われた図形を**球面三角形**というが，球面の性質を知る意味で，その内角，すなわち各頂点での大円の接線のなす角度 α，β，γ と中心角すなわち球の中心Mと各頂点を結んだ直線のなす角度 a，b，c(球の半径を１とする)の関係について見てみよう(図**6-6**)。

図**6-7**において中心Mと二頂点A，Bを含む平面を水平投象面Π_1とする。弧c（＝AB)の実形が平面図として示される。弧a（$=\widehat{\mathrm{BC}}$），弧b（$=\widehat{\mathrm{CA}}$）については各々直線AM，BMを回転軸にして扇形MBC，MACを水平投象面Π_1上にラバットメントすることで求められる。すなわち，直線$C'O_1$（⊥ MA)，$C'O_2$（⊥ MB)と円 k との交点で点C_{01}，C_{02}が求められ，弧 a = 弧BC_{02}，弧 b = 弧AC_{01}となる。次に各頂点での内角を求める。点Cにおける弧 a，b の接線 t_a，t_b は直線MA，MBと交わるので，その交点をD，Eとすると，この接線のラバットメントは円k'の上の点C_{01}，C_{02}の円k'の接線 t_{0a}，t_{0b} であるので，この接線と回転軸との交点がD, Eとなるはずである。したがって，角$\angle t_a t_b$（$=\angle\gamma$)は，点Cの高さ z_c が直角三角形の関係で定まるので，三角形CEDのラバットメントが可能で，そのラバットメント上の$\angle DC_0E$として求められる。この場合，$\overline{EC_0}=\overline{EC_{02}}$，$\overline{DC_0}=\overline{DC_{01}}$でもある。角度 α（頂点Aの内角)，β（頂点βの内角）は各々，平面MAC，MCBの水平傾角に等しいので，先の z_c を求める際着目した直角三角形の関係を使って容易に定められる。

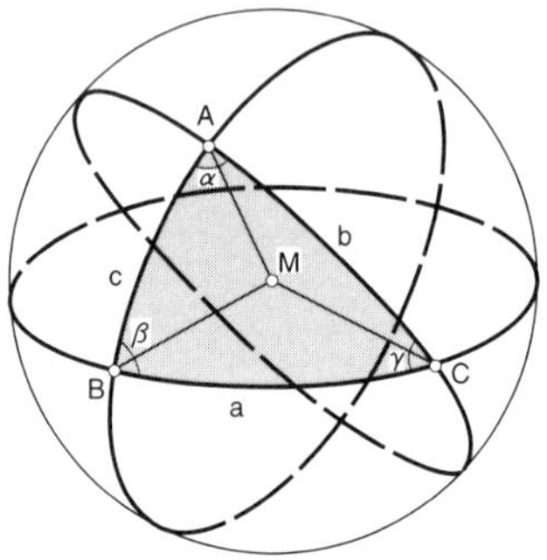

図６－６　球面三角形

内角 α，β，γ と中心角 a，b，c の解析的関係を見てみよう。距離 z_cは，$\overline{O_1C_{01}}=\sin b$，$\overline{O_2C_{02}}=\sin a$ であるから，

$$z_c=\sin a\sin\beta=\sin b\sin\alpha \qquad (6.\ 5)$$

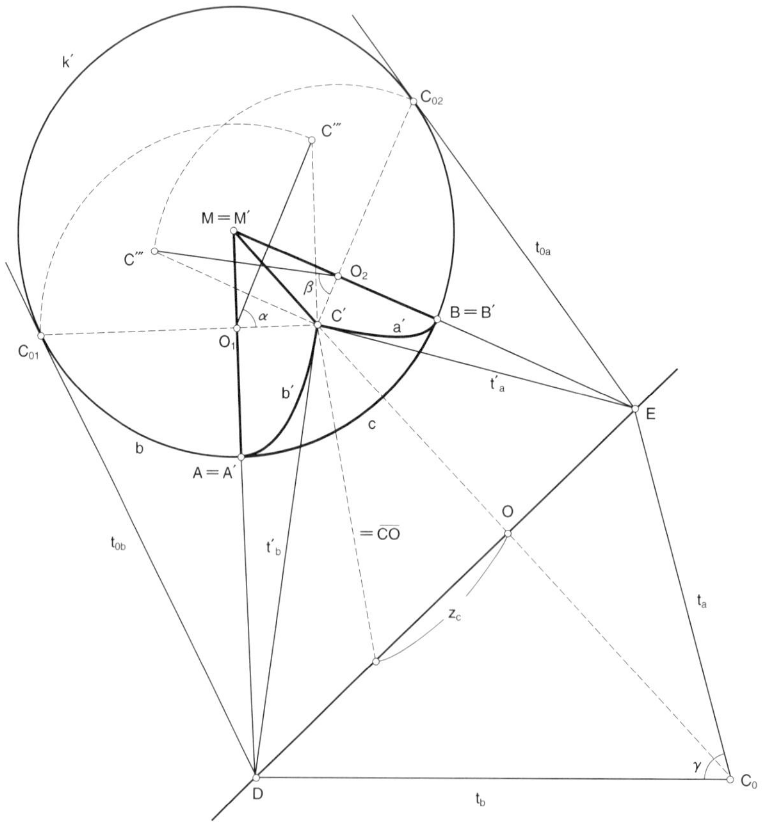

図６－７　球面三角形の内角

また，平面MCAを投象面Π_1として，点Bの高さz_bを考えれば，同様に

$$z_b = \sin c \sin \alpha = \sin a \sin \gamma \tag{6.6}$$

6.5式と6.6式より次式が導かれる。

$$\frac{\sin a}{\sin \alpha} = \frac{\sin b}{\sin \beta} = \frac{\sin c}{\sin \gamma} \tag{6.7}$$

この関係を球面三角形の正弦定理という。

また，$\overline{\mathrm{MO_1}} = \overline{\mathrm{MO_2}}\cos c + \overline{\mathrm{O_2C'}}\sin c$ であり，かつ，$\overline{\mathrm{MO_1}} = \cos b$，$\overline{\mathrm{MO_2}} = \cos a$，$\overline{\mathrm{O_2C'}} = \sin b \cos \alpha$ であるから，

$$\cos b = \cos a \cos c + \sin b \sin c \cos \alpha \tag{6.8}$$

これを，球面三角形の側面の余弦定理という。

6-2 円　　柱

6-2-1 円柱の切断

一導曲線に交わりながら平行移動する母直線の軌跡を**柱面**という。この導曲線が円の場合，柱面は**円柱(面)**となる。この円の中心を通って母直線に平行な直線を軸という。円柱は，この軸のまわりに軸に平行な母直線を回転して生ずる回転面である。導曲線である円に対して軸が垂直な円柱を**直円柱**，それ以外を**斜円柱**[*1]という。

柱面は投象にとって基本的な曲面である。球の正投象のところで真の輪郭線は投射線と球との接点の集まりであることを見た。球の接線であるこの投射線の作る曲面は直円柱であった。このように曲面のすべての面素が他の曲面の接線となっている状態を**接触**といい，その際の接点の集まりを**接触線**(球の場合は接触円)という。

図**6-8**に示すように，直円柱面(軸$o \perp \Pi_1$，導円半径b)があって，切断平面$\varepsilon(\perp \Pi_2)$で切断した場合の切断線kを考えてみよう。その切断線kは楕円である。その証明のために，次のような二つの内接球Γ_1，Γ_2を設けよう。すなわち，切断平面εに点$\mathrm{F_1}$と$\mathrm{F_2}$で接する内接球[*2]である。そして切断線k上の任意な点Pとそれを通る面素lに着目する。この面素lと内接球の接触

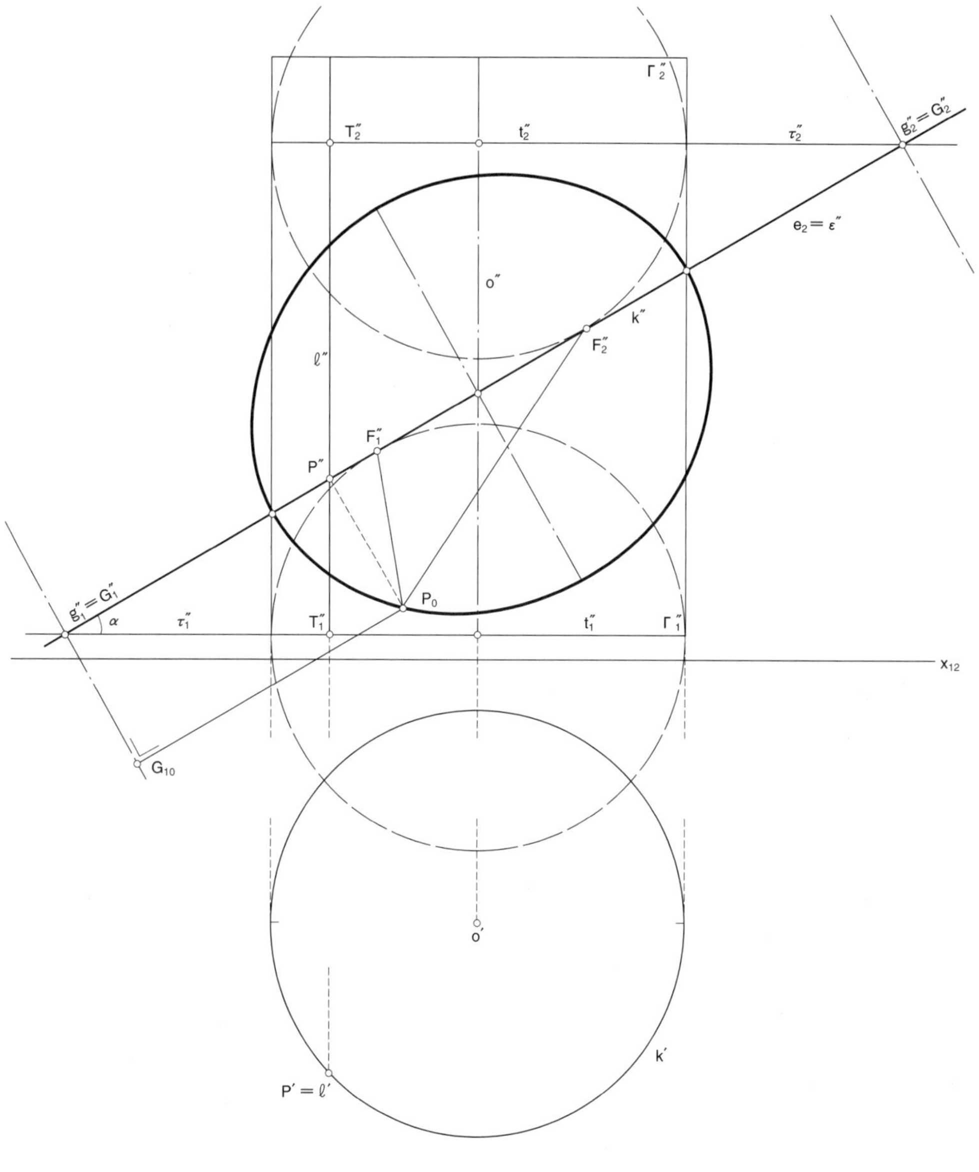

図6－8　直円柱の切断線

＊1　底面と軸の関係で，直円柱（底面⊥軸），斜円柱（底面$\not\perp$軸）という場合もある。
＊2　「ダンデリンの球」という（J.P.Dandelin，1882)。

円 t_1，t_2との交点をT_1，T_2とすると，

$$\overline{PF_1}=\overline{PT_1},\ \overline{PF_2}=\overline{PT_2} \qquad (6.\ 9)$$

となる。何故ならば，球外の一定点からの球への接線の長さは常に等しいからである。

$$\overline{PF_1}+\overline{PF_2}=\overline{PT_1}+\overline{PT_2}=\overline{T_1T_2} \qquad (6.\ 10)$$

線分$\overline{T_1T_2}$の長さはどの面素をとるかに係わりなく一定である。したがって，

$$\overline{PF_1}+\overline{PF_2}=const. \qquad (6.\ 11)$$

定義により，この切断線 k は楕円で，点F_1，F_2は楕円の焦点である。

接触円を含む平面 τ_1，τ_2の切断平面 ε との交線をg_1，g_2とし，点Pから直線g_1，g_2への垂線の脚をG_1，G_2とすると，

$$\overline{PF_1}\ /\ \overline{PG_1}=\overline{PF_2}\ /\ \overline{PG_2}=const. \qquad (6.\ 12)$$

となる。何故ならば，

$$\overline{PG_1}=\overline{P''G_1''},\ \overline{PF_1}=\overline{P''T_1''}\ \text{また}\ \overline{PG_2}=\overline{P''G_2''},\ \overline{PF_2}=\overline{P''T_2''} \qquad (6.\ 13)$$

であり，点P''，G_1''，T_1''および点P''，G_2''，T_2''はそれぞれ直角三角形で，かつ相似であるので，6.12式は成立する。また，$P''G_1''$，$P''G_2''$は直角三角形の斜辺，$P''T_1$，$P''T_2''$は底辺となるので，6.12式は常に1より小となる。この比を**離心率**といい，それが1より小の場合が楕円ということになる。

次に一般平面 ε を切断平面とする場合の直円柱Φの切断線 k の平面図 k'と立面図 k''の関係について見てみよう（図**6-9**）。平面図 k' は直円柱Φ面の平面図と一致する。楕円 k を通る投象面Π_1への投象線が円柱Φの面素と一致するからである。楕円 k の長軸 m は中心Mを通る。平面 ε 上の e_1への垂線と一致し，短軸 n は中心Mを通る水平跡平行線（$/\!/ e_1$）であるから，その平面図 m'，n' は円 k' の直交する直径である。また，立面図 m''，n'' は楕円 k''の共役直径となる。楕円 k''の作図は平面上の直線の性質を使って求めることができるが，また，図示したように，配景的アフィン対応の関係（$\boldsymbol{Af}(k')=k''$，但し，$\boldsymbol{Af}[h,\ /\!/M'M'']$）を使って求めることもできる。楕円 k''の最高点，最低点の作図は，球のところで述べた方法と同じ仕方で求められる。

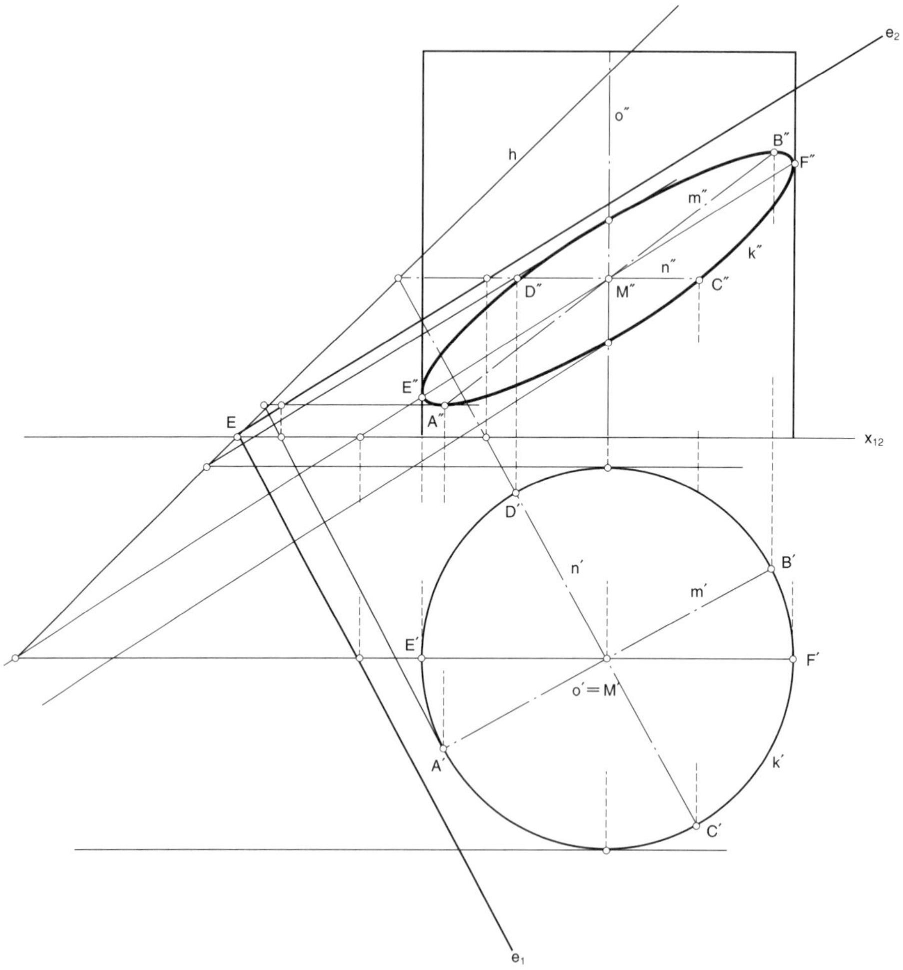

図6－9　一般平面による円柱の切断

6-2-2　円柱の陰影

ある立体に**平行光線**が当たっているとする(図**6-10**)。この立体に外接する光線を面素とする柱面を**光線柱**という。立体と光線柱の接触線を**陰線**といい，陰線より光源側の立体の面を**光面**，その逆を**陰面**，または，単に**陰**という。この立体がさらに他の面，例えば平面 ε 上にかげを投げかけるとする。平面 ε 上のこのかげを**影面**，または単に**影**という。その輪郭線は**影線**といわれる。影線は光線柱を平面とで切断した切断線に該当する。

球 Γ があって，光線 l の平面図 l'，立面図 l'' が，図**6-11**に示したように基線に対して $\pi/4$ になるような平行光線*があるとする。光線 l に垂直な大円が陰線 k となり，この円 k を導線とする光線柱を平面 ε で切断した切断線 k_s(楕円)が影線となる。円 k を含む平面 σ と平面 ε との交線を g とすると，円 k と楕円 k_s とは交線 g をアフィン軸とし，光線 l をアフィン方向とする空間的な配景的アフィン対応の関係にある。

*　**基準光線**，又は基準方向の光線という。

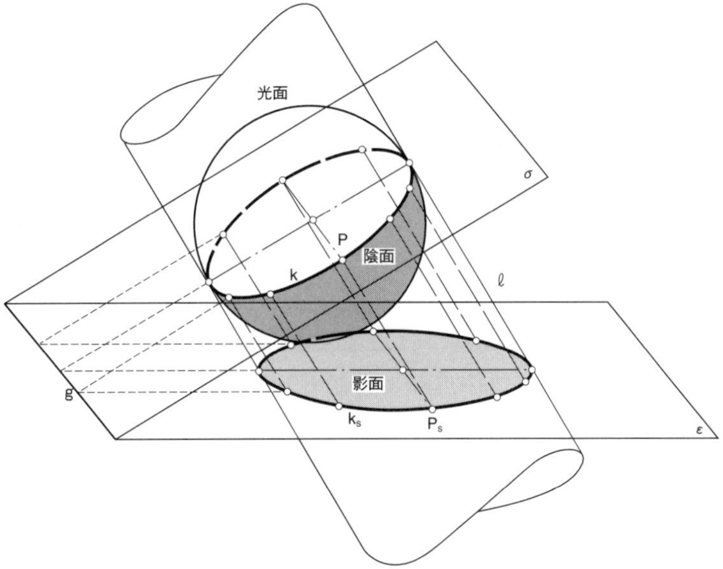

図6－10　平行光線による陰影

斜円柱 Φ の基準光線による陰影を求めてみよう(図**6-11**)。上底円 k_1 の光線柱 Σ を考え，円柱 Φ，Σ の共通接平面 ε に注目する。接平面 ε は，下底円 k_2 と，円 k_{11}(上底円 k_1 の影)の共通接線と，両柱面の面素 g，l(共通接線の接点を通る面素)により決定しうる。直線 g は斜円柱の面素，直線 l は光線であるので，この面素 g(＝BC)が陰線，g_1(＝B_1C)が影線となる。上底円 k_1 の水平投象面上への影は円 k_{11} であったが，直立投象面 Π_2 上への影は，円 k_1 の光線柱を Π_2 で切断した切断線 k_{12}(楕円)として求められる。そして面素 f の影 f_2 がそ

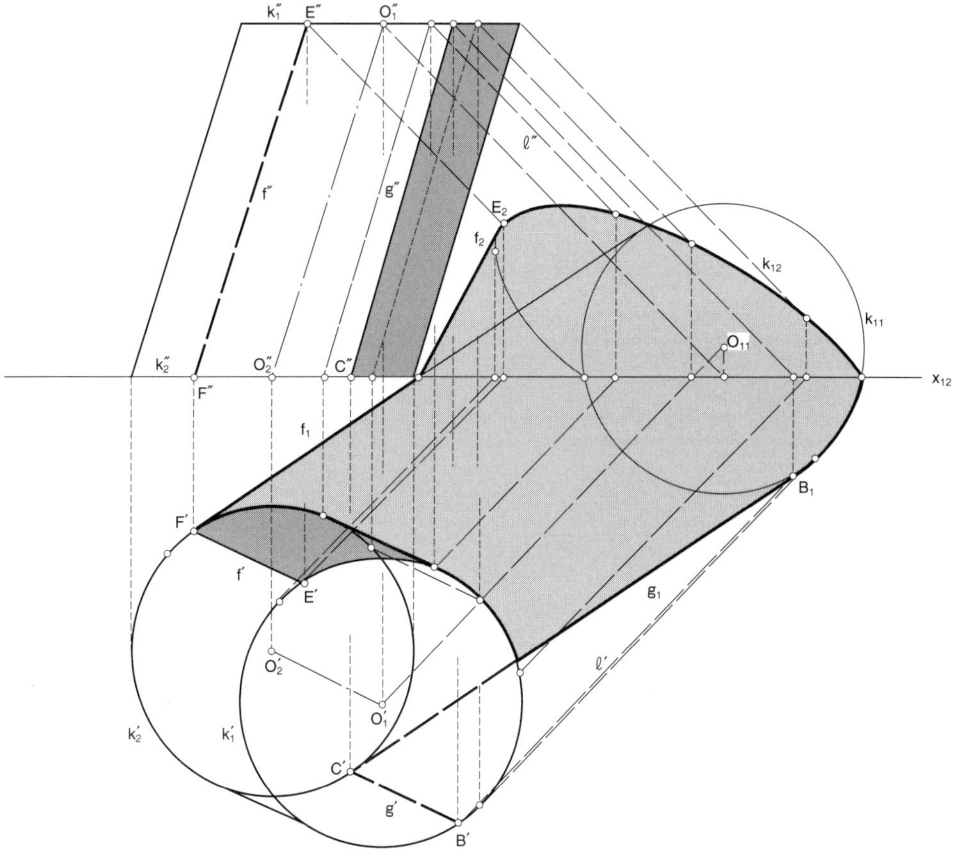

図6－11　斜円柱の陰影

の楕円 k_2 の接線となるはずであるが，その接点は，上底円 k_1 と面素 g との交点Bが円 k_{11} と g_1 の接点 B_1 になるのと同様，接点 E_2 として定められる。

6-2-3　円柱の展開図と測地線

展開とは，立体を形成する面を一平面上に伸び縮みなく移すこと，すなわち等長変換(合同変換)することをいう。そして一平面上に展開された図を**展開図**という。曲面では，原理的には単曲面のみが展開可能で，その曲面を**可展面**といい，それ以外を**非可展面**という。

直円柱Φを切断平面 ε ($\perp \Pi_2$)で切断して，平面 σ 上に展開した展開図を求めよう(図6-12)。直円柱面の展開図は面素の長さと円周長を辺とする長方形であるので，下段に別記した円弧を直延する近似画法によって円周長を求めれば定めることができる。その図中に切断線 k の展開図 k_0 を書き込んでいけばよい。切断によって切り取られた面素の実長は，この場合，立面図に示されているので，それを平行移動し，k_0 上の所定の位置に置けばよい。

この展開図 k_0 をより正確にするため，k_0 の接線を作図する。点 B_0, D_0 での接線は基線 x_{12} に平行となる。また，点 A_0, C_0 では切断平面 ε の水平傾角 α と同じ角度で基線 x_{12} と交わる。何故ならば，例えば点Cにおける楕円 k の接線 t_c は，平面図 t'_c[C′, $/\!/ x_{12}$]であり，立面図 t''_c($\equiv e_2$)として示され，かつ点Cにおける円柱Φの接平面は平面 σ に平行であるから，上記の形となる。また，同じ目的のために，点 B_0, D_0 における展開図 k_0 の曲率円を求めよう。例

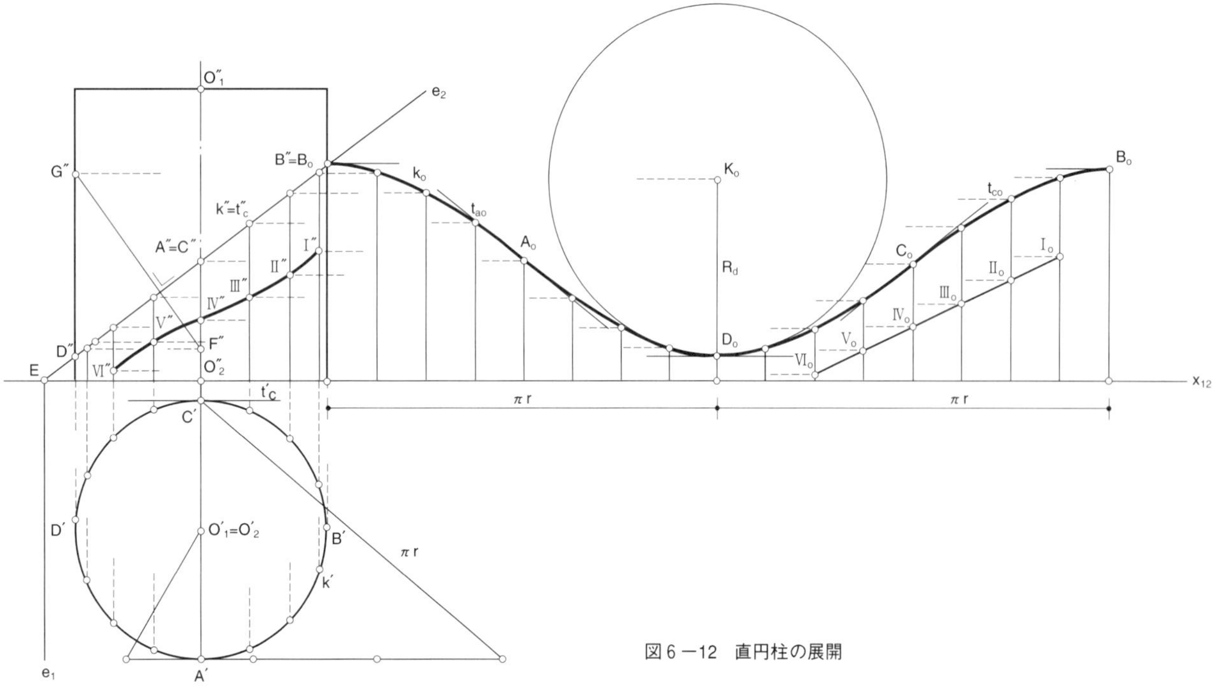

図6－12　直円柱の展開

えば，点D_0での曲率円の半径R_dは$r\cot\alpha$となる。何故ならば，まず，円柱Φの切断線kの長軸，短軸の長さはそれぞれ，$r/\cos\alpha$，rであり，点Dの近傍では，点Dでの円柱Φの接平面上への切断線kの直投象図が，点D_0の近傍での展開図k_0である。この近傍でのk_0は楕円となり，その長軸，短軸の長さは，$(r/\cos\alpha)\cdot\sin\alpha\cdot r$となる。楕円の長軸上の頂点の曲率円の半径は，(短軸の半径)^2/ (長軸の半径) となるので，

$$R_d = r^2/r\cdot\cos\alpha/\sin\alpha = r\cdot\cot\alpha \qquad (6.13)$$

曲率円の中心K_0を作図するには，点D″より軸$O_1''O_2''$に垂線を引いて交点Fを求め，点Fより跡線e_2に垂線を引いて輪郭線との交点Gを求める。この線分D″Gが曲率円の半径である。

・**半円周を直延**する近似画法（Adam Amandus Kochanski，1685，図**6-13**）

この方法では，$\pi\fallingdotseq 3.1415336\cdots$となり，実際$\pi = 3.14159265\cdots$であるので，誤差は$6\times10^{-5}$である。

・**円弧を直延**する近似画法（Nicolaus Cusanus に基づく Willebrord Snell，1621，図**6-14**）。

この方法での誤差は角度φによって異なるが，$\varphi = 60°$までは真の値より，$0.01r$だけ少ないという誤差である。

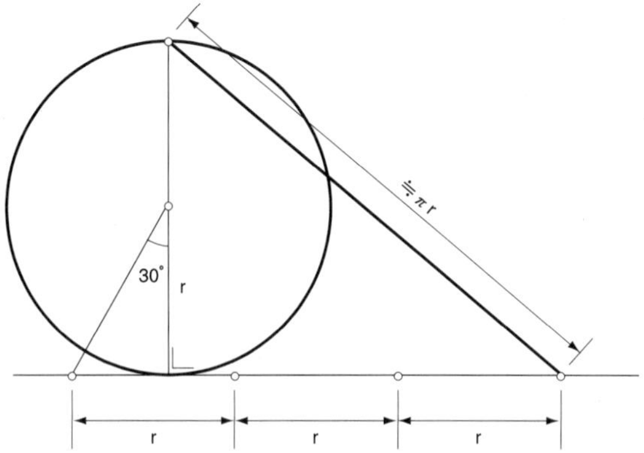

図6－13　半円周を直延する

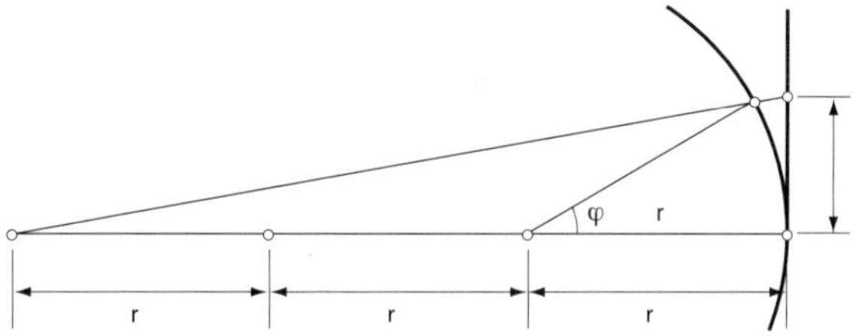

図6－14　円弧を直延する

6-3　円　　錐

6-3-1　円錐の切断と円錐曲線

一定点Sを通る**母直線**が一導曲線($\in$/S)を移動するとき生ずる曲面を**錐面**という。個々の位置における母線を**面素**とも呼ぶ。導曲線が円の場合の錐面を**円錐面**，または単に円錐という。この円の中心Oと一定点Sを結ぶ直線を**円錐の軸**といい，定点Sを**円錐の頂点**という。この軸が導線である円(**導円**という)に垂直な円錐を**直円錐**，その他の円錐を**斜円錐**という＊。円錐を頂点Sを含まない切断面で切断してできる切断線を**円錐曲線**というが，面素の導円に対する傾角αなる直円錐を切断面(導円に対する傾角β)で切断すると，傾角α, βの関係で，円錐曲線は次のようになる。

$\alpha > \beta$；楕円(但し$\beta = 0$の場合は円)，$\alpha < \beta$；双曲線，$\alpha = \beta$；放物線。以下，順を追ってその図形的関係を見ていくことにしよう。

i)　楕円（図**6-15**）

球の，球外の一点よりの接線は直円錐を形成する。その際接点の集まりは小円である。逆に球はこの直円錐の内接球であり，接触円は小円である。直円錐Φを切断平面ε($\perp \Pi_2$)で切断した場合を考える。但し$\alpha > \beta$であるとする。この切断平面εに接する二つの内接球Γ_1，Γ_2(ダンデリンの球)を考え，切断平面εとの接点をF_1，F_2とする。また，切断線上の任意な一点Pをとり，その点を通る面素mと接触円t_1，t_2(ダンデリンの球Γ_1，Γ_2との接触線)との交点をM_1, M_2とする。先の円柱の切断線の場合に見たと同様な理由によって

$$\overline{PF_1}+\overline{PF_2}=\overline{PM_1}+\overline{PM_2}=\overline{P_0M_{10}}+\overline{P_0M_{20}}=\overline{M_{10}M_{20}}(\text{const.})\quad(6.14)$$

となる。但し，P_0，M_{10}，M_{20}は，P，M_1，M_2を，円錐の軸SOを回転軸にして立面図の輪郭線の位置まで回転した際のものである。6.14式は，この切断線kが楕円であることを示している。

また，切断平面εと，接触円t_1, t_2をそれぞれ含む二平面との交点をg_1, g_2とすると，この直線g_1，g_2は楕円kの**準線**である。直線g_2の場合で，それが準線であることを見ておこう。まず，楕円kの長軸を回転軸にして楕円を直立投象面Π_2に平行になる位置にまず回転しておいて，その実形を作図しておこう。その際，長軸の長さは線分$A''B''$であり，短軸の長さは次のようにして求められる。短軸の立面図は点M''($A''B''$の中点)と一致するから，それを通る面素と切断平面との交点として求められる。また，直線g_2は長軸に垂直であるから，$g_{20} \perp A''B''_0$。点Pから直線g_2までの距離をPg_2と表記するとして，

$$\overline{PF_2}=\overline{P_0M_{20}}=\overline{P^*G''_2},\quad Pg_2=\overline{P_0{}^*G_{20}}=\overline{P''G''_2}$$

また，G''_2，P''，P^*を頂点とする三角形を考えると，

$$\frac{\overline{PF_2}}{Pg_2}=\frac{\overline{P^*g_2}}{\overline{P''G''_2}}=\frac{\sin\beta}{\sin(\pi-\alpha)}=\frac{\sin\beta}{\sin\alpha}=const.\ (<1)\quad(6.15)$$

となって**離心率**が一定で，1より小であることが解る。直線g_2は楕円の準線である。準線g_1も同様に証明される。

この楕円の立面図はk''なる直線であるが，その平面図k'を求めてみよう。作図法としては，面素と切断面εの交点として求めることもできるし，直円錐が回転体であるということに注目して，その面の円と切断平面εとの交点として求めることもできる。そのとき，その平面図k'は楕円であり，頂点S'はこの楕円kの一つの焦点であり，また，頂点Sを含んだ水平な平面と切断平面εの交線をlとすると，平面図l'はk'の準線である。楕円k'上の一点Q'をとり，そこからS'とl'への距離を考えると，

$\overline{Q'L'}=\overline{Q''U''}$，$\overline{S'Q'}=\overline{V''W''}$　但しV，Wは点Qを含む円錐上の円の中心と端点である。そして，

$$\overline{Q''U''}=h\tan\beta,\quad \overline{V''W''}=h\tan\alpha\quad(\text{但し，}h=\overline{S''V''}=\overline{L''U''})$$

$$\frac{\overline{Q''U''}}{\overline{V''W''}}=\frac{h\tan\beta}{h\tan\alpha}=\frac{\tan\beta}{\tan\alpha}=const.\quad(<1)\quad(6.16)$$

となって，点Sと直線l'が楕円k'の焦点と準線であることが解る。

ii)　双曲線（図**6-16**）

$\alpha < \beta$の場合の切断線kについて考える。楕円と同様に切断面εに接する二つの内接球Γ_1，Γ_2を導入し，その内接球と平面εとの接点をF_1，F_2，接触円t_1，t_2とする。そして，切断線k上の任意な一点Pをとりあげる。また点Pを通る面素mと接触円との交点をM_1, M_2とする。点Pから接点F_1, F_2への距離は，楕円の場合と同様，

$$\overline{PF_1}=\overline{PM_1},\quad \overline{PF_2}=\overline{PM_2}$$

＊底面との関係で，直円錐（軸⊥底面），斜円錐（軸∡底面）という場合がある。

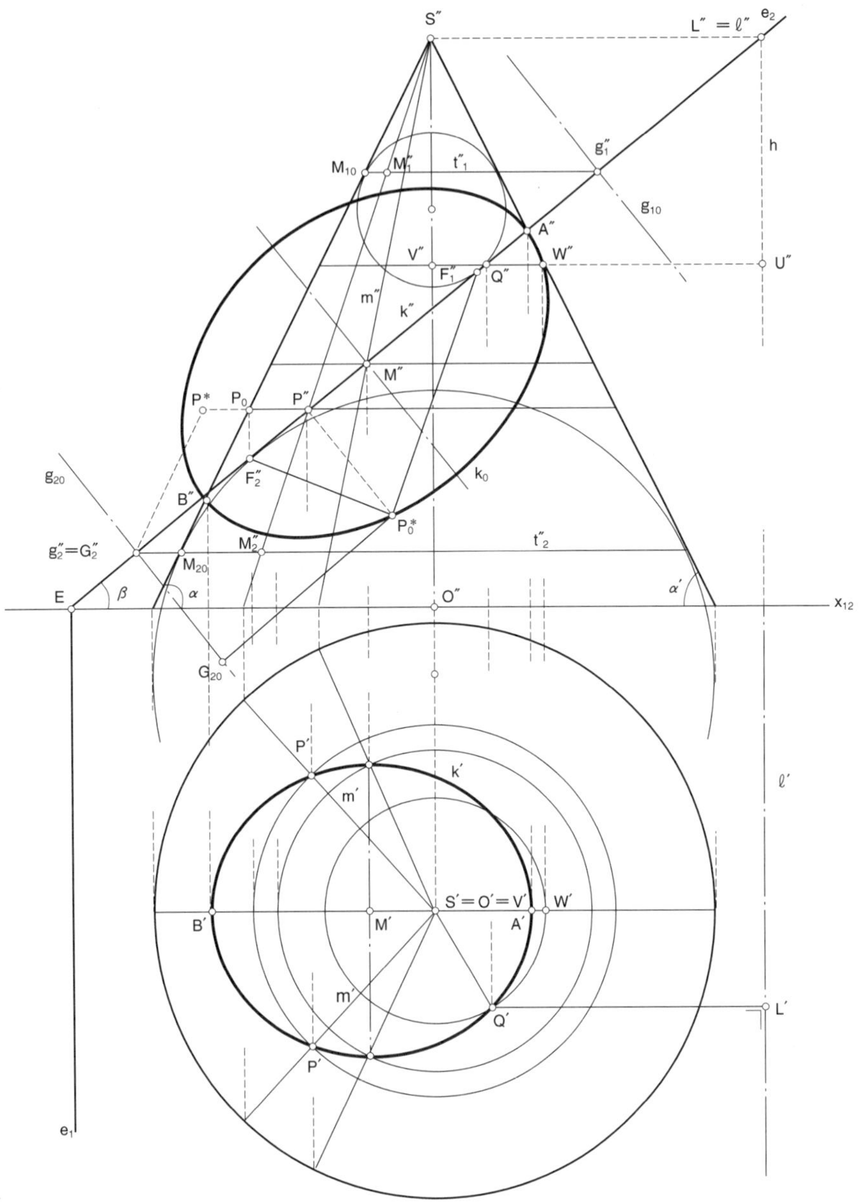

図6－15　円錐曲線（楕円の場合）

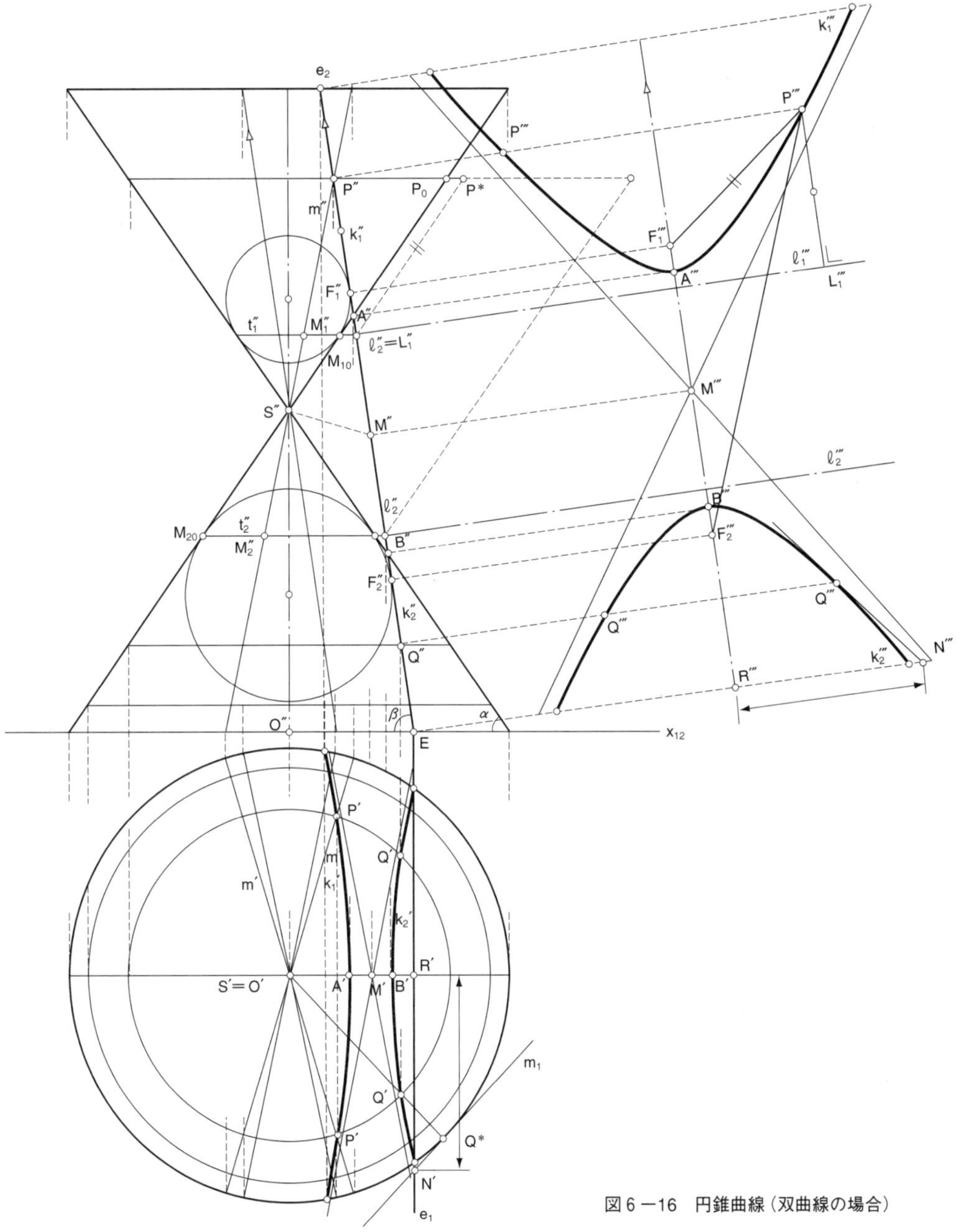

図6－16　円錐曲線（双曲線の場合）

であるので，円錐の軸SOを回転軸にして，面素 m を立面図の輪郭線の位置にまで回転する。つまり，点P, M_1, M_2も輪郭線上の点P_0, M_{10}, M_{20}となる。

$$\overline{PF_2}-\overline{PF_1}=\overline{M_1M_2}=\overline{M_{10}M_{20}}\ (const.) \qquad (6.\ 17)$$

この6.17式は切断線 k が双曲線であることを示している。また，直円錐Φの頂点Sを通る平面(// ε)による切断によって生ずる切断線は二つの面素である。この面素と双曲線は同一の無限遠点を通るので，この面素は**双曲線の漸近線**である。その漸近線の交点Mは線分ABの中点である。但し，点A, Bは双曲線の頂点である。

次にこの双曲線の離心率を取り上げる。まず，接触円 t_1, t_2を含む二平面と切断面 ε との交線を l_1, l_2とし，l_1の場合を例として考える。

$$\overline{PF_1}=\overline{P_0M_{10}},\quad Pl_1=\overline{P''L_1''}$$

線分P_0M_{10}を点L_1''の位置まで平行移動して，三角$P^*P''L_1''$に着目すると，

$$\frac{\overline{PF_1}}{Pl_1}=\frac{\overline{P^*L_1''}}{\overline{P''L_1''}}=\frac{\sin\beta}{\sin\alpha}=const.\quad (>1) \qquad (6.\ 18)$$

離心率は1より大の定数であり，l_1が準線であることが解る。l_2についても同様に証明される。

双曲線k上の一点Qにおけるその接線を作図する。それは，点Qにおける直円錐Φの接平面 μ と切断面 ε との交線である。接平面 μ の水平跡線 m_1 は，底円Oの点Q*(但し点Q*は点Qを通る面素の水平跡点)における接線である。そこで，点Nを[$m_1\wedge e_1$]とすると，接線t'は[N′∨Q′]となる。線分$\overline{N'R'}$を実形図である副立面図$\overline{R'''N'''}$に移せば，接線tは[Q‴∨N‴]として，求められる。

iii)　放物線（図**6-17**）

$\alpha=\beta$ なる切断平面 ε による切断線 k を考える。切断平面 ε に点Fで接する内接球Γを導入して，その接触円を c，この円を含む平面と切断平面 ε との交線を l として，切断線 k 上の任意な一点Pを取り上げる。点Pを通る面素 g と接触円との交点をGとし，点Pより直線 l への垂線の脚をLとし，面素 g を立面図の輪郭線の位置まで円錐の軸を回転軸にして回転する。点PおよびGは点P_0'', G_0''の位置にくる。

$\overline{PF}=\overline{PG}=\overline{P_0''G_0''}$,　$Pl=\overline{P''L''}$であるので，線分$G_0''P_0''$を点L″の位置まで平行移動してできる三角形L″P*P″に着目すると，

$$\frac{\overline{PF}}{Pl}=\frac{\overline{P_0''G_0''}}{P''L''}=\frac{\overline{P^*L''}}{P''L''}=\frac{\sin\beta}{\sin\alpha}=1 \qquad (6.\ 19)$$

離心率は1で，直線 l は準線であることを示している。すなわち，それは放物線である。図**6-17**では，放物線 k の実形 k_0 は，水平跡線 e_1 を回転軸としたラバットメントで示してある。

次に放物線 k の平面図 k' も放物線であることを示す。平面[S，//Π_1]と切断平面との交線を i とし，点P′より直線 i' への距離を$P'i'$と表記する。

$$P'i'=I''P''\cos\beta,\quad \overline{S'P'}=\overline{SP}\cos\alpha$$

また，$\overline{SP}=\overline{S''P_0''}=\overline{I''P''}$であるので

$$\frac{\overline{S'P'}}{\overline{P'i'}}=\frac{\overline{SP}\cos\alpha}{\overline{I''P''}\cos\beta}=1 \qquad (6.\ 20)$$

この6.20式より，切断線 k' は放物線，点S′は焦点，交線 i' は準線であることが解る。

点Pにおける接線 t を考える。点Pにおける直円錐Φの接平面 μ と切断平面 ε との交線が接線 t である。平面 μ の水平跡線 m_1 は点P′における円 o の接線 j である。直線 j と水平跡線 e_1 の交点をJ′とすると，接線 t' は[P′∨J′]として定まる。また，ラバットメント k_0 上の点P_0の接線 t_0 は，[P_0∨ J′]として求められる。

iv)　円錐曲線の簡易図法

6.16，6.18，6.20の各式で触れた円錐曲線の焦点と準線の関係についてまとめる。図**6-18**において焦点F，準線 l として円錐曲線上の点P_1, P_2, P_3について，

楕円：$d_3/r_3<1$，　放物線：$d_2/r_2=1$，　双曲線：$d_1/r_1>1$

この関係については，既に**アポロニウス**(BC262−190)の知るところであったが，この焦点と準線に関してダンデリンは以下の如く定理化した(1822)。

ダンデリンの定理：頂点を含まない平面で直円錐を切断したとき生ずる曲線(円錐曲線)の焦点は，この切断平面に接する直円錐の内接球(ダンデリンの球)の接点である。また，その接触円を含む平面とこの切断面との交線は円錐曲線の準線である。

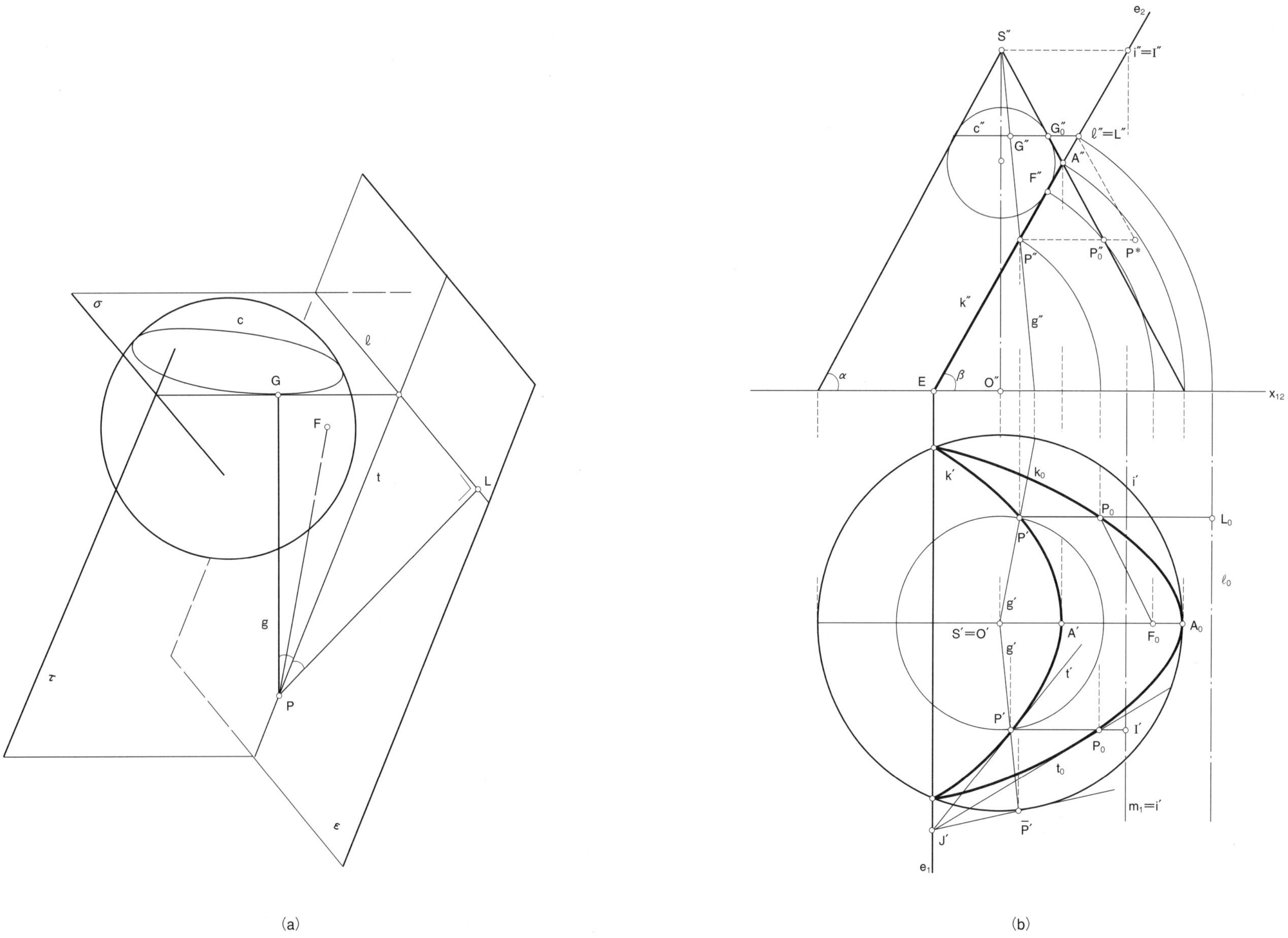

図6－17　円錐曲線（放物線の場合）

次にこれらの円錐曲線の簡易図法を取り上げる。楕円については既に1章で触れたので，放物線，双曲線の順で取り上げる。放物線について，焦点Fから準線 l までの距離 $Fl = p$ とすると，図**6-19**に示した関係から，

$$\overline{PF} = \sqrt{y^2 + (x - \frac{p}{2})^2}, \quad Pl = x + \frac{p}{2}$$

したがって，

$$y^2 = 2px \qquad (6.21)$$

となる。また，点Pにおける放物線の接線 t は $\angle FP\bar{P}$ を等分するので，接線 t は菱形 $P\bar{P}TF$ の対角線として定まる。また $\overline{AB} = \overline{AC}$ である。次にこの放物線を配景的アフィン変換する(図**6-19b**)。その結果は放物線であるので，この関係を利用して放物線を作図する(図**6-19c**)。

二直線PT，$\bar{P}$Tを引いて放物線の接線とみなす。線分 $\overline{TP}$，$\overline{\bar{P}T}$ を同じ数で等分する。線分TPは点Pから，線分T$\bar{P}$は点Tから等分点に番号をふり，同一番号の点同士を直線で結ぶ。この直線は次に述べる理由で放物線の接線である。したがって，この直線群の**包絡線**を描くことで放物線が作図される。

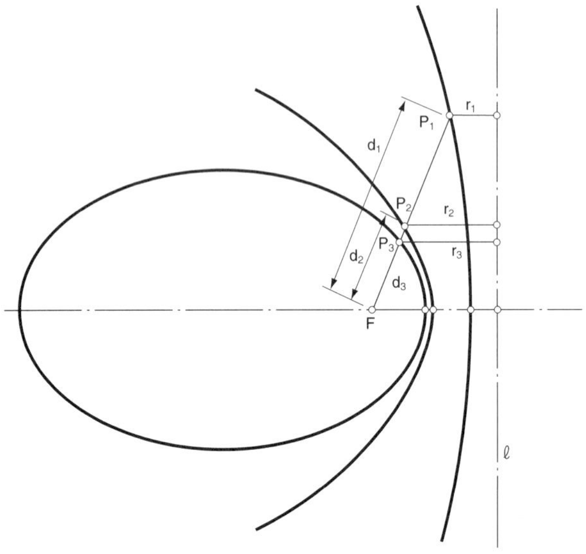

図6−18　円錐曲線

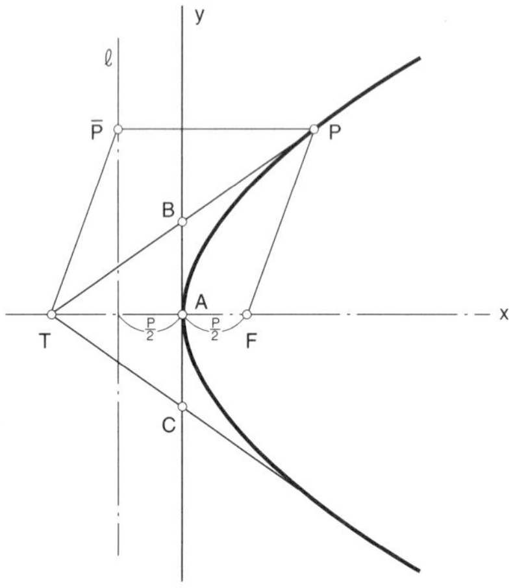

図6−19a　放物線

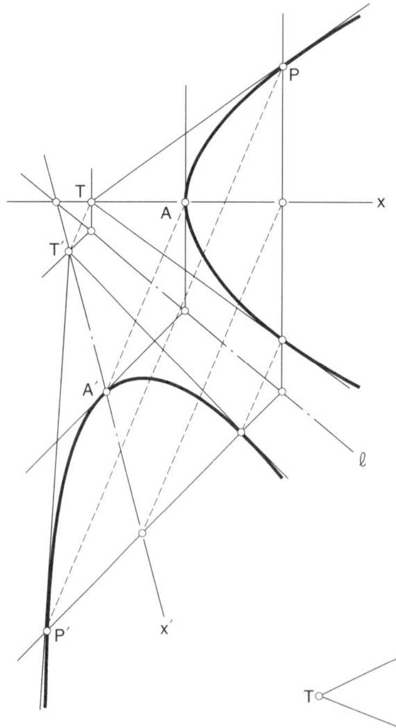

図6−19b　放物線のアフィン変換

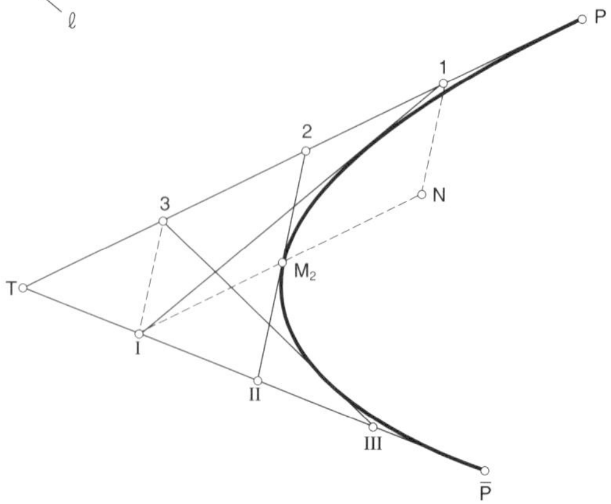

図6−19c　放物線の簡易図法

図**6 -19c**において，直線2Ⅱが放物線の接線で，接点は線分2Ⅱの中点M_2となることは，図**6 -19b**によって明らかである。次に線分 $2M_2$, 2Pが接線となりうるかどうか検討する。そうなるためには，線分1Ⅰが線分$\overline{2M_2}$を2等分していなくてはならない。点3，Ⅰ，N，1は平行四辺形を形作っているから，その対角線1Ⅰは線分$\overline{2M_2}$を等分する。線分3Ⅲも線分$\overline{ⅡM_2}$を等分する。図**6 -19b**の関係でこれらも放物線の接線でありうる。

次に双曲線の簡易図法について触れる。ダンデリンの球Γの半径をbとし，点Pを通る円錐Φの円の半径rとすると，図**6 -20a**に示した関係から，

$$r^2 = y^2 + b^2 \qquad (6.\ 22)$$

また，二頂点間の距離を$2a$とする。頂点Aにおける円錐の円の半径はbとなるので，

$$a : b = x : r \qquad (6.\ 23)$$

6.22式と6.23式より，双曲線の方程式は次式となり，縦横$2a$，$2b$の長方形の対角線がその双曲線の漸近線となる。

$$x^2/\,a^2 - y^2/\,b^2 = 1 \qquad (6.\ 24)$$

図**6 -20b**は双曲線の配景的アフィン変換 ***Af***［l,　// SS′］によって，双曲線が形成される関係を示している。また，図**6 -20c**において点Aと点Pを結んだ直線が漸近線と点B, Cと交わったとすると，

$$\overline{AB} = \overline{CP} \qquad (6.\ 25)$$

何故ならば，直線APを含んで，投象面Π_2に垂直な平面でこの直円錐Φを切断したとすると(ただし図**6 -16**の$\varepsilon \perp \Pi_1$と想定)，切断線は双曲線となるが，元々先の双曲線kは頂点Sから一定距離隔たった切断平面εの切断線で

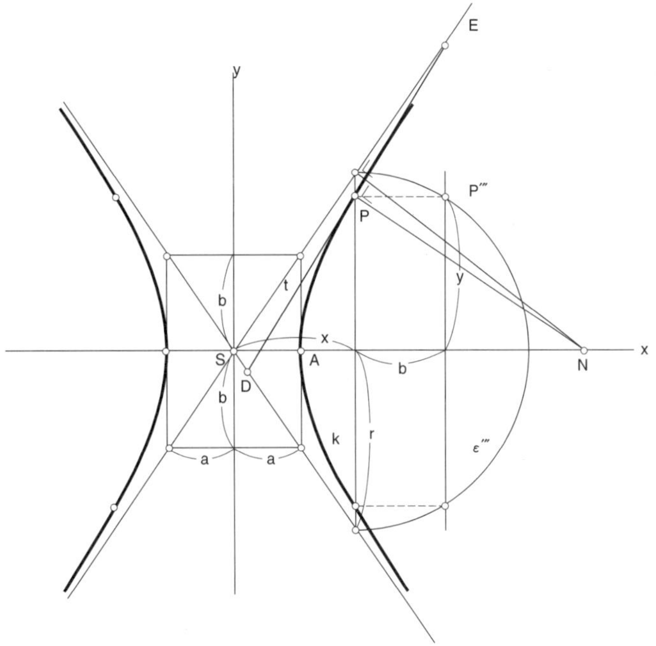

図6－20a　双曲線

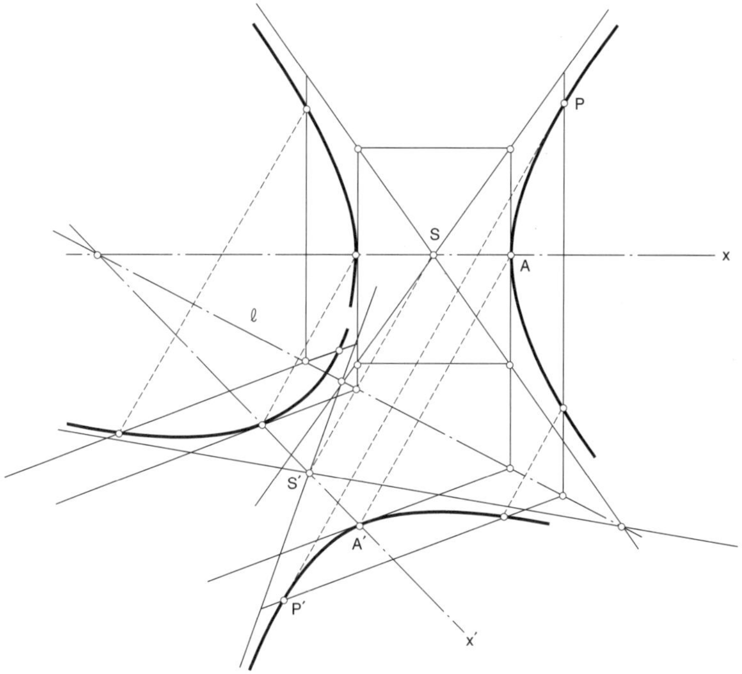

図6－20b　双曲線のアフィン変換

あるので，線分$\overline{AB}$は線分$\overline{CP}$に等しい。

図**6-20b**と図**6-20c**の性質を使って，双曲線は次のように作図できる(図**6-20d**)。

まず，点Mで交わる任意の二直線を漸近線とする。次に，点Mを通る任意の直線lを双曲線の軸に選び，その軸上に点Aをとり，双曲線の頂点とする。点Aを通る直線群を引いて，図**6-20c**に示した，$\overline{AB}=\overline{CP}$の関係を使って，その上に点Pに該当する点を求め，それらの点を円滑な曲線で結ぶ。

なお，図**6-20a**において，点Pにおける双曲線kの接線tは次のようにして求めることができる。点Pを含む円錐面の円を接触円とする内接球Σを考えると，双曲線kを生じた切断平面εでこの球Σを切断した時生ずる円は，点Pに於いては，双曲線と接線を共有する。したがって，球の中心Nを求めて，[$t \perp PN$]として，接線tは定めうる。次にこの接線tと漸近線との交点をD, Eとすると

$$\overline{PD}=\overline{PE} \qquad (6.26)$$

点P, D, Eを含んで投象面Π_2に垂直な平面σとの交線は，点Pが接点であるから，平面σによる円錐Φの切断線である楕円の接線となり，かつ，楕円の長軸に平行である。したがって，点Pはこの楕円の短軸の端点の位置にくる。故に，$\overline{PD}=\overline{PE}$となる。

また，図**6-20c**に示す如く，双曲線上の二点P_1，P_2を交ぶ直線と漸近線との交点をQ_1，Q_2とすると，

$$\overline{P_1Q_1}=\overline{P_2Q_2} \qquad (6.27)$$

この証明は，上述の証明の如く，この4点を含む平面($\perp \Pi_2$)での切断線(楕円)を使えば容易に明らかになる。

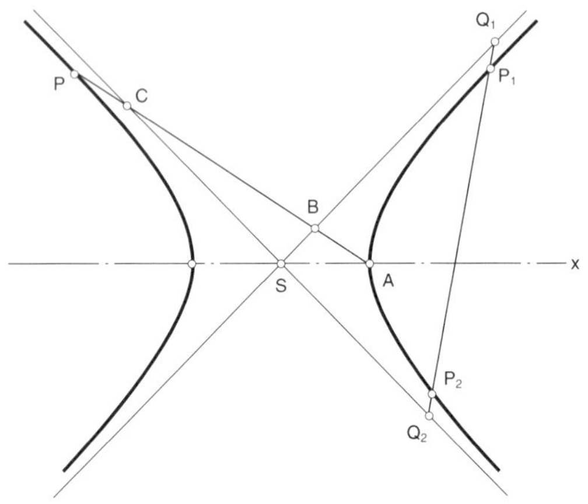

図6－20c　双曲線の漸近線

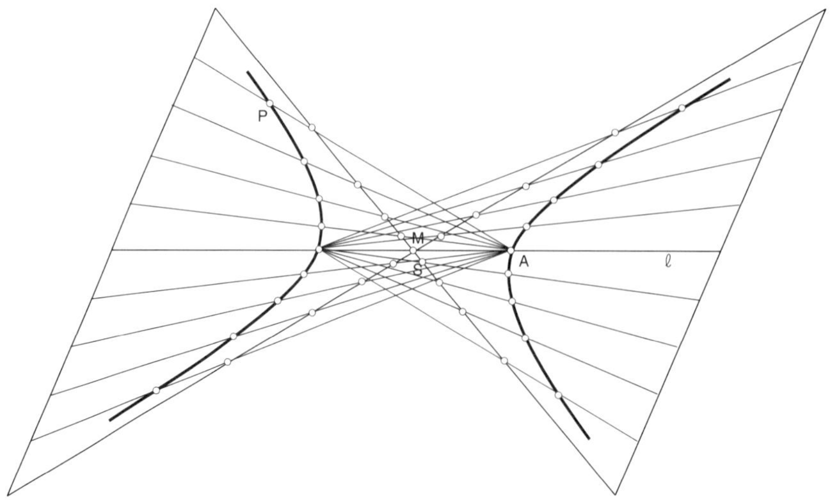

図6－20d　双曲線の簡易図法

6-3-2　円錐の陰影

球Γ外の一定点Sよりこの球に接線を引くと，球の一小円を接触円とする直円錐Φが生ずる。一般に立体の接線となる光線を面素とする錐面を**光線錐**というが，立体が球の場合は頂点Sを光源とする直円錐Φが光線錐である。この場合，接触円が**陰線**であり，平面ε上への**影線**は，直円錐Φの平面εによる切断線として求められる。陰線と影線は，配景的共線対応の関係にある。定点Sが共線中心，陰線を含む平面σと平面εの交線が共線軸となる。図**6-21**には点Sを光源とする球の陰影が示されているが，楕円k'とk'_1は，配景的共線対応$\boldsymbol{Ko}[s_1, S']$の関係にある。なお，この作図は，図**6-4**で既知であるので，説明は省略する。

次に直円錐Φの基準方向からの平行光線による陰影を取り上げる(図**6-22**)。点Sを通る光線lに着目する。この光線lを含む直円錐Φの接平面は，その水平跡線に関して，光線lの水平跡点Lを通る底円oとの接線t_1，t_2として求められる。接線t_1，t_2と底円oとの接点をT_1，T_2とすると，この接平面と直円錐Φとの接触線はST_1，ST_2である。直線lは光線であるから，この接平面は光線柱に該当する。したがって，ST_1，ST_2が陰線，LT_1，LT_2が影線となる。

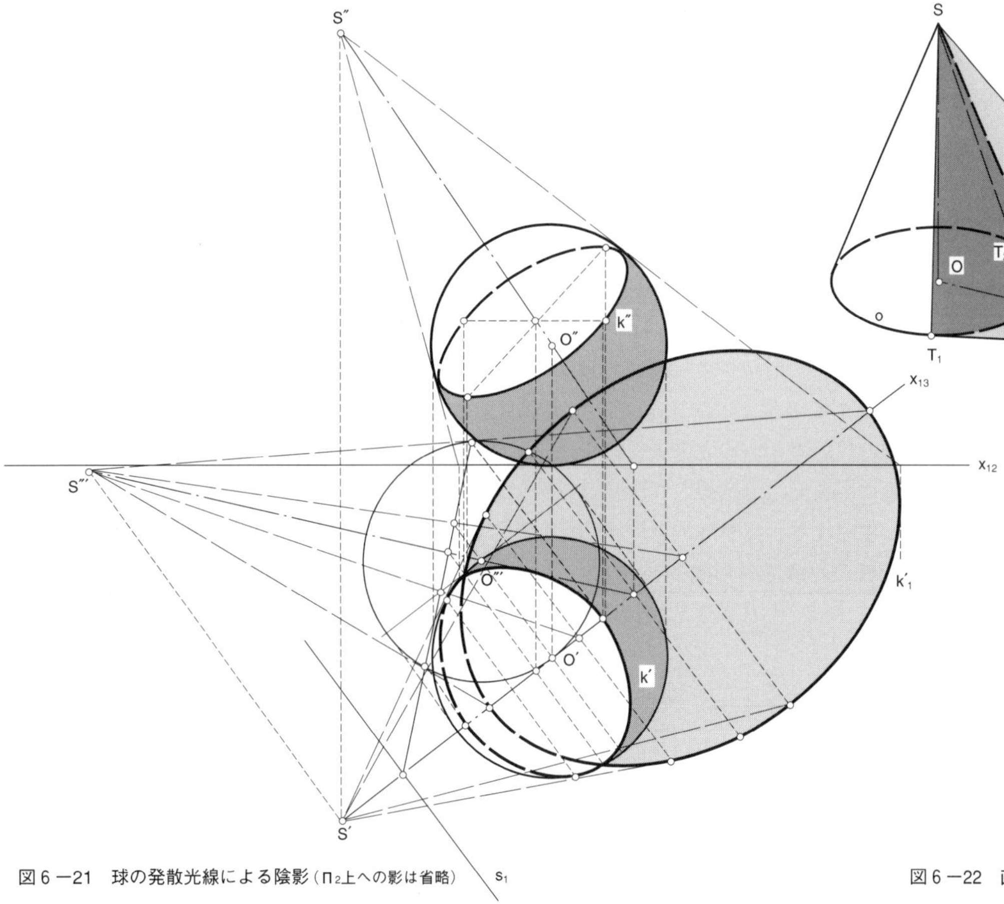

図6－21　球の発散光線による陰影（Π2上への影は省略）

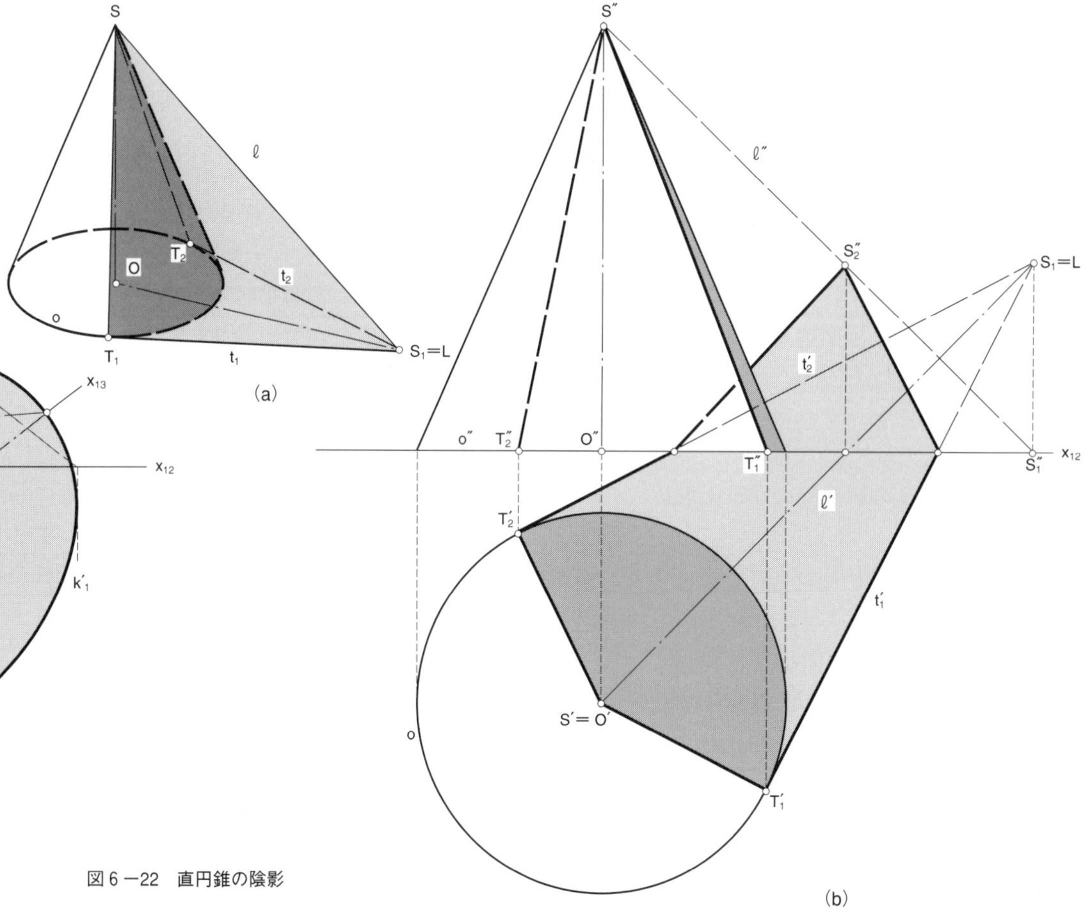

図6－22　直円錐の陰影

6-3-3　円錐の展開図と測地線

直円錐Φを切断平面 ε（$\perp \Pi_2$）で切断し，切断線 k（楕円）より下の錐面の部分の展開図を求めよう（図 **6-23**）。まず，直円錐Φの展開図を作図する。直円錐をいくつかの等しい面（面素と底円の弧によって囲われた曲面）に分割し，それを**近似展開**することを考える。一般的には，底円の弧の代わりに弦を用いて，すなわち，等分された曲面を三角形に置きかえて，多面体（多角錐）として展開する。ここでは，円弧を直延する方法（図 **6-14**）を用いれば，より近似性の高い展開図が得られるので，その方法を用いた。

図 **6-23a** の如く，直円錐Φを12等分したとすると，直円錐の展開図そのものは面素の実長を半径とした扇形になるが，切断線 k の展開図は面素 s_7 のところで線対称の図形となるので，面素 s_7 までを展開図で示した。図 **6-23b** に示したように，まず円弧 $\widehat{12}$ を直延して，線分 $\overline{12^{00}}$ を求める。展開図の扇形の半径は線分 $\overline{S''1''}$ に等しいので，円弧を直延する方法を逆に用いて，線分 $\overline{12^{00}}$ を半径 $\overline{S''1''}$ の円弧上にとって，円弧 $\widehat{12^0}$ を求める。この円弧 $\widehat{12^0}$ を円［S'', $\overline{S''1''}$］上にとり，点 2^0 を定める。同様に点 $3^0 \sim 7^0$ を定める（この展開図は平面 λ［S，$/\!/\ \Pi_2$］上にある）。次に切断線 k の展開図 k^0 をこの展開図上にとる。切断線 k は面素と平面 ε の交点によって定められたので，この交点の展開図を求めればよい。そのためには，面素の実長上での交点の位置が求められねばならない。それは，モンジュの回転法によって輪郭線 $S''1''$ 上に $\mathrm{I}^0 \sim \mathrm{VII}^0$ として求められる。したがって展開図 k^0 は，その点 $\mathrm{I}^0 \sim \mathrm{VII}^0$ を点 S'' を中心とする円と面素の展開図の交点に求め，それを円滑な曲線で結ぶことで作図される。

この展開図 k^0 上の点 P^0 での曲線 k^0 の接線 t^0 を作図する。この円錐の展開図は，底円の等分点の数を無限にとる極限の場合を考えると，面素を接触線とする接平面による展開と同一である。そこで，点Pにおける円錐の接平面と切断平面 ε との交線が切断線 k の点Pにおける接線 t であるので，この接線 t を接平面ごと展開図上に移せばよいことが解る。接線の平面図 t' は，点3における底円 o の接線 l と平面 ε の水平跡線 e_1 との交点Tを求めて，直線 $P'T$ として作図される。展開図上に線分 3^0T^0［$= \overline{3T}$，$\perp S''3^0$］を求め，直線 P^0T^0 として接線 t^0 が作図される。

次に点 I^0，VII^0 における展開図 k^0 の**曲率円**を作図する。切断線 k 上の点Ⅶにおける曲率円の中心は点 M_k［$M_kM_\nu \perp e_2$］である。点Ⅶを通る円錐Φの内接球を平面 ε で切断した小円がこの場合の曲率円であるからである。展開図 k^0 は点 VII^0 の近傍では点Ⅶの接平面上への切断線 k の直投象であるので，曲率円 M_k は楕円となる。その長軸の長さは線分 $\overline{M_k\mathrm{VII}''}$，短軸は $\overline{M_k\mathrm{VII}''}\cos(\alpha-\beta)$ である。楕円の短軸上の頂点の曲率円の公式を使うと，半径 ρ_{VII^0} は

$$\rho_{\mathrm{VII}^0} = \frac{\overline{(M_k\mathrm{VII}'')^2}}{\overline{M_k\mathrm{VII}''}\cos(\alpha-\beta)} = \frac{\overline{M_k\mathrm{VII}''}}{\cos(\alpha-\beta)} \qquad (6.28)$$

直線 M_kM_ν と輪郭線 $S''7''$ との交点 M^0 を求めると，$\overline{M^0\mathrm{VII}''} = \dfrac{\overline{M_k\mathrm{VII}''}}{\cos(\alpha-\beta)}$ であるので，$\rho_{\mathrm{VII}^0} = \overline{M^0\mathrm{VII}''}$ として展開図 k^0 上の点 VII^0 での曲率半径が求められる。点 I^0 での曲率半径 ρ_{I^0} も同様にして求められる。

斜円錐Φ上での**測地線**を作図する（図 **6-24**）。斜円錐の展開は，面素で囲われる錐面部分の形状が錐面内での位置によって異なるので，その部分ごとの実形を求めなければならない。まず，底円を等分しておいて，そこを通る各面素の実長をモンジュの回転法で求める。次に底円の弧長であるが，斜円錐の展開図は，図 **6-23** のようには扇形にならないので，直線に伸延する方法は無意味である。したがって，円弧の長さを弦の長さに置きかえる。つまり，斜円錐を内接する多角錐に置きかえる方法で展開する。但し，底面の展開図 k^0 は，折線の代わりに円滑な曲線に修正する。内接する多角錐の面数が多いほど，近似度は高まる。測地線の作図法は円柱の項で述べた方法と同一であるので，説明は省略する。点 P^0 における展開図 k^0 の接線 t^0 は，点Pに接する接平面の水平跡線と面素との角度 α を求めれば（ここではラバットメントで求めてある），$\angle t^0 \cdot S''P^0 = \angle \alpha$ として接線 t^0 が定められる。

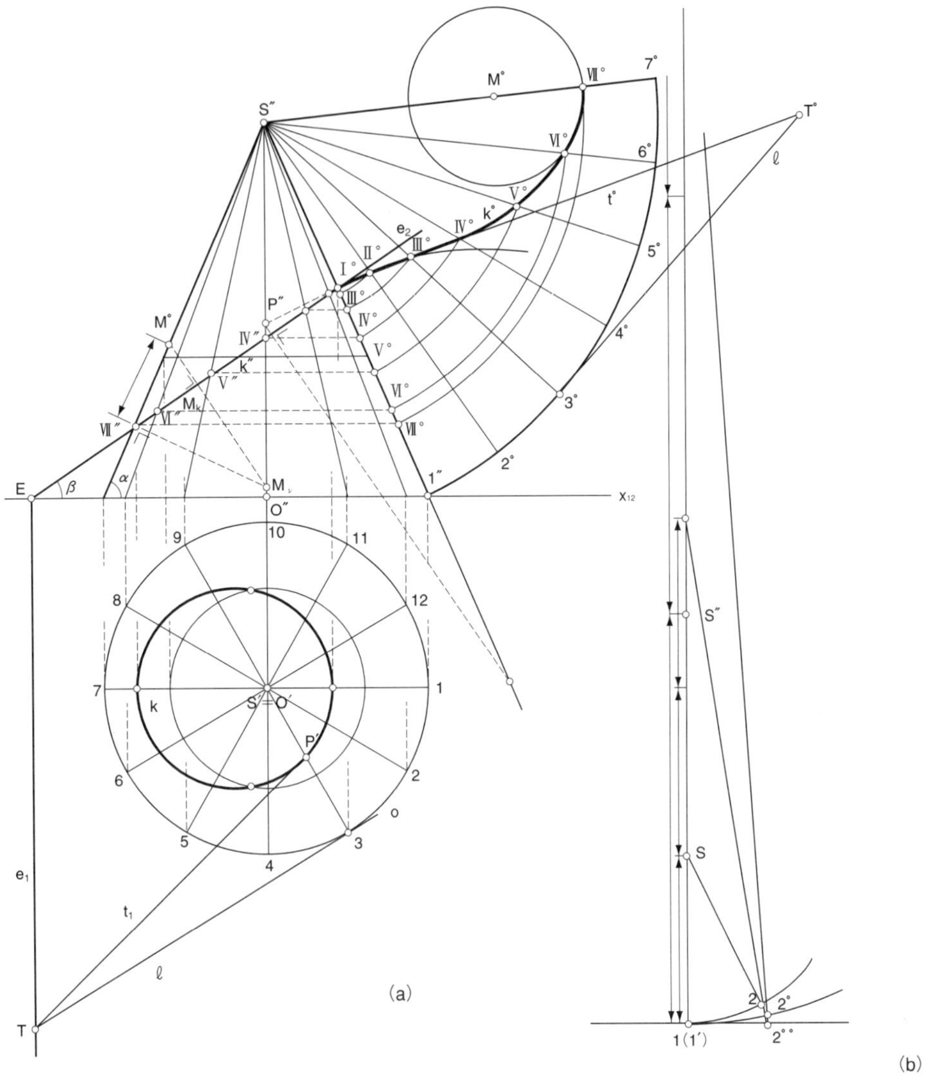

図6－23　直円錐の展開図

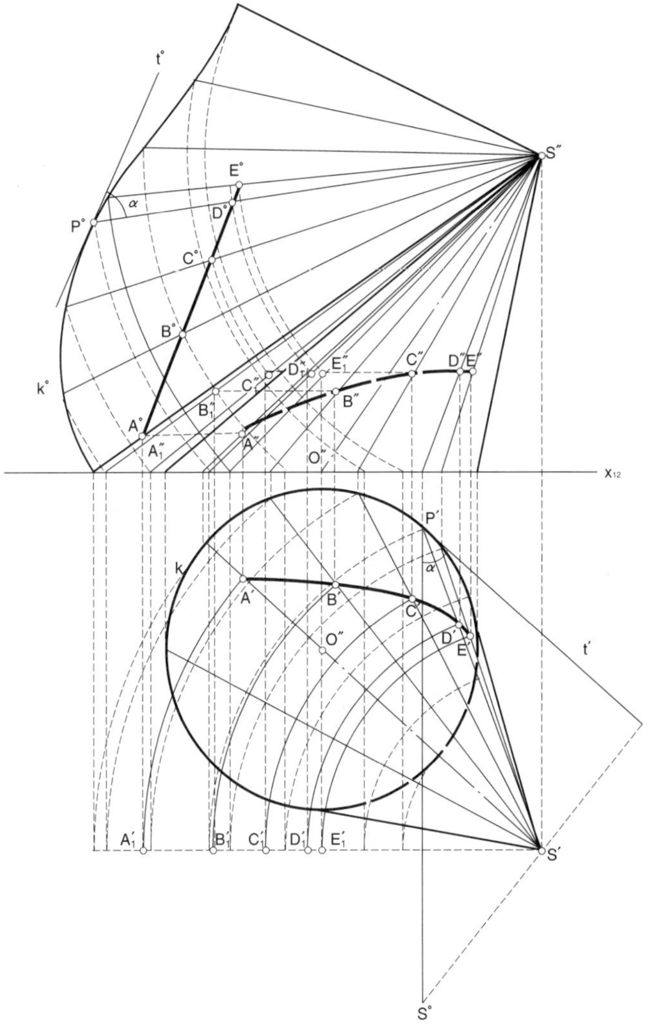

図6－24　斜円錐の展開図

6-4　二次の線織面

代数曲面のうち，二次の多項式をとる曲面を**二次曲面**という。既に取扱ってきた円柱と円錐はそれぞれ次式で示されるので，二次曲面に属する。すなわち，

$x^2/a^2+y^2/b^2=1$，$x^2/a^2+y^2/b^2-z^2/c^2=0$，

但し a，b，$c>0$

そして，$a=b$ の場合は，それらは直円柱，直円錐となる。その他，よく知られたものに**楕円柱**，**双曲線柱**，**放物線柱**があるが(図 6-25)，後の二者はそれぞれ次式で示される。すなわち，

$x^2/a^2-y^2/b^2=1$，$x^2=2py$

次に，

$$x^2/a^2+y^2/b^2-z^2/c^2=1 \qquad (6.29)$$

なる二次式で示される**単双曲線面**を取り上げよう。この曲面は**一葉双曲線面**ともいわれるが，この「単」,「一葉」なる名称は，

$$-x^2/a^2-y^2/b^2+z^2/c^2=1 \qquad (6.30)$$

で表わされる曲面は，二つの面に分かれているので，**複双曲線面**，または**二葉双曲線面**といわれるのに対するところから生まれた。但し，複双曲面は複曲面に属する曲面である。

6.29 式，6.30 式において，$a=b$ とすると回転面となって，それらは**単双曲線回転面，複双曲線回転面**といわれる(図 6-26)。

$$(x^2+y^2)/a^2-z^2/c^2=1 \qquad (6.31)$$

で表わされる単双曲線回転面をまず取り上げる。

6-4-1　単双曲線回転面

6.31 式において，$z=const.$ とすると，それは円を表わす。この曲面が回転面であることが解る。$z=0$ とすると，半径 a の円（最小な円で，**喉円**といわれる）が現われる。次に点 P(a, 0, 0) におけるこの曲面の接平面 τ を考えて，その平面でこの曲面を切断する。接平面 τ は喉円を接触円とする内接球（中心 M は原点）の接平面でもあるので，接平面 τ は，$x=a$ を 6.31 式に代入すると

$$y^2/a^2-z^2/c^2=(y/a+z/c)(y/a-z/c)=0 \qquad (6.32)$$

となる。つまり，

$$y=a/c\cdot z,\ もしくは\ y=-a/c\cdot z,\quad x=a \qquad (6.33)$$

となる。この曲面は，6.33 式の一方の直線，もしくは両方の直線を z 軸のまわ

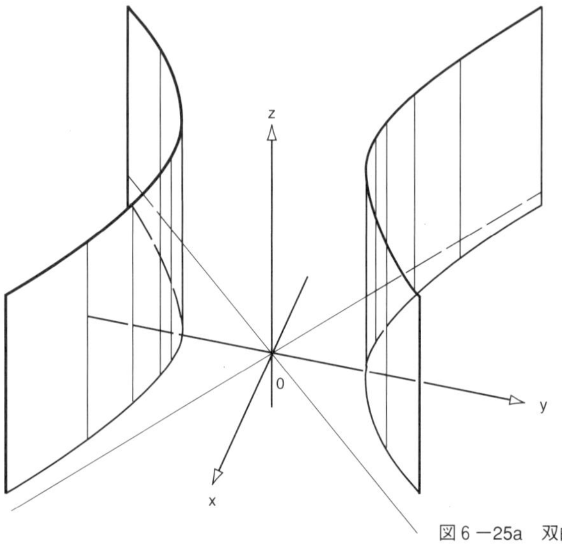

図 6 −25a　双曲線柱

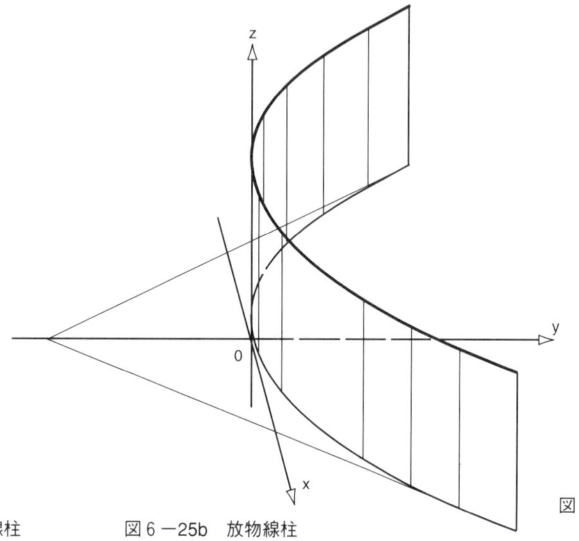

図 6 −25b　放物線柱

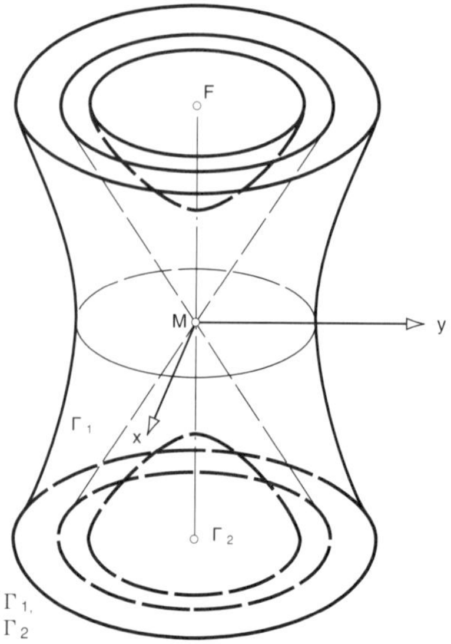

図 6 −26　単双曲線回転面 Γ_1,
複双曲線回転面 Γ_2

りに回転したものであることが解る。これは，ロンドンのセント・ポール寺院の設計で著名な建築家C・レンの発見したもので，**レンの定理**(1669)といわれている。すなわち，

ねじれの位置にある二直線の一方を回転軸とし，他方をそのまわりに回転すると，単双曲線回転面が成立する。

である。また，母線，導線を使ってする定義でいえば，同一直線l上に中心を有する三つの円($\perp l$)を導線とする母直線によって成立する曲面ということになる。

図**6-27**において示したような，二直線g，lを与えて，z軸のまわりにこの二直線を回転する際成立する単双曲線回転面の投象図を求めよう。まず，

$$(x^2+y^2)/a^2-z^2/c^2=0 \qquad (6.34)$$

で示される直円錐がこの曲面の漸近線であることに注目しよう。$x=0$となって，それぞれ双曲線とその漸近線を示している。したがって，z軸を含む平面上で同様な関係がかならず存在するので，6.34式は漸近錐であることが解る。

直線g，lをz軸のまわりに回転する。この二直線の平面図g'，l'は喉円k'に接し，円k'_a，k'_bの上にその両端を位置することになる。またこの二直線の立面図の**包絡線**がこの曲面の**見えの輪郭線**であるが，それはyz面上での**真の輪郭線**であって双曲線である。

真の輪郭線が双曲線であることを証明しよう。既に双曲線の項で見たように，双曲線の接線の漸近線によってはさまれる線分は接点によって等分される。この場合，そうした関係になっているかどうかを検証しよう。任意な面素qに注目する。その平面図q'と双曲線との接点Qは，直線qのyz面との交点である。また，曲面上の点C, Dの接平面τ_1，τ_2を考えると，図**6-26**で着目したように，その平面でこの曲面を切断した際の切断線がこの場合の双曲線の漸近線である。直線gとこの二接平面の交点，つまり漸近線との交点S, Rは，接平面τ_1，τ_2とyz面は平行で，かつyz面はτ_1，τ_2間を等分する位置にあるので，$\overline{S'Q'}=\overline{R'Q'}$，したがって，$\overline{S''Q''}=\overline{R''Q''}$。この等式は立面図の包絡線が双曲線であることを示している。

このことより，単双曲線回転面は，文字通り，双曲線をz軸(この場合，z軸は双曲線の共役軸の位置にくる)を回転軸とする回転によって成立する曲面

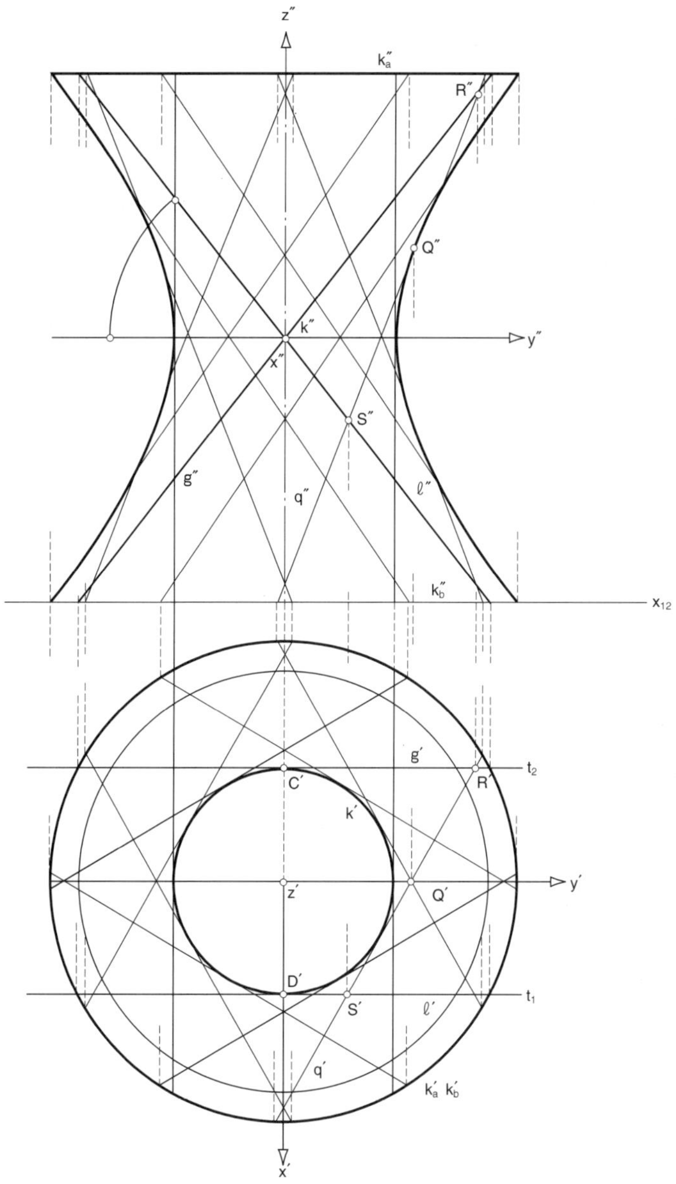

図6－27　単双曲線回転面 I

であることが解る。また，6.29 式において，$z = const.$ とすると，この式は楕円を示す式となる。したがって，単双曲線面は，双曲線を z 軸のまわりの楕円回転によって生ずる曲面であるといってもよいことが解る。

次に軸が直立投象面 Π_2 に平行で水平投象面 Π_1 に対しては傾いている場合の単双曲線回転面を求めよう（図 **6-28**）。立面図については軸 l の立面図 l'' に対して $l'' \perp x_{23}$ なる副投象によってただちに求めることができるが，問題は平面図である。底円 k_a，k_b の平面図が楕円になることは明らかであるが，その他の部分については，真の輪郭線を求め，それに基づいて見えの輪郭線としての平面図を求めなければならない。そこで，この曲面は回転面なので，各位置での内接球 Σ_n を考え，単双曲線回転面が接触する近傍を内接球の接触円の近傍に置きかえるという手順で真の輪郭線を求めることにする。つまり，内接球 Σ_n の赤道と接触円との交点Ⅰ～Ⅸを求め，それを円滑な曲線で連ねることで作図する。また，内接球の中心 D_n および半径は，接触円上の点におけるこの曲面の法線（⊥接線）と軸 l との交点で求まる。接線はその点を通る面素であるので，立面図の輪郭線上の各点を通る面素に基づいて，例えば点 1 における曲面の法線 n は［$n'' \perp g''$］として定められる。

三本のねじれの位置にある直線のうち二直線を回転軸とし，残りの一本の直線を各々そのまわりに回転すると二つの単双曲線回転面ができる（図 **6-29**）。この二曲面は，常に同一の面素で接しているので，一方の曲面を回転すると他方の曲面も回転する。つまり，ある回転方向を任意な回転方向に変えることができる。この曲面は，したがって，歯車の曲面として多用される。

次に単双曲線回転面の展開図を求めよう（図 **6-30**）。この曲面は拗面で，展開不可能であるが，近似的な展開図を求めることにする。今，仮に四本の直線で囲まれた**歪み四辺形**があるとすると，この曲面を，対角の位置にある頂点を結ぶ直線と四辺の直線によってできる二つの三角形に置きかえる。このような近似的な置きかえによれば，ほとんど全ての曲面の近似展開が可能になる。単双曲線回転面では二つの面素と上下の底の円弧によって囲われる曲面部分を，対角の位置にある底円上の点を結ぶ直線，二つの面素，底円の二弦によって出来る二つの三角形に置きかえる。これらの三角形の各辺の実長を求め，一平面上にその実形を連ねるという方法で近似的展開図が作図される。

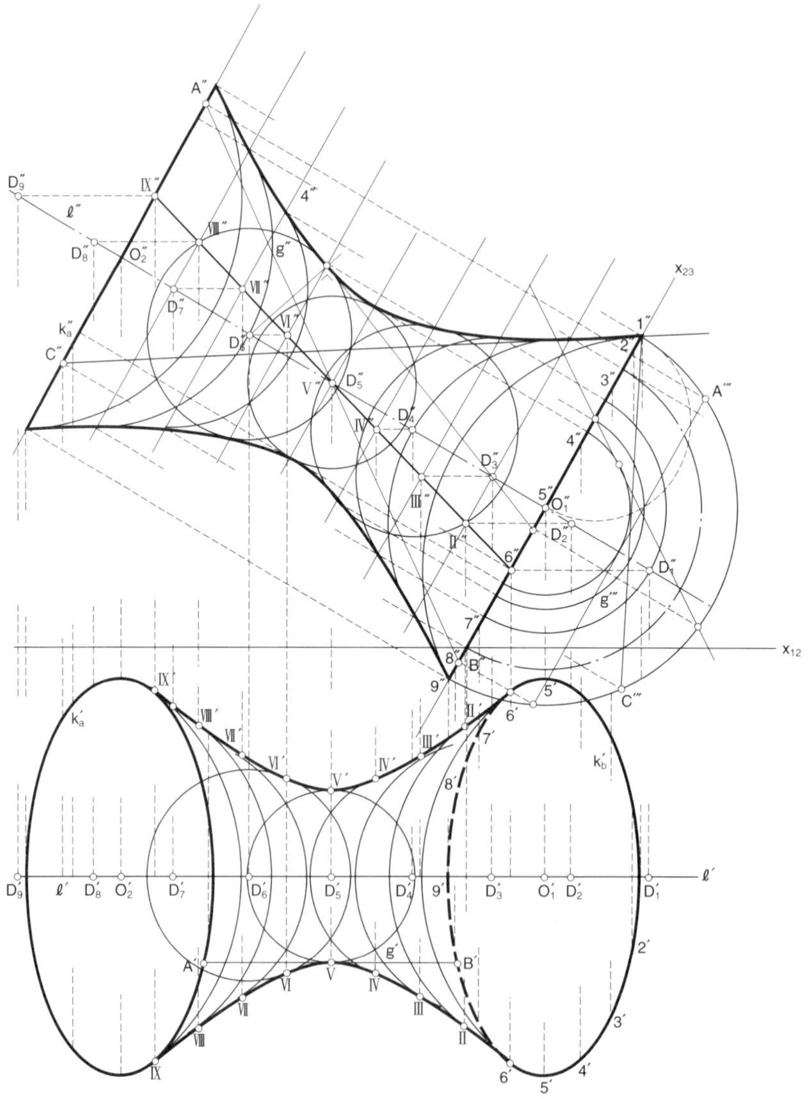

図 6 ─28　単双曲線回転面Ⅱ

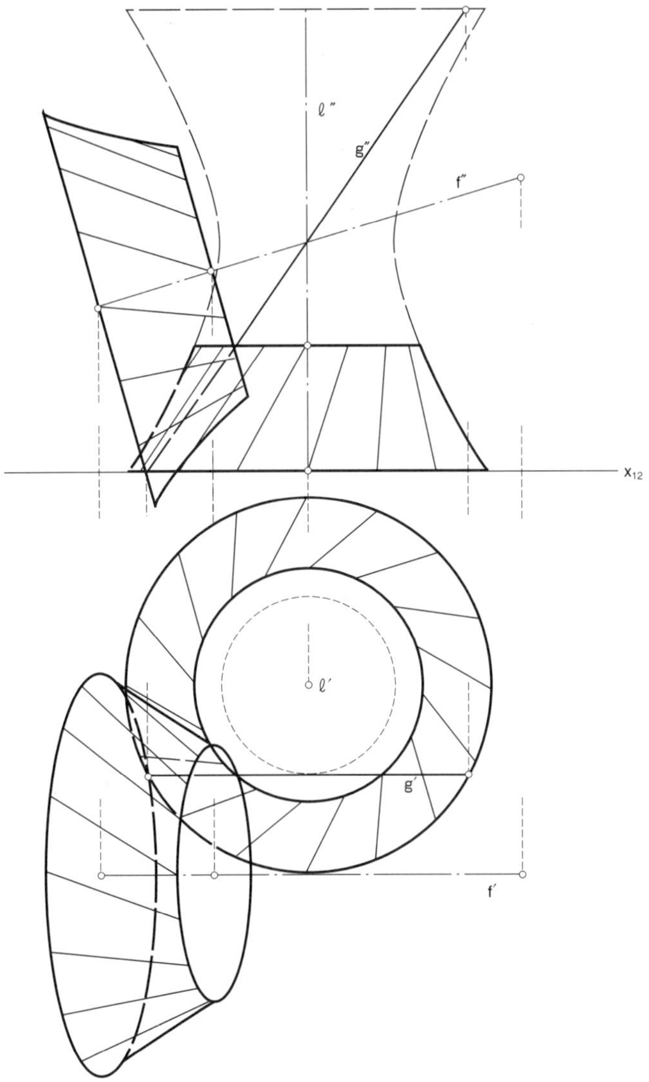

図6－29　歯車への応用

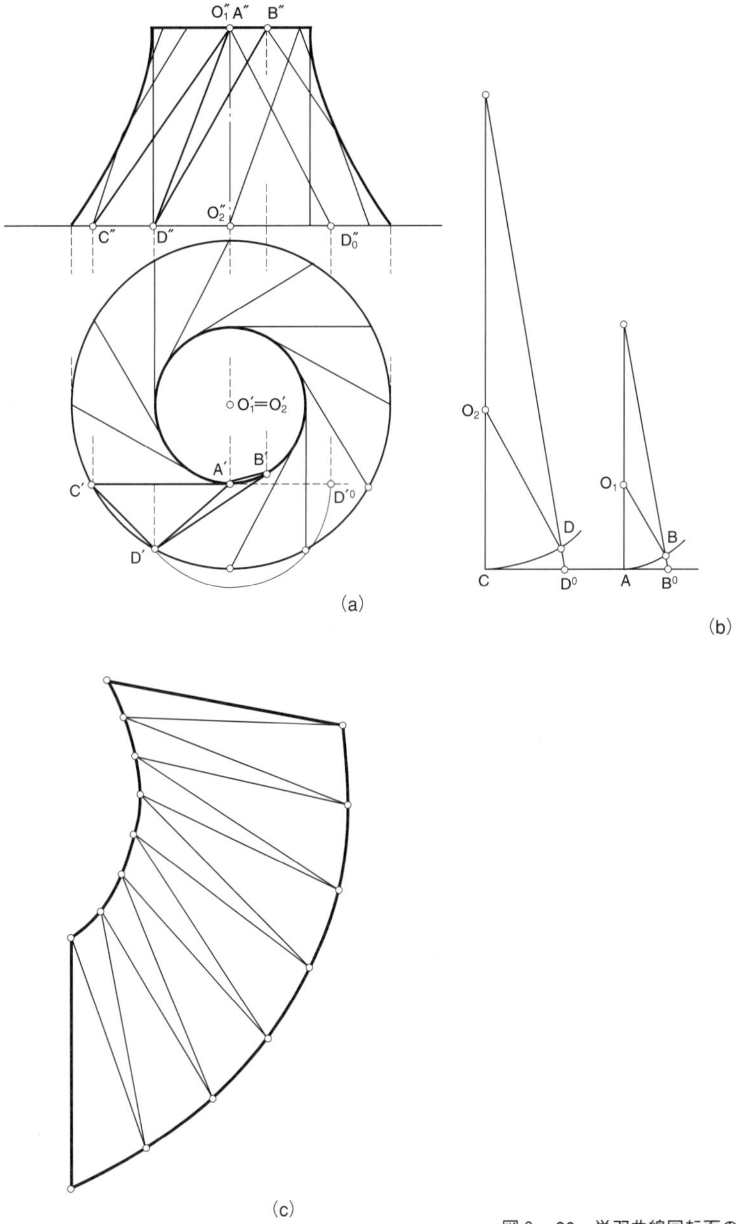

図6－30　単双曲線回転面の近似展開

6-4-2　双曲放物線面

$$z = x^2/2a + y^2/2b \quad (a \geqq b > 0) \qquad (6.35)$$

$$z = x^2/2a - y^2/2b \quad (a \geqq b > 0) \qquad (6.36)$$

6.35式において，$z = const.$ とすると，それは楕円の式となる。また，$x = const.$，もしくは $y = const.$ とすると，それは放物線の式となる。このことは，この曲面が z 軸のまわりに放物線を楕円回転することで成立することを意味している。この曲面は**楕円放物面**といわれ，複曲面に属している。また，$a = b$ とすれば，この曲面は回転面であって，**放物線回転面**といわれる。

6.36式において，$z = const.$ とすると，それは双曲線の式となる。また，$x = const.$ もしくは $y = const.$ とすると，それは放物線の式となる。したがって，この曲面は**双曲放物線面**と呼ばれる。さらに，6.36式は次のように分離できる。

$$(x/\sqrt{a} - y/\sqrt{b})(x/\sqrt{a} + y/\sqrt{b}) = 2z$$

したがって，

$$x/\sqrt{a} - y/\sqrt{b} = c,\quad z = c/2 \cdot (x/\sqrt{a} + y/\sqrt{b}),\ \text{または}$$

$$x/\sqrt{a} + y/\sqrt{b} = c,\quad z = c/2 \cdot (x/\sqrt{a} + y/\sqrt{b}) \qquad (6.37)$$

6.37式は，$y = \sqrt{b/a} \cdot x$(導平面)に平行に移動する直線によって，または，$y = -\sqrt{b/a} \cdot x$(導平面)に平行に移動する直線によって，この曲面が構成されることを示している。つまり，この曲面は線織面である。

次にこの曲面の投象図を求めてみよう(図**6-31**)。平面図は6.37式において $z = 0$ の際の図形であるから，導平面に平行な直線より成る菱形をまず求める。その菱形の対辺を結ぶ辺の平行線群が，6.37式の c の値を変えた際の面素の平面図である。立面図は6.37式より y を消去すると，

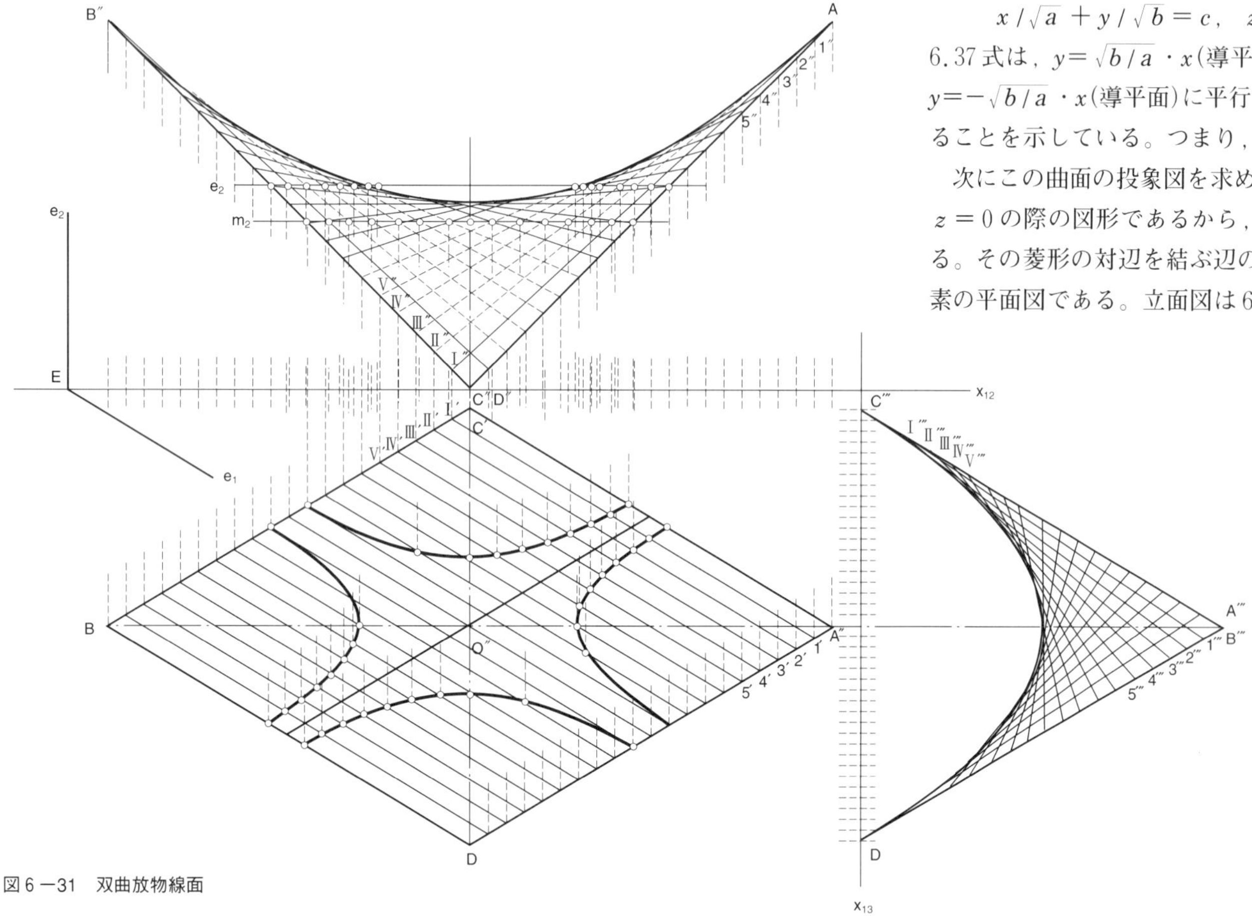

図6－31　双曲放物線面

$$z = c / \sqrt{a} \cdot x - c^2 / 2, \quad z = -c / \sqrt{a} \cdot x - c^2 / 2 \qquad (6.38)$$

となって，c の値によって，勾配の変わる直線群よりなっている。そこで図**6-31**において，線分ADの等分点1～5，線分BCの等分点Ⅰ～Ⅴの立面図を求め，それらを結べば，曲面の立面図が求められる。かかる直線の包絡線として求められる曲面の立面図の輪郭線が放物線になることは，円錐曲面の放物線の項で証明したことによって明らかである。また，点C′, D′を結ぶ直線の箇所で，そこが放物線であることは側面図の輪郭線によって明らかに示される。さらに，直線A′B′, C′D′に平行な第1投射平面でこの曲面を切断すると，（$x = const.$ あるいは $y = const.$），切断線が放物線となること，および第1主平面 ε, μ（$z = const.$）での切断で双曲線が切断線となることは既に見たとおりである。したがって，この曲面は放物線と双曲線のメッシュとしてもとらえられる曲面である。

6-5　複　曲　面

複曲面は開曲面と閉曲面に分類されるが，閉曲面の代表的なものとして，次の式で示される**楕円面**がある(図**6-32**)。

$$x^2 / a^2 + y^2 / b^2 + z^2 / c^2 = 1 \qquad (6.39)$$

6.39式において，$a > b > c > 0$ であれば，楕円面で，三主方向での切断線はすべて楕円となる（$x = const.$, あるいは $y = const.$, あるいは $z = const.$）。$a = b > c$，$a = b < c$ で各々，z 軸を回転軸とした**楕円回転面(楕球)**となるが(図**6-33**)，前者は楕円の短軸が回転軸になっているから**短楕球**，後者は楕円の長軸が回転軸になっているので，**長楕球**である。また，$a = b = c$ では6.39式は球(面)となる。開曲面には，既に見た，複双曲線面，楕円放物線面などが属している。

6-5-1　トーラス（円環）

導曲線上に中心を有する球の移動によって生ずる曲面を管面という。トーラス(円環)は，導曲線が円の場合の管面で，閉曲面となる。このトーラスは次式

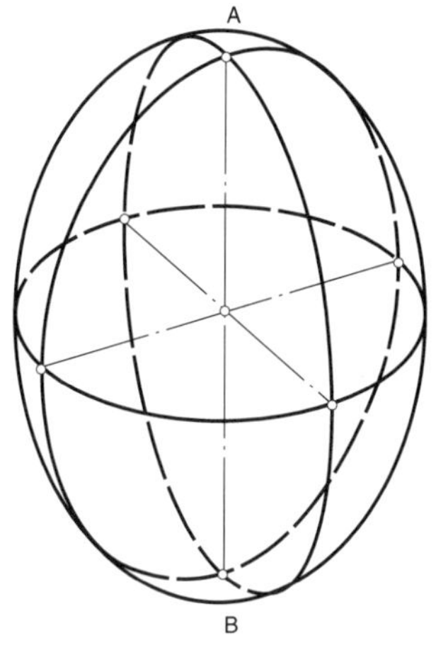

図6－32　楕円面

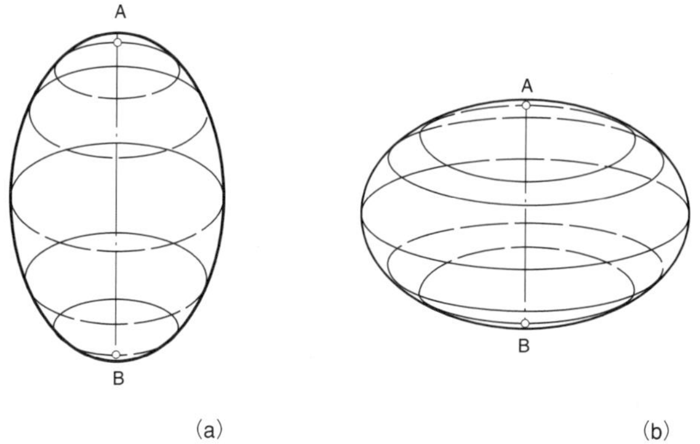

図6－33　長楕球と短楕球

で表示される4次の曲面である。

$$(x^2 + y^2 + z^2 - a^2 + b^2)^2 - 4b^2(x^2 + y^2) = 0 \qquad (6.40)$$

a と b の関係，すなわち $a < b$，$a = b$，$a > b$ によって三つのタイプのトーラスが成立する(図 **6 -34**）。

トーラスの投象図($a < b$ の場合)を求めよう(図 **6 -35**)。回転軸 l [$l' /\!/ \prod_2$] とすると，球の中心Oの軌跡の平面図は楕円となる(立面図は直線)。長軸半径 b，短軸半径 $b \sin\alpha$（但し，α は軸の水平傾角)となり，長軸の先端での曲率半径 $\rho = b \sin^2\alpha$ となる。トーラスの平面図での輪郭線は，この中心Oの軌跡の平面図である楕円の各点での法線を考え，楕円の内外に長さ a だけとった点の軌跡となる。つまり，楕円の平行曲線となる。その際，楕円の曲率半径 $\rho \geq a$ の場合，この見えの内側の輪郭線は楕円状 oval となるが，$\rho < a$ では一本の曲線となってしまう。真の輪郭線は作図的に求めなければならない。その作図は，外側の輪郭線に関してはトーラスの外接球を，内側の輪郭線に関してはトーラスの内接球を使ってなされる。つまり，各々の接触円と赤道との交点

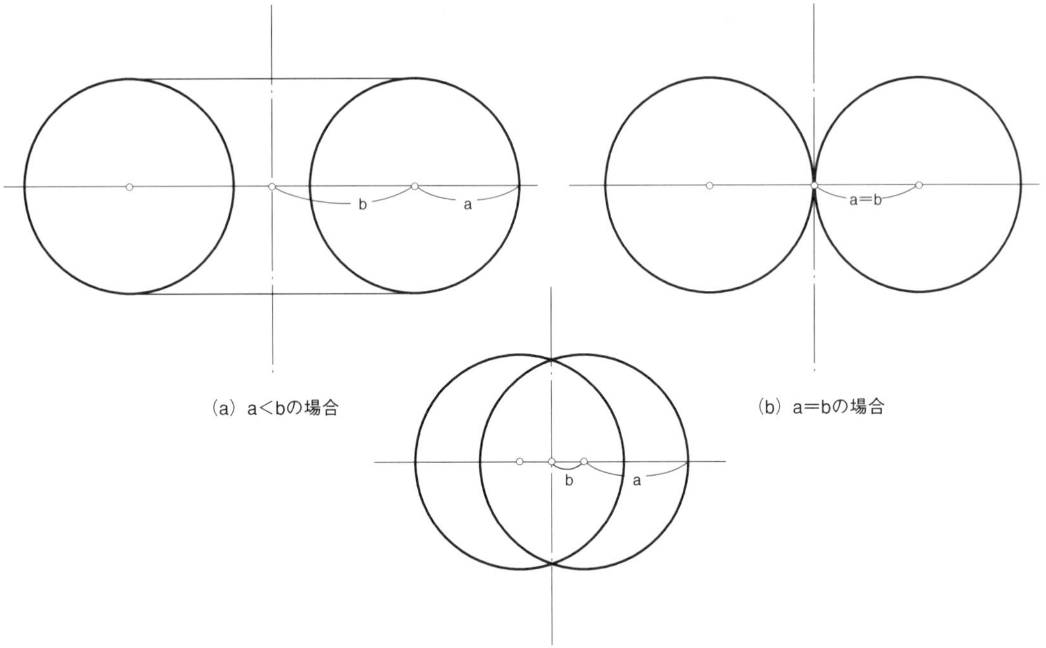

(a) a<bの場合
(b) a=bの場合
(c) a>bの場合

図 6 －34　円環(トーラス)

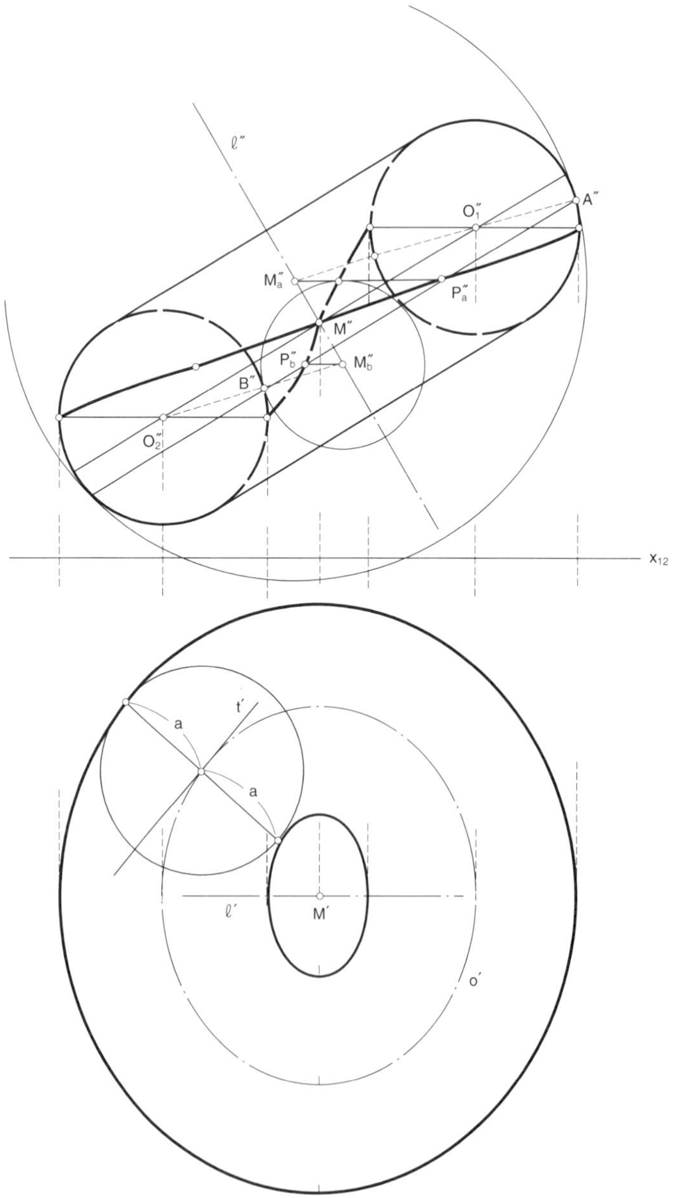

図 6 －35　円環の輪郭線

が輪郭線を形成する。

次に接平面 ε による切断線 k を求めよう(但し，$a < b$ の場合)。図**6-36**において，点Aにおける接平面 ε ($\perp \Pi_2$)は点Bにおいて再びトーラスに接する。つまり，二重接平面となる。また，この接平面によるトーラスの切断線は二つの円 k_1, k_2 となる。点C, Dでトーラスに接する球Σを導入すると，Σの方程式は，

$$(x-a)^2+y^2+z^2=b^2 \qquad (6.41)$$

6.41式を6.40式に代入して，z を消去すると，

$$(ax-a^2+b^2)^2=b^2(x^2+y^2) \qquad (6.42)$$

6.42式は楕円 k_1' を表わし，長軸は直線C′D′である。この楕円 k_1' は球Σ上の線の平面図であるので，元の線は球Σの大円 k_1 である。6.42式は6.40式より求められたので，この大円 k_1 はトーラス上の曲線でもある。また，大円 k_1 の立面図 k_1'' は直線で，且つ $k_1'' \equiv \varepsilon''$ である。つまり，切断平面となる接平面 ε で切断した際の切断線が k_1 となることを意味している。

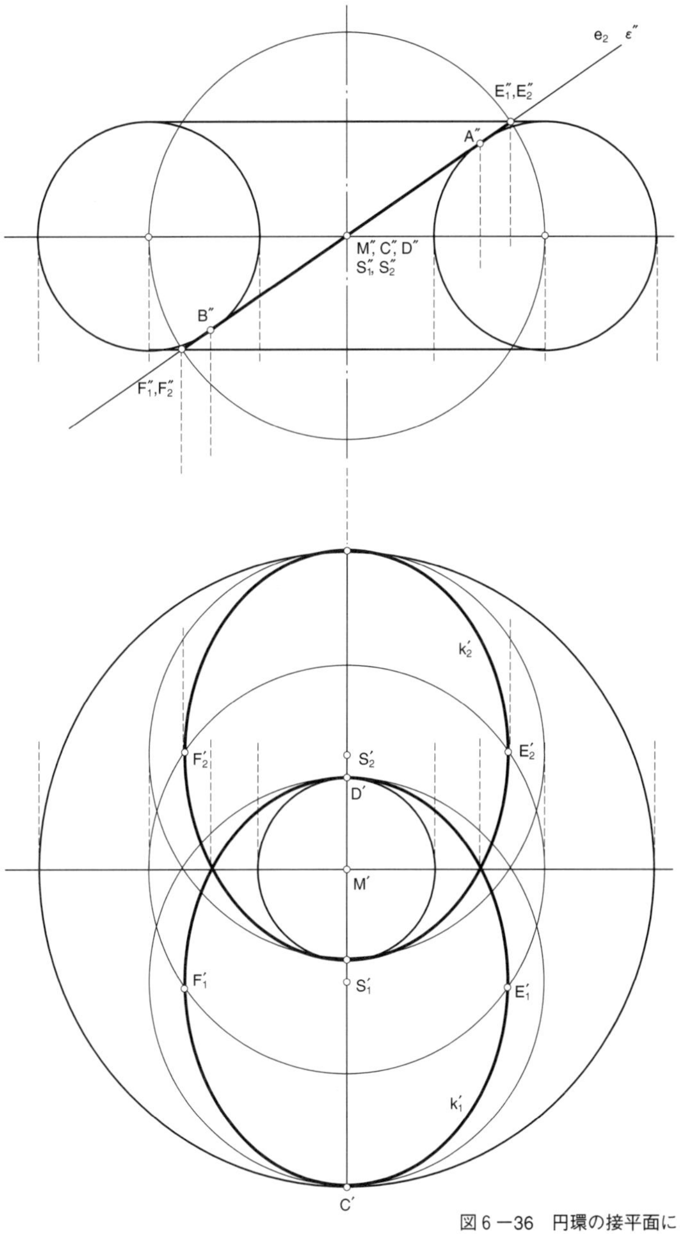

図6－36　円環の接平面による切断

6-5-2　一般回転面

複曲面のうちの開曲面の一つとして**一般回転面**を取り上げよう。それは，一平面上のある平面曲線 c をそれに交わる同一面上の直線 l を回転軸にして，回転するとき生ずる曲面である。この直線 l を z 軸にとり，曲線 c を $f(y, z)=0$ とすると，一般回転面では，

$$f(\sqrt{x^2+y^2},\ z)=0 \qquad (6.43)$$

で表わされる。今，座標を中心とする円弧(半径a)を曲線 c として回転すると，回転面は

$$z^2+(\sqrt{x^2+y^2}-b)^2=a^2 \qquad (6.44)$$

となる。図 **6-37** ではかかる一般回転面が示されている。この一般回転面において，円 k を接触円とする内接球を考えると，その中心Mは回転軸 z 上にくる。また，この接触円 k 上での回転面の接線群は直円錐を形成し，その頂点Sはやはり z 軸上にくる。

この内接球や外接円錐は一般回転面の輪郭線や陰影を作図する際に多用される。ここでは陰影の問題としてそれを用いる作図法を見てみよう。図 **6-38** では，一般回転面の陰影はただちに求められないので，接触円の近傍を外接する直円錐の近傍に置きかえて作図しようとするもので，**接円錐法**と呼ばれている。直円錐の接触円上の陰線は，接触円を含む平面 σ ($/\!/\Pi_1$)を考え，その上の頂点Sの影 S_s を求め，点 S_s から接触円への接線の接点として求められる。したがって，いくつかの接触円に着目して，その上にかかる接点を作図して，その接点を円滑な曲線で結ぶことで陰線が定められる。陰線の最高点は，光線柱のうちの最高の面素の接点であるので，頂点Vを通る光線 VV_1 を Π_2 に平行な位置まで回転して，$V''V''_{10}$ に平行な立面図の輪郭線(円弧)の接線の接点を求め，元に戻すことで求められる。影線は陰線に対応するので陰線より簡単に求められる。

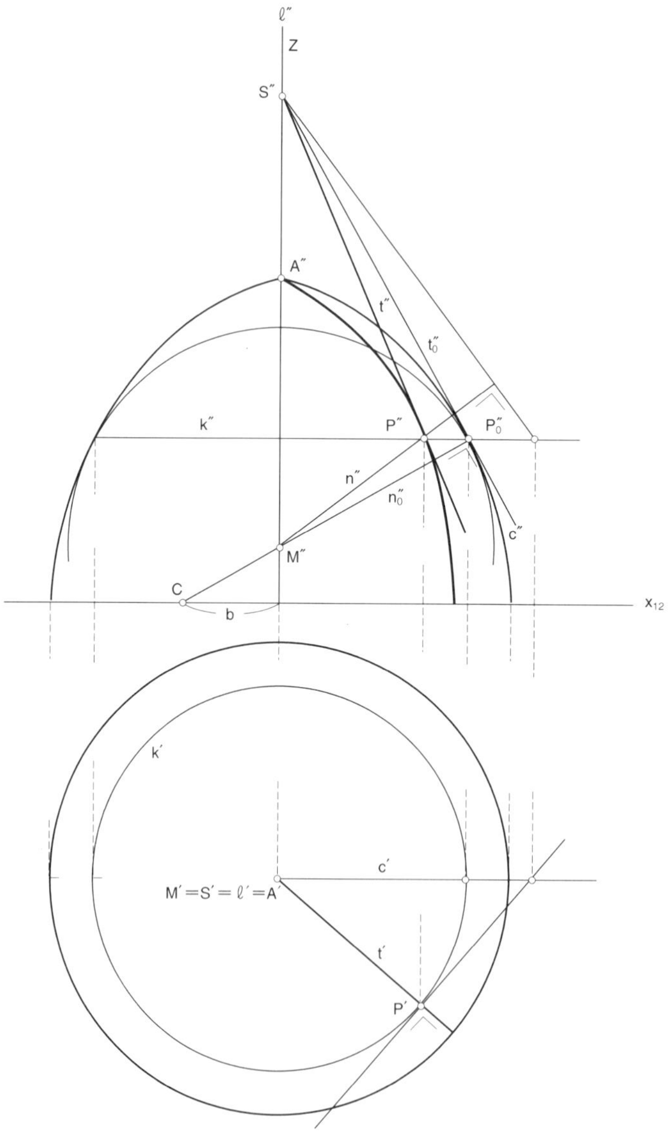

図6－37　円弧回転面

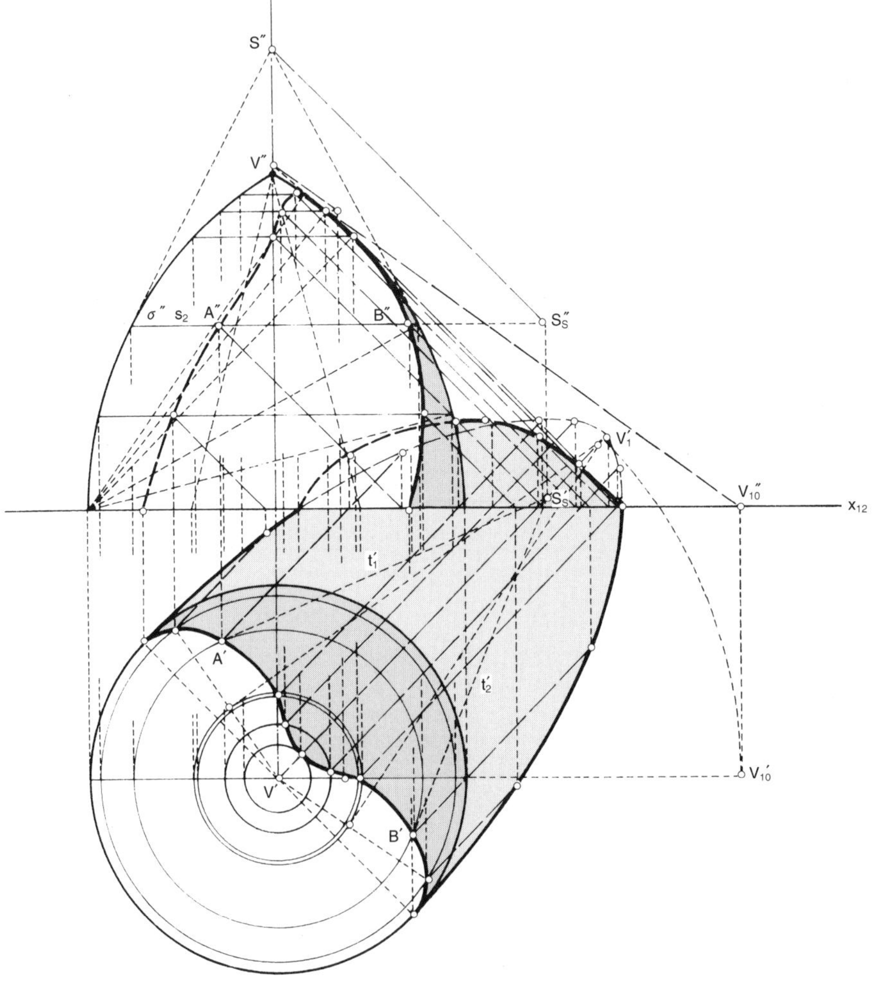

図6－38　一般回転面の陰影(接円錐法)

図**6-39**は，先の外接円錐の代わりに内接球を用いたもので，**接球法**と呼ばれている。接触円と接触球の陰線の交点が回転面の陰線を形成するのである。この図では，接触円を含む平面 σ［$/\!/\Pi_1$］と内接球の陰線を含む平面 μ［$\perp l$，ただし l：基準光線］との交線 m に着目し，その交線 m と接触円との交点で先述の陰線上の点を求めようとしている。そして，平面 μ［$\perp l$］と平面 ε［V，$/\!/\Pi_2$］の交線 p の立面図 p''は，内接球の中心を通って，光線の立面図に直交する。例えば内接球 Σ_4（中心 D_4）では，平面 σ_4 と μ_4の交線 m_4は，p''_4 と σ''_4の交点 4″を通り，かつ $m'_4 \perp l'$ であるので，円 k'_4と交線 m'_4の交点としてⅣ′が求められる。

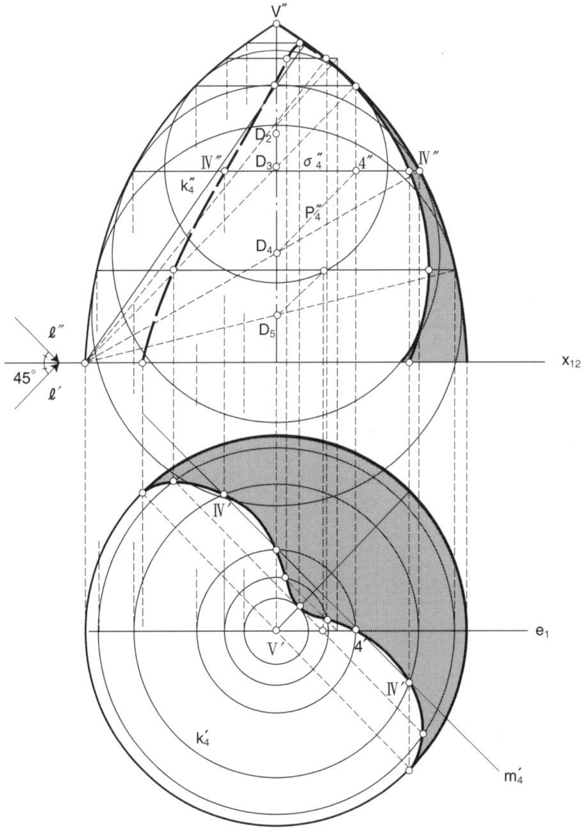

図6－39　一般回転面の陰影(接球法)

次に，一般回転面の展開について触れておく。複曲面は非可展面であるので，近似展開法ということになる。図 **6-40** では，まず一般回転面の**緯円**に着目する。その緯円を順次二つずつとり，それによって定められる直円錐を考える。つまり，緯円で囲まれた回転面(**帯環**)を二つの緯円で作りだされた直円錐の部分で近似させようとする。直円錐の展開については既に触れたので，以後の手順の説明は省略する。図 **6-41** では，まず一般回転面の**経線**(**子午線**)と緯円に着目し，順次，二つの経線によって囲われる部分(**三日月形**)に着目する。そして各三日月形に関して，経線と緯内の部分を平面上に直線として直延する。その直延された先端の点を円滑な曲線によって結ぶことで近似的に展開図が求められる。

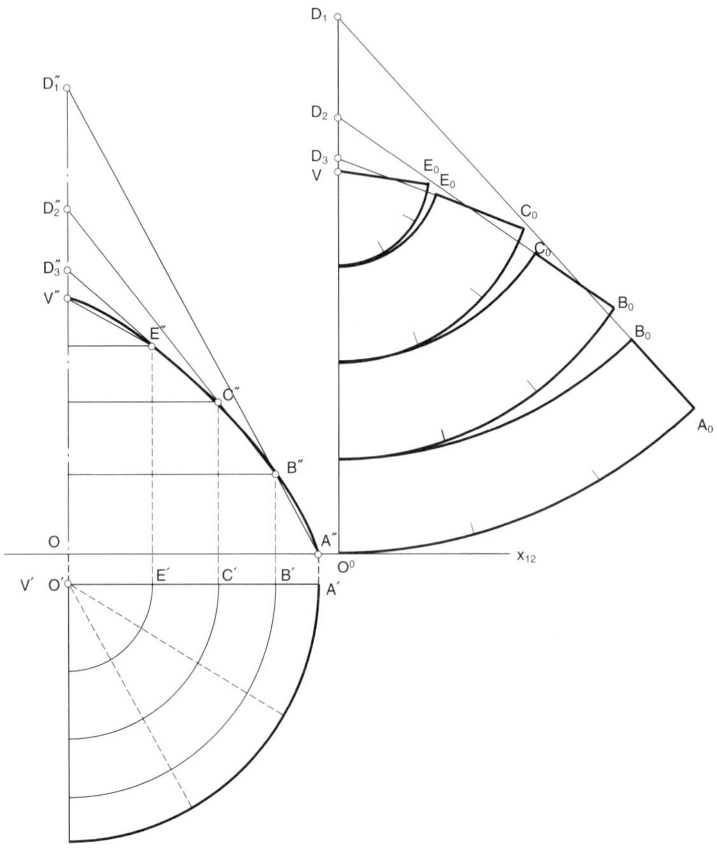

図 6－40　一般回転面の近似展開 I

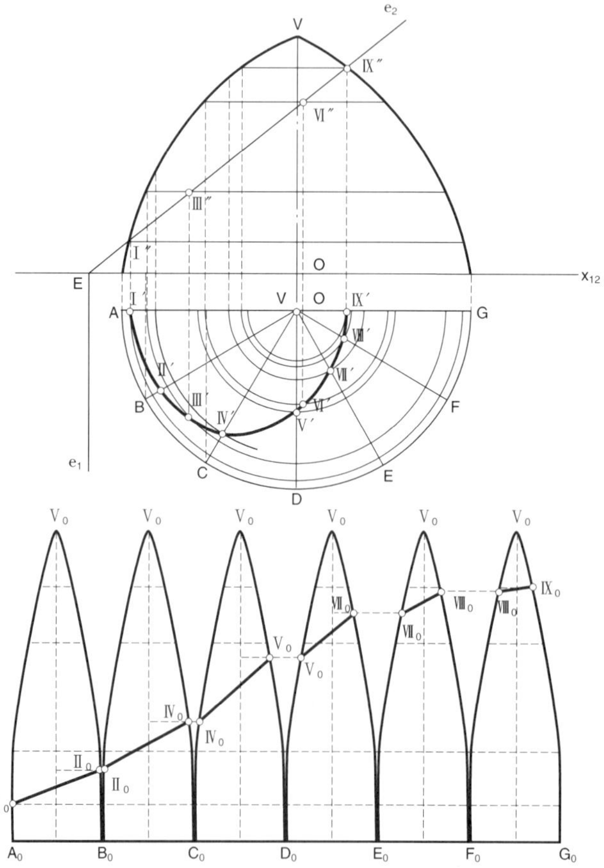

図 6－41　一般回転面の近似展開 II

7章　相　　貫

7-1　相貫の基本

相貫とは二つの面 φ_1, φ_2の交切状態をいい，その両面の交線を**相貫線**(相貫直線と相貫曲線)という。この相貫線を求めるには，一般的にはこの両面 φ_1, φ_2と同時に交わる一群の補助面 σ を用いる。補助面 σ と両面 φ_1, φ_2の交線をそれぞれ k_1, k_2とすると，k_1とk_2の交点Pが相貫線 l 上の点になるからである(図**7-1**)。作図上は k_1, k_2には簡単な線が，つまり直線とか円とかが望ましい。そこで，補助面には通常，平面が用いられるが，問題によっては円錐や球が用いられる。

相貫線を正確に作図するためには，必要十分な点を求める必要がある。相貫曲線ではとりわけそうである。また，相貫線となる点の数を増やすだけではなく，曲線の特性を考慮して作図することが肝要である。その一つには接線 t がある。接線の求め方には，**接平面法**と**法線法**がある(図**7-2**)。ともに相貫線上の点Pが特異点でない場合に用いられる。

a）　接平面法；　相貫曲線 l 上の点Pにおいて面 φ_1, φ_2 のそれぞれの接平面 τ_1, τ_2を求める。これらは，接平面の項で触れた方法に基づいて，求めやすい二接線によって各々定められる。そしてこの τ_1と τ_2 の交線によって接線 t を求めようとするもので，$\tau_1 \neq \tau_2$であれば，接線 t は一義的に定まる。$t\,[\,\tau_1 \wedge \tau_2]$。

b）　法線法；　点Pにおける二面 φ_1, φ_2のそれぞれ面法線 n_1, n_2を求め，$n_1 \neq n_2$であれば，面法線 n_1と n_2 によって平面 ν が定まる。これを**法面**という。相貫線 l 上の点Pにおける接線 t は，点Pにおける平面 ν の法線として求まる。$t\,(\perp \nu)$。

空間曲線の接線の投象図はこの空間曲線の投象図の接線になる。したがって，相貫曲線の接線を求めることはこの曲線の投象図の作図にとって意味のあることである。

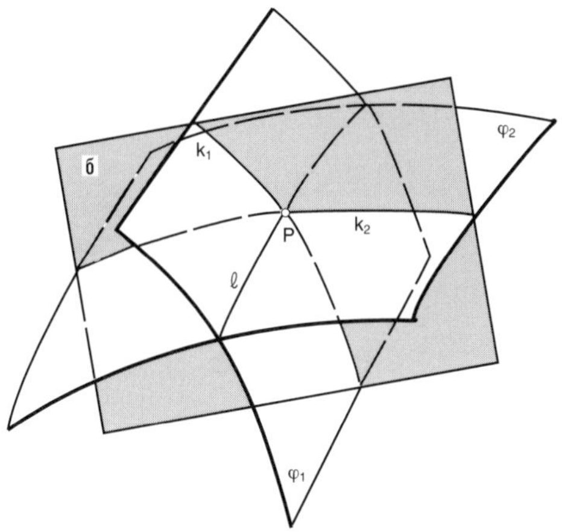

図７－１　補助面

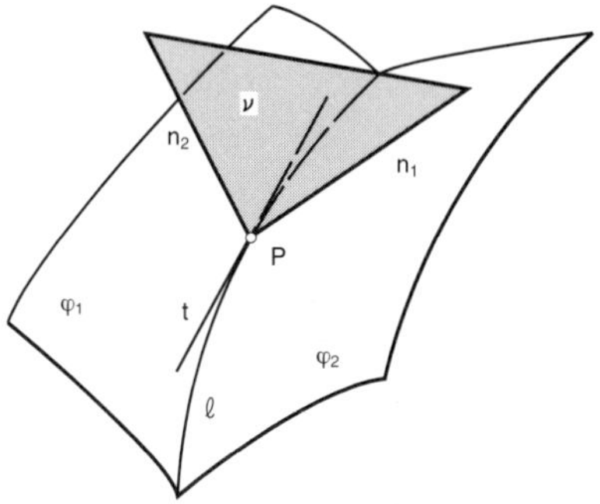

図７－２　法線法による接線の作図

7-2　柱面の相貫

7-2-1　柱面の相貫の基本

投象面Π_1上の曲線をそれぞれc_1, c_2とする柱曲面φ_1, φ_2がある（図7-3）。曲線c_1, c_2を含む平面をここでは投象面Π_1とするが，かならずしも投象面としなくてもよい。さて，曲柱面を平面で切断すると，一般的にはその切断線は二次曲線であるが，曲柱面の面素を含む平面で切断すれば，面素はこの場合直線であるから，切断線は直線となる。そこで，この二曲柱面φ_1, φ_2の面素を含む平面を，相貫線を求めるための補助平面σに選ぶのが有効である。

この補助平面σの求め方は，曲柱面φ_2上の任意な点Qをとり，点Qを通る曲柱面φ_2の面素m_2と，点Qを通って曲柱面φ_1の面素に平行な直線m_1とを考え，この直線m_1, m_2で定まる平面εを作る。直線m_1, m_2の跡点M_1, M_2より水平跡線$e_1[M_1 \vee M_2]$が定まる。平面εは平面σに平行であるから，その水平跡線も互いに平行である。そこで曲線c_1, c_2に交わって平面εの水平跡線e_1に平行な直線s_1を取り上げれば，直線s_1は補助平面σの水平跡線でありうる。

この平面σでの両曲柱面φ_1, φ_2の切断線は面素であるが，直線s_1と曲線c_1, c_2の交点をそれぞれK_1, K_2とすると，その面素k_1, k_2はそれぞれこの点K_1, K_2を通る。面素k_1, k_2の交点Pが相貫線l上の点である。したがって，相貫線lを作図するためにはこの点Pを求めたように，水平跡線e_1に平行な直線s_1を移動させて相貫線上の他の点を求めればよい。

次に，点Pにおける相貫線lの接線tを接平面法で求めよう。曲柱面φ_1上の点Pにおける接平面は点Pを通る面素k_1と点K_1での曲線c_1の接線t_1とで決まる。同様に曲柱面φ_2の接平面τ_2も面素k_2とで決まる。接線tは接平面τ_1, τ_2の交線であるので，接線t_1, t_2の交点Tを通る。したがって，接線tは$t[P \vee T]$として求められる。

次に二つの斜円柱Φ_1, Φ_2の相貫線を実際に作図してみよう（図7-4）。Φ_2の軸o_2上の一点Mをとり，Mを通ってΦ_2の軸o_1に平行な直線MRをとる。軸o_1, o_2は共に面素の平行線であるから，軸o_2と直線MRで定まる平面は先述の補助平面σに該当する。その水平跡線はO_2Rであるので，直線群$[/\!/ O_2'R']$をとれば，それが補助平面群$(/\!/ \sigma)$の水平跡線となる。ただし，この水平跡線は底円o_1, o_2に同時に交わっていなければ無意味なので，いずれかの底円の接線が限界となる。また，相貫線の投象図が斜円柱の見えの輪郭線と接する場合には，その接点はこの輪郭線である面素と他の円柱との交点であるので，この面素を含む補助平面，すなわちこの面素の水平跡点を通る水平跡線$e_1[/\!/ O_2'R']$を取り上げねばならない。

さて，このような補助平面で，円柱Φ_1, Φ_2を切断すると各々二本の面素が切断線となり，それらの交点は4点である。一般的に一補助平面によって4点現出する。そしてこれらの点を結んで相貫線を定めるのであるが，その結ぶ順序は見分けにくい。そこでその結ぶ方法について言及しておく。円柱の相貫線は原理的にいって，図7-5に示す四つの場合にかぎられる。相貫線が二つに分離する場合，一本の線でつながる場合，それが一点で交わる場合，二点で交わる場合である。これらの場合を底円と補助平面の水平跡線の関係で示せば，図7-5の右図となる。次にこの右図に示したように底円と水平跡線との交点に番号をふる。それはその点を通る面素の水平跡点の番号である。次に同一番号をもつ両円柱Φ_1, Φ_2の面素の交点に番号をふる。そしてこのようにふられた番号をもつ交点を次々と結んでいけば，相貫線が定められる。

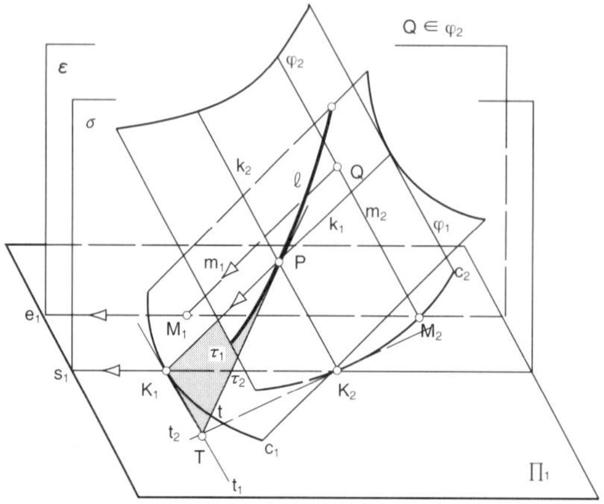

図7－3　曲柱面の相貫

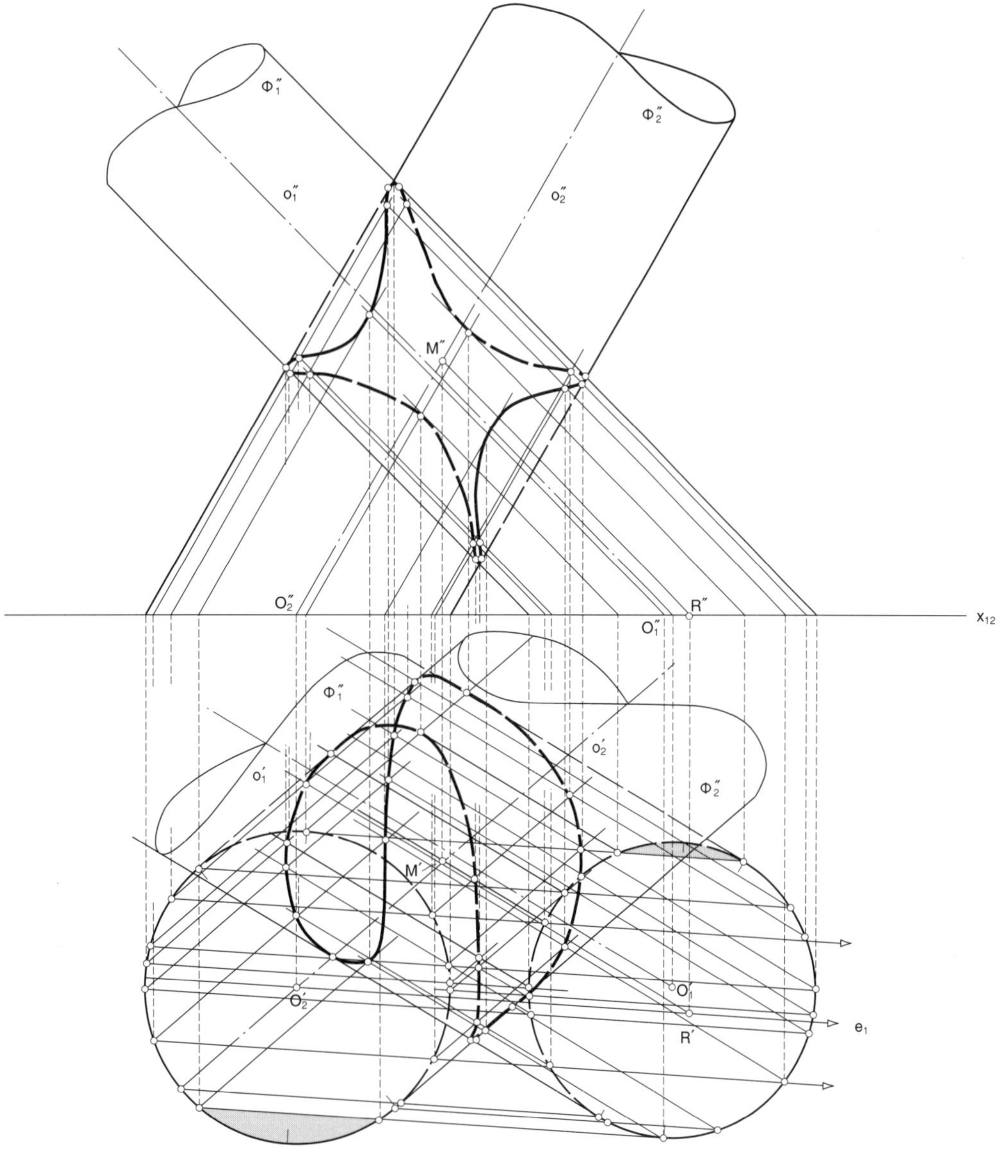

図7－4　斜円柱の相貫

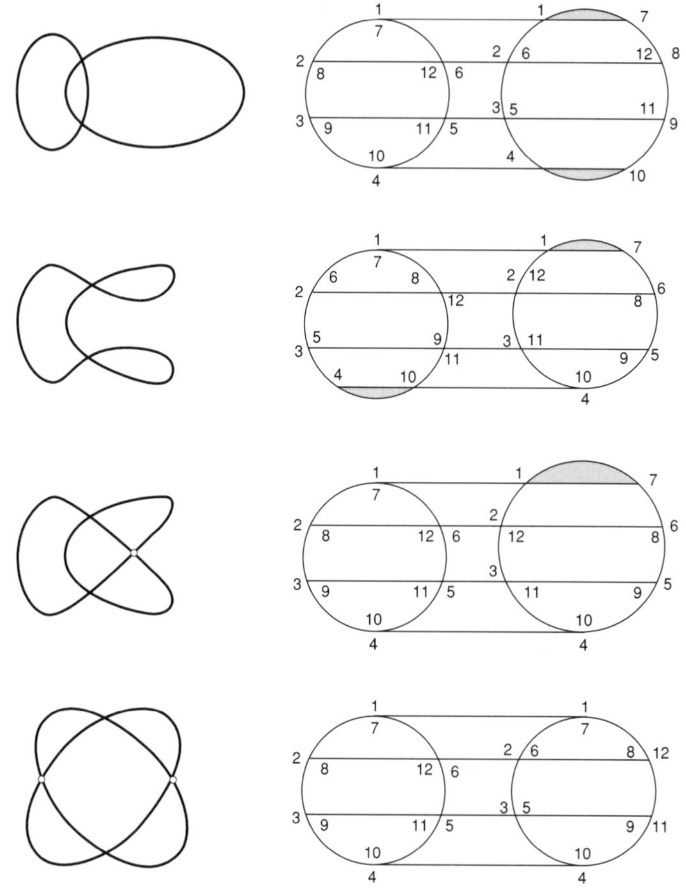

図7－5　相貫線上の点を結ぶ順序

7-2-2　直円柱の相貫

直円柱 Φ_1（導円の半径 a）と Φ_2（導円の半径 b）の相貫線を求めよう。

$$\Phi_1 : x^2 + y^2 = a^2, \quad \Phi_2 : (x - d)^2 + z^2 = b^2 \qquad (7.1)$$

この場合は，底円の関係を使わなくても補助平面 σ を直立投象面 Π_2 に平行にとれば（$x = c$），直円柱 Φ_1, Φ_2 の切断線はともに平行な二直線となることが判明する（図**7-6**）。そしてこの切断線は一般に一補助平面 σ 上で4交点をもつ。相貫線 l の平面図 l' は直円柱 Φ_1 の平面図である円 c_1'［O_1, a］の円弧（$A'B'\bar{A}'$）であるので，相貫線 l' は二重の二次曲線（この場合は円）である。立面図 l'' は一補助平面 σ で求まる4点を次々と求めて連ねる。平面四次曲線である。何故ならば7.1式より x を消去すれば，7.2式になるからである。

$$4d^2(a^2 - y^2) = (y^2 - z^2 - a^2 + b^2 - d^2)^2 \qquad (7.2)$$

補助平面 σ で直円柱 Φ_1, Φ_2 を切断したときの切断線 k_1, $\bar{k}_1$, k_2, $\bar{k}_2$ のうち，k_1, $\bar{k}_1$ は平面図から k_1', $\bar{k}_1$［円 $c_1' \wedge \sigma'$］として直接求まるが，k_2, $\bar{k}_2$ は側面図を作る必要がある。ここでは側面の代わりに直円柱 Φ_1 の軸 o_1 を回転軸にして，直円柱 Φ_2 を軸 o_2 が直立投象面 Π_2 に垂直な位置まで回転して求めた。すなわち，面素 k_2, $\bar{k}_2$ と円 m［M, b］（但し $m \perp \Pi_1$, Π_2）の交点 K_2, $\bar{K}_2$ を回転して，K_{20}', $\bar{K}_{20}'$ を求め，その対応線 $p_{12}(K_{20}')$ と円 m_0''［M_0'', b］との交点で K_{20}'', $\bar{K}_{20}''$ が，そして k_2'', $\bar{k}_2''$ が求まる。

輪郭線と相貫線は，この場合立面図では8点で接する。その作図は，補助平面 σ が円柱の輪郭線を含むようにそれぞれ σ をとることで求まる。

この相貫線の一般の位置での接線 t を法線法で求めよう。点Pにおける直円柱 Φ_1, Φ_2 の法線 n_1, n_2 は点Pよりそれぞれの軸への垂線である。そこで軸 o_2 を含む第一投射平面（$\perp \Pi_1$）を考え，Φ_1 の法線 n_1 との交点D，Φ_2 の法線 n_2 との交点をEとすると，直線 $E'D'$ は基線 x_{12} に平行であるから，直線 $E''D''$ は法線 n_1, n_2 で定まる平面 τ の直立跡平行線である。したがって，平面と垂線の関係から，平面 τ への垂線である接線 t の立面図 t'' は t''［P'', $\perp E''D''$］として求まる。

直円柱 Φ_1, Φ_2 の軸 o_1, o_2 が交わる例としてそれが直交する場合を取り上げる（7.1式の $d = 0$ の場合，図**7-7**）。

軸 o_1 と o_2 との交点Mを中心とする球 Σ を補助面に選ぶ。但し，その半径 r は $a \leq r \leq \sqrt{a^2 + b^2}$ である。球 Σ は直円柱 Φ_1, Φ_2 と交わって，相貫線である円 k_1, $\bar{k}_1$, k_2, $\bar{k}_2$ ができる。これら4円は一般的には8点で交わって，直円柱 Φ_1，Φ_2 の相貫線 l を定める。その平面図 l' は円 O' の円弧（$A'C'\bar{A}'$），（$B'D'\bar{B}'$）であり，立面 l'' は先の4円の交点として求まる。但し，この円は立面図では直線となって二重になっているので，交点は4点である。

7.2式で $d = 0$ とすると

$$y^2 - x^2 = a^2 - b^2 \qquad (7.3)$$

となるので立面図 l'' は二重になった双曲線で，その漸近線は u_1'', u_2'' である。但し，$u_1'' \perp u_2''$ で，軸 o_1'' に対して対称の位置にある。一般点での接線 t は先の問題と同じ結果になるので省略する。

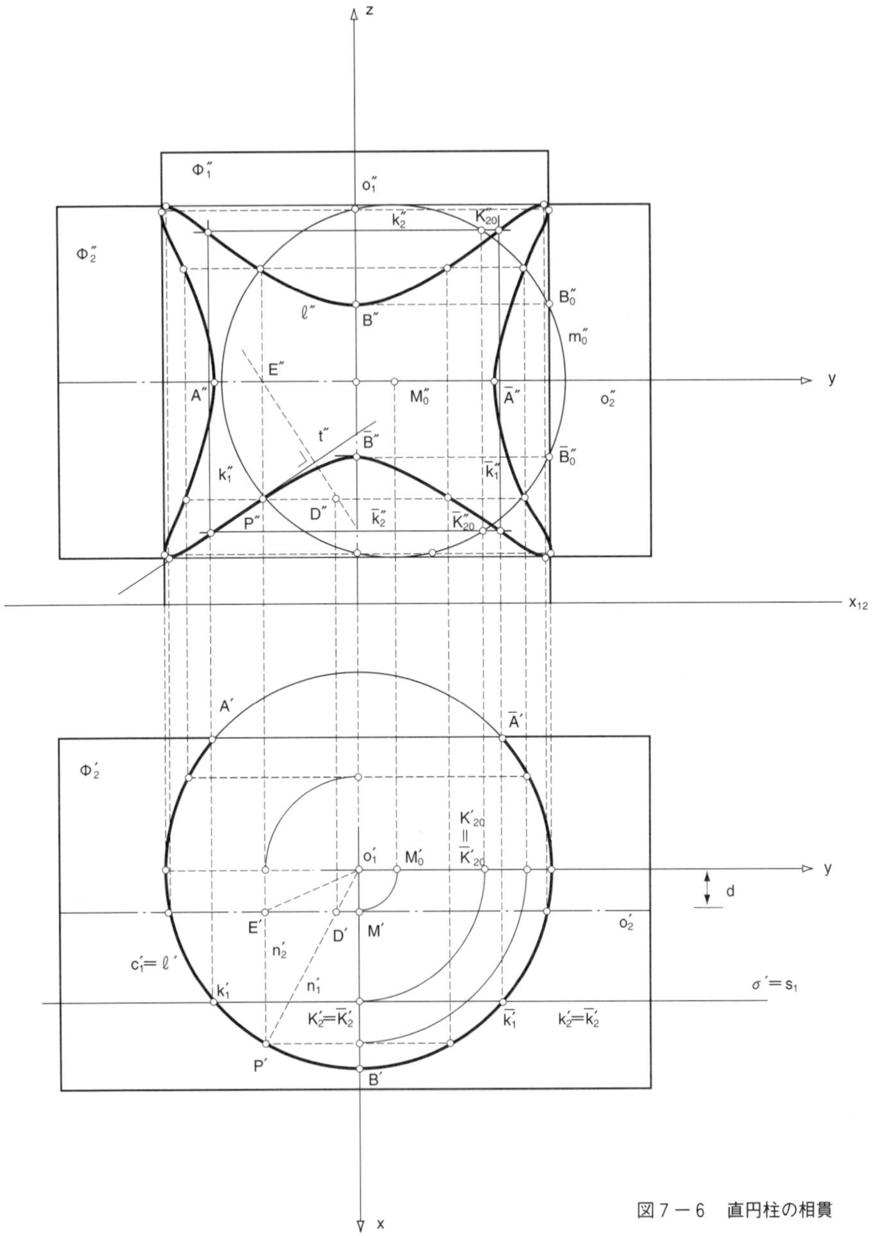

図7－6　直円柱の相貫

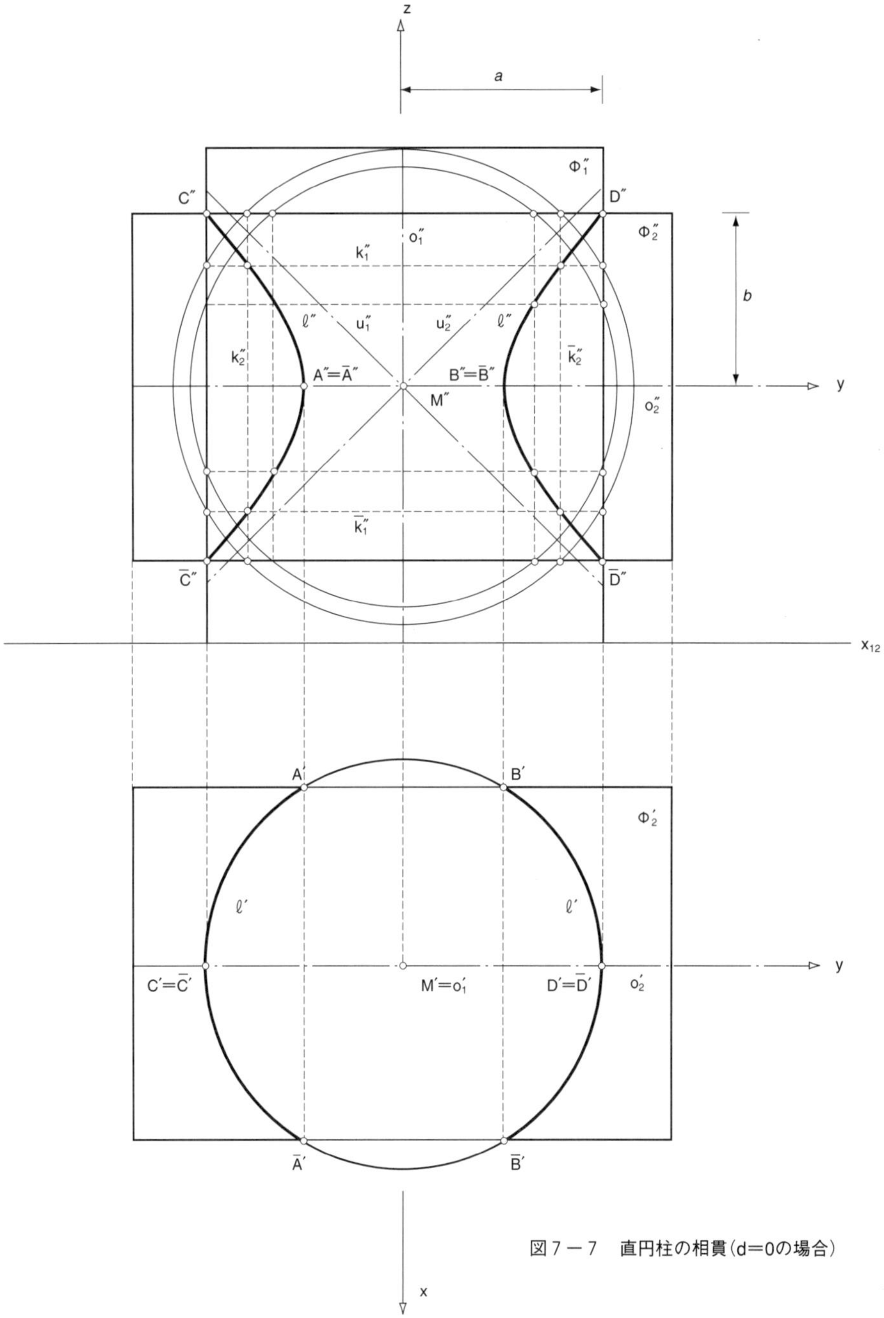

図7－7　直円柱の相貫（d＝0の場合）

もし，$a=b$ であれば，7.3式は $y^2-z^2=0$ となる。つまり，相貫線の立面図 l'' では，$z=\pm y$ なる直線となる(図7-8)。相貫線 l そのものは二点で交わる分解した平面二次曲線(楕円)である。

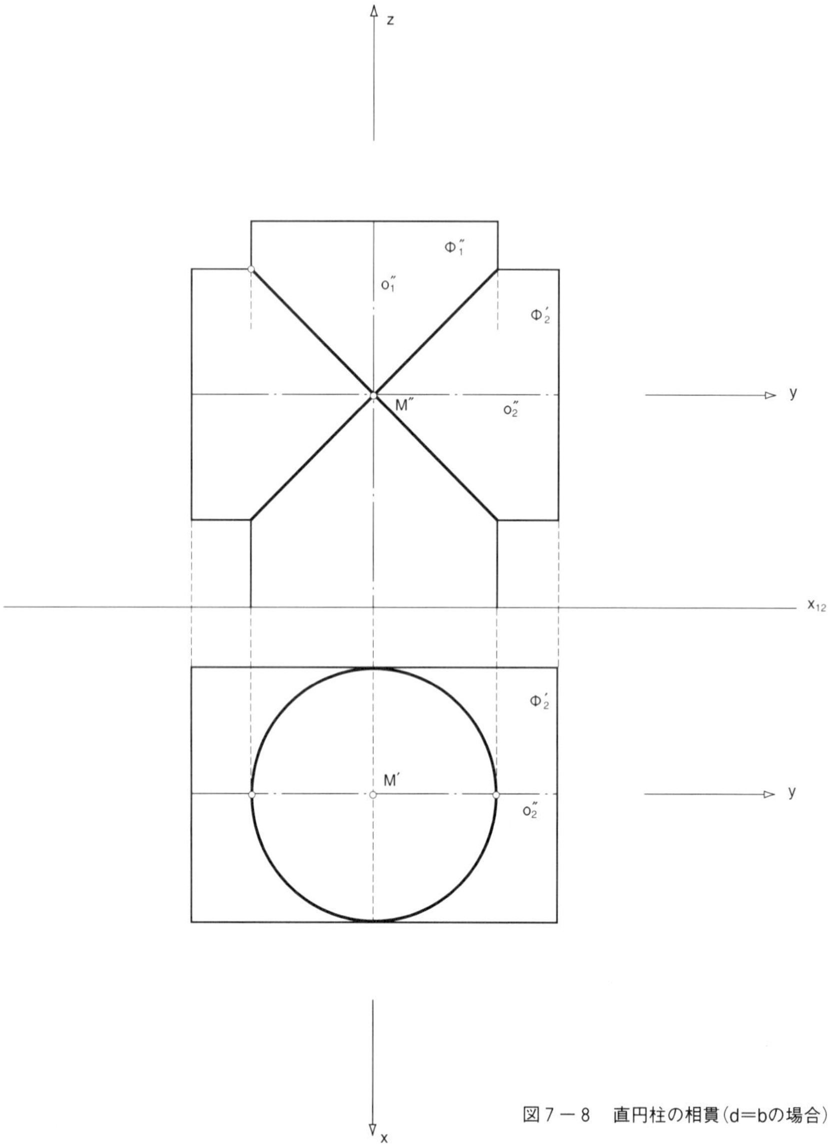

図7－8　直円柱の相貫(d=bの場合)

7-2-3　円柱内部の陰影

上底円 $\bar{k}[\bar{O},\ r]$ を欠いた斜円柱Φの基準光線による陰影を取り上げる(図7-9)。

まず上底のある場合は既に円柱の項で触れたので説明を省略する。次に，上底円 $\bar{k}$ を取り去ると，円柱の内側にも陰影と影線が生じる。内側の影線は外側の影線に重なり，また，陰面と光面は内外で逆転することは容易に解る。そこで問題は内側の影線である。これは円 $\bar{k}$ の内側の面への影であるので，結局は円 $\bar{k}$ による光線柱と円柱Φの相貫線が影線ということになる。したがって，光線柱と円柱Φの面素を含む補助平面 σ に着目することで，相貫線，すなわちこの場合は内側の影線が求まる。

この相貫線の作図は上述の方法によって求められるが，次のような陰影固有の方法によっても可能である。そこで，まず**直線の他の直線への影の作図**について考える。

a)　直線 g を含む補助平面 ε を使う方法(図7-10)。この平面 ε 上に l の影 l_s を作図すれば，g と l_s の交点として O_s が定まる。つまり $e_2=g''$，$e_1 \perp x_{12}$ なる平面 ε を求め，直線 l の両端A，Bからの光線と平面 ε との交点 A_s，B_s を求め，$l_s'[A_s \vee B_s]$ と g' との交点で O_s が定まる。

b)　二直線 g，l の Π_1 上への影 g_1，l_1 の交点より求める方法(図7-11)。この影 g_1，l_1 の交点 O_1 を求め，この点を通る光線を逆にたどれば，点 O_s，そしてOが求まる。

この二方法のうち，後者の方法で上述の相貫問題を解く。二種の影線は，一方は上底円 $\bar{k}$ の Π_1 上への影 $\bar{k}_1$ であり，他方は円柱Φの面素の Π_1 上への影，例えば図7-9中の g_1 である。面素 g の影 g_1 と上底円 $\bar{k}$ の影の円 $\bar{k}_1$ の交点 $\bar{G}_1$ より光線を逆にたどって，面素 g との交点を求めれば，それが G_s であり，さらに円 $\bar{k}$ との交点が $\bar{G}$ ということになる。この方法をくりかえすことで円柱内面の影線は求められる。

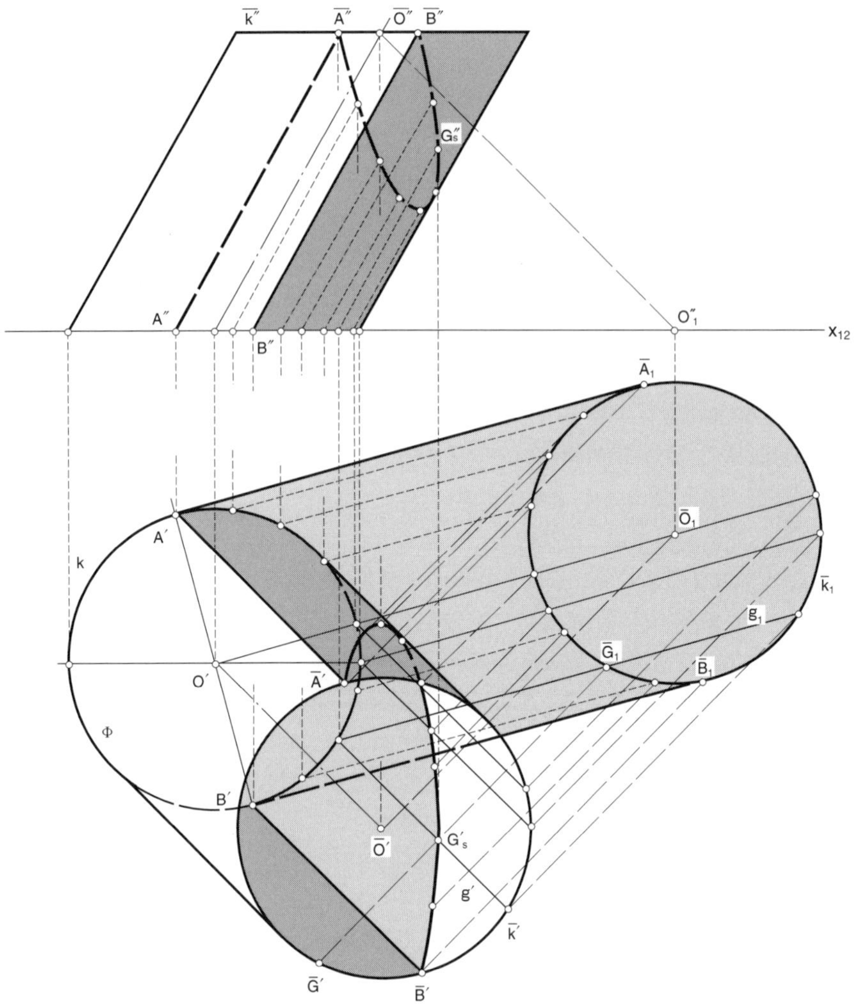

図７－９　斜円柱内部の陰影

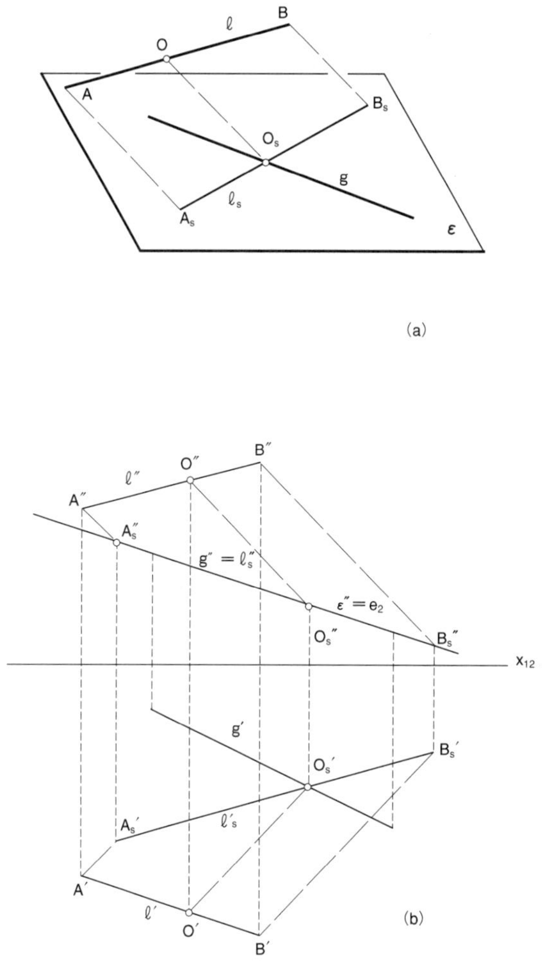

図７－10　直線の他の直線上への影(1)

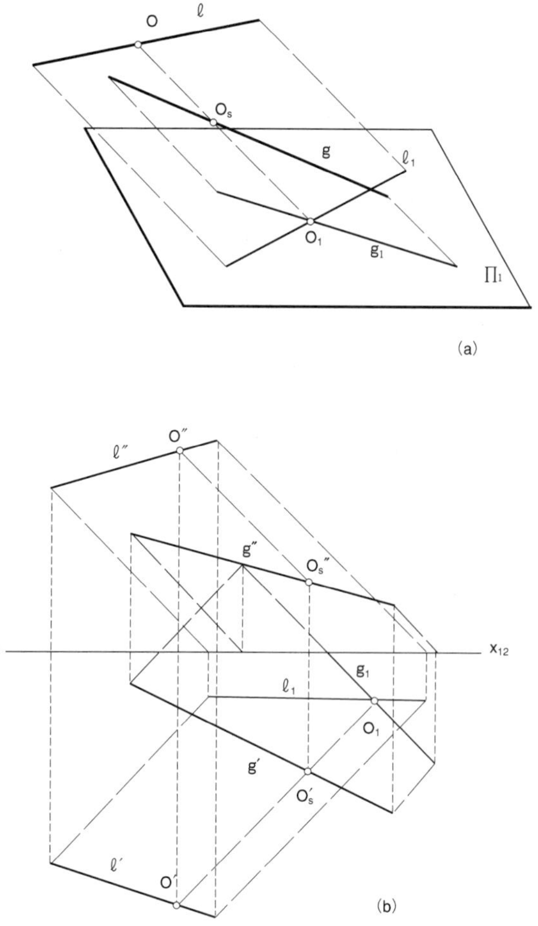

図７－11　直線の他の直線上への影(2)

7-3　錐面の相貫

7-3-1　錐面の相貫の基本

底面の曲線がそれぞれc_1，c_2である錐面Φ_1，Φ_2を取り上げ，その相貫線lを求める(図**7-12**)。錐面の頂点を含む平面で錐面を切断すれば，切断線は面素となるので，頂点S_1，S_2を含む直線gを考え，この直線gを含む平面σを補助平面とすればよい。直線gの跡点Gを通る水平投象面Π_1上の直線s_1はこの補助平面σの水平跡線でありうるので，そのような跡線s_1（$\in$G）の平面σで錐面Φ_1，Φ_2を切断すると，切断線は錐面の面素k_1，k_2，k_3，k_4となる。ただし，面素k_1，k_2，k_3，k_4は跡線s_1と底面c_1，c_2との交点K_1，K_2，K_3，K_4と頂点S_1，S_2で定まる線分である。この4線分の交点は一般的には4点あり，補助平面を移動させることにより，相貫線lが求められる。また，この相貫線上の一般点Pでの接線tは，例えば接平面法を用いれば，この点Pにおける二つの接平面τ_1，τ_2の交線として求められる。

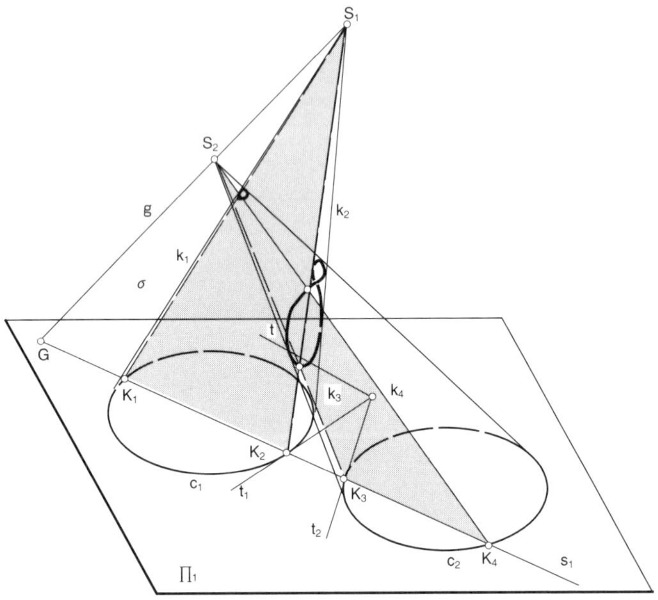

図7－12　錐面の相貫

7-3-2　角錐の相貫

立体の面が平面(角錐)でも曲面(曲錐)でも相貫については原理的に同一であるので，まず，図**7-13**に示した斜三角錐の相貫線を求めてみよう。多面体の相貫線は，一方の稜と他の多面体との交点が求まれば，それを直線で結ぶことで定められる。そこでこの交点を求めるために，その稜を含む補助平面を考える。つまり，頂点S_1，S_2を含む直線gと各稜を含む補助平面である。その平面の水平跡線はgの水平跡点Gと底面の三角形の各頂点を結ぶ直線である。したがって，相貫線上の点，つまり稜と立体の交点は，かかる補助平面で切断した切断線である三角形と稜との交点である。但し，同じ補助平面でこの稜をもつ立体自らも切断され，その切断線と他の立体の切断線の交点が現出する。しかし，これは余分なものであるので無視する。

相貫線上の各点を結ぶ順序は，円柱の場合と同じ方法で求められる。すなわち図**7-5**に示した方法によって，補助平面の水平跡線と底面との交点に番号をふる。また，その番号に基づいて交点に番号をふる。相貫線はこの番号通りに結んでいくことで定められる。ただし，この三角錐をはじめとする多面体にあっては，上述のように余分な交点が出てくる。そしてこの交点もまた番号をもつが，相貫線としてはそれをとばして結んでいけばよい。何故，無視するかといえば，この無視される交点は相貫線である直線の途中に現われる点であるので，その点を作図することは，作図を複雑にするだけで，かえって誤りのもとになるからである。

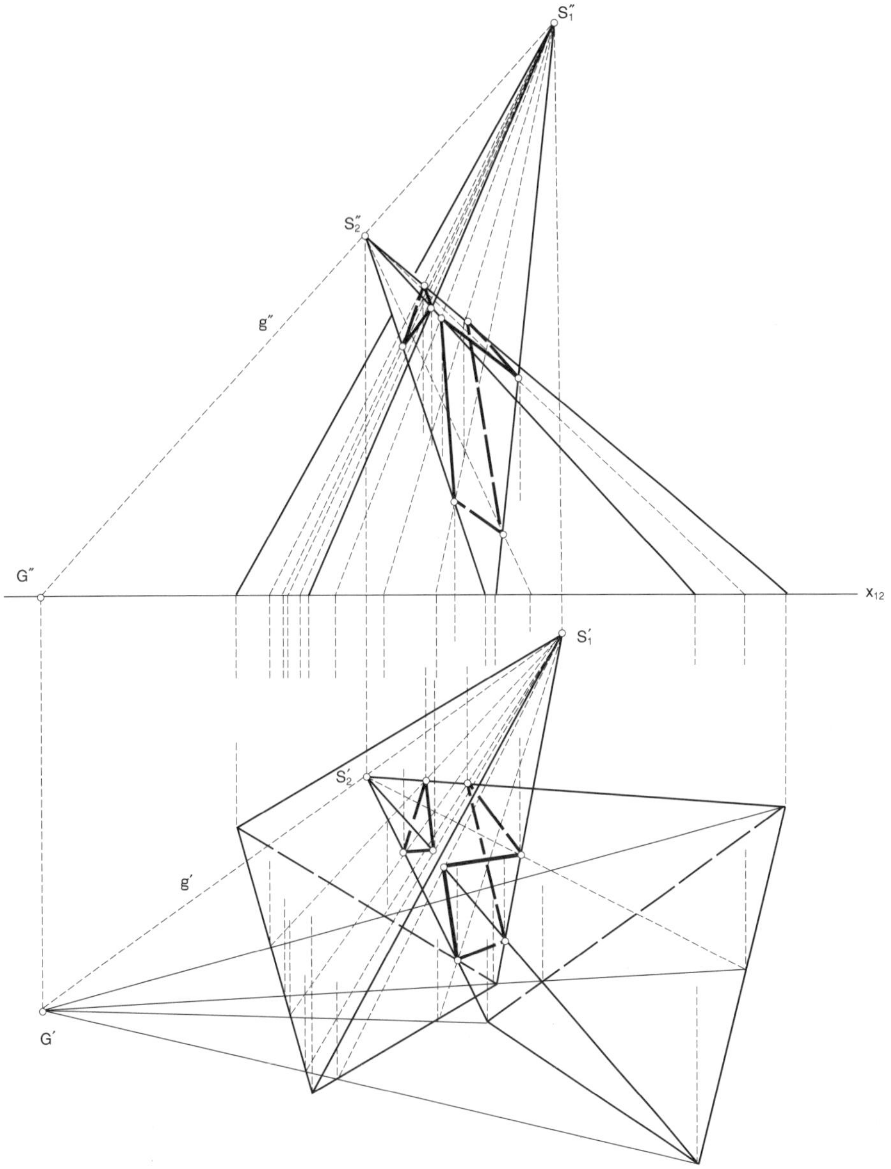

図7－13　三角錐の相貫

7-3-3　直円錐の相貫

投象面Π_1上に底を有する直円錐 Φ_1(軸s_1)と両投象面に垂直な底を有する直円錐 Φ_2(軸s_2)の相貫線を求めよう。このケースは図**7-14**に示した底のない錐体の相貫線の作図の特殊としてとらえられるので，まずこの一般的ケースを見取図によって見ておこう。

頂点S_1，S_2とする錐体があるとする。この二点S_1，S_2を含まない平面ε，μで各々の錐体を切断し，その切断線をk_1，k_2としておく。そして補助平面を考える。平面σは直線g［$S_1 \vee S_2$］を含むが，それは，直線gと二平面ε，μとの交点をF，Nとし，直線l［$\varepsilon \wedge \mu$］と平面σとの交点をTとすると，平面εとFTで，平面μとNTで交わる。そこで，切断線k_1，k_2を錐面の基本で触れた底面の曲線c_1，c_2とし，FT，NTを先述の補助平面σの水平跡線s_1とすると，すべて先述の問題と同じように作図をすすめうることが解る。

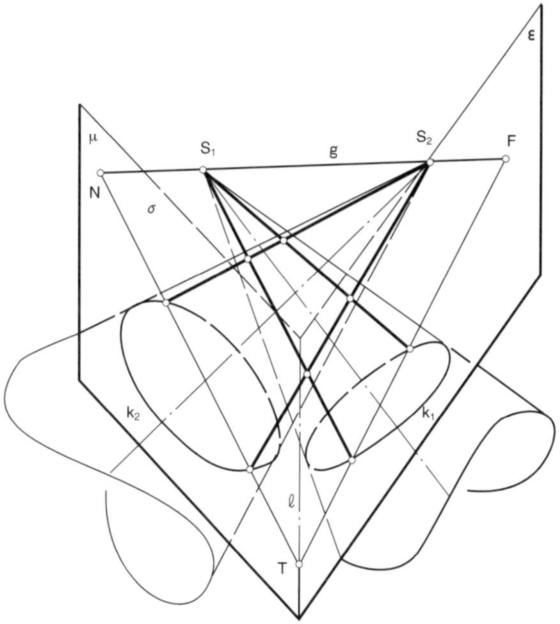

図7－14　底のない円錐の相貫

図**7-15**では上述の平面 ε をΠ_1に，平面 μ を底円 o_2 を含む平面 μ（$\perp \Pi_1$, Π_2）とすると，$g[\mathrm{S}_1 \vee \mathrm{S}_2]$，$\mathrm{F}[g \wedge \Pi_1]$，$\mathrm{N}[g \wedge \mu]$，$l[\Pi_1 \wedge \mu]$となり，補助平面 σ は，直線 l（$\in \Pi_1$）上の点Tを含むとすると，投象面Π_1と μ とで TN, TFなる交線をとる。次に，この交線と底円 o_1，o_2との交点を求め，それを通る両円錐の面素 f_1，$\bar{f}_1$，f_2，$\bar{f}_2$が定まる。これが補助平面 σ で両円錐を切断した切断線である。それらの4交点が相貫線上の点である。このような補助平面群による交点群を求めて，順次結んで相貫線が求まるが，その結ぶ順序は図**7-5**に示した方法によればよい。つまり，底円とこれら交線F, Tとの交点に番号をふり，それに基づいて相貫線上の点に番号をふることで定められる。

この直円錐Φ_1, Φ_2の頂角を ω_1，ω_2とすると，これらの立体の方程式は次式となる。

$$\Phi_1 : x^2 + y^2 = x^2 \tan^2 \omega_1,$$

$$\Phi_2 : (x+b)^2 + (z-a)^2 = y^2 \tan^2 \omega_2 \qquad (7.\ 4)$$

相貫線は両式を満たす点の軌跡であるが，平面図はこの7.4式より z を消去することで求められる。すなわち，

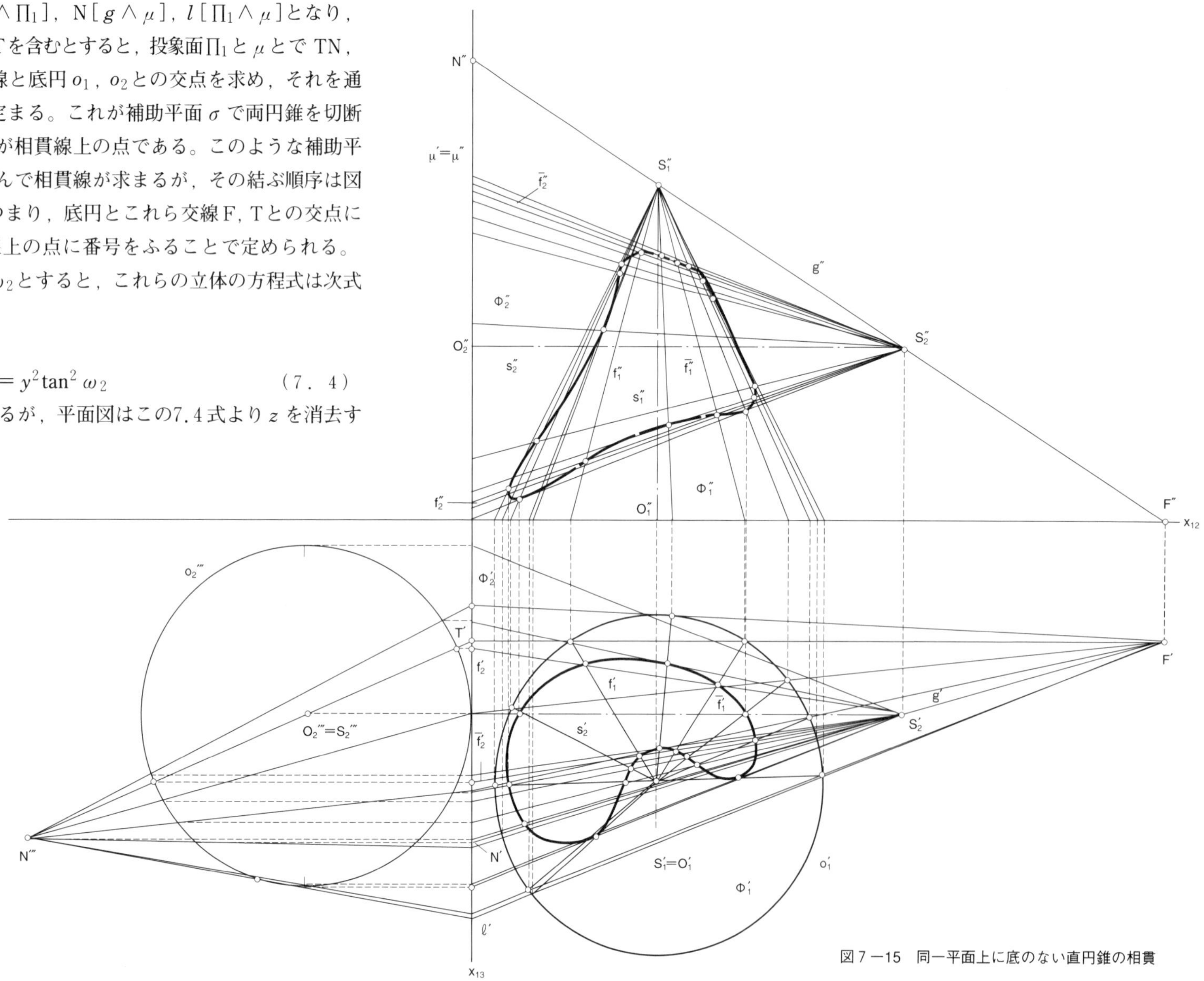

図7－15　同一平面上に底のない直円錐の相貫

$$\{(\frac{1}{\tan^2\omega_1}-\tan^2\omega_2)y^2+(1+\frac{1}{\tan^2\omega_1})x^2+2bx+a^2+b^2\}^2$$
$$=\frac{4a^2}{\tan^2\omega_1}(x^2+y^2) \qquad (7.\ 5)$$

つまり，平面4次曲線である。また，xを消去することで立面図の式は次式となる。

$$(\tan^2\omega_2+1)y^2-(\tan^2\omega_1+1)z^2+2az-a^2-b^2$$
$$=4b^2(z^2-y^2+\tan^2\omega_1) \qquad (7.\ 6)$$

これもまた平面4次曲線である。次に両円錐の軸が交叉している，すなわち，$a=b=0$となる場合を考えると，7.5，7.6式は次式となる。

$$(\frac{1}{\tan^2\omega_1}-\tan^2\omega_2)y^2+(1+\frac{1}{\tan^2\omega_1})x^2=0 \qquad (7.\ 7)$$

$$(\tan^2\omega_2+1)y^2-(\tan^2\omega_1+1)z^2=0 \qquad (7.\ 8)$$

すなわち，相貫線の平面図はω_1とω_2の関係で楕円や双曲線となるが，立面図は双曲線となることが解る。

7-4　柱面と錐面の相貫

7-4-1　直円柱と直円錐の相貫

直円柱Φ_1と直円錐Φ_2の軸が直交する場合のその相貫を取り上げる(図7-16)。直円錐Φ_2の頂点S_2を含み，直円柱Φ_1の面素に平行な直線gを含む平面σを補助平面に，すなわち直線$g[S_2, /\!/ o_1]$の跡点を通る投象面Π_1上の直線を跡線とする平面($\perp\Pi_1$)を補助平面に選べばよい。

ここでは，軸o_1とS_2O_2との交点Mを中心とする補助球Σを用いる。相貫線の平面図l'_1，l'_2は円柱Φ_1の底円の円弧に一致する。すなわち，二重の二次曲線となる。

点Mを原点とする，図7-16のような直交座標をとって，両立体の方程式を求めると，

$$\Phi_1: x^2+y^2=a^2,\quad \Phi_2: z^2+x^2=y^2\tan^2\omega \qquad (7.\ 9)$$

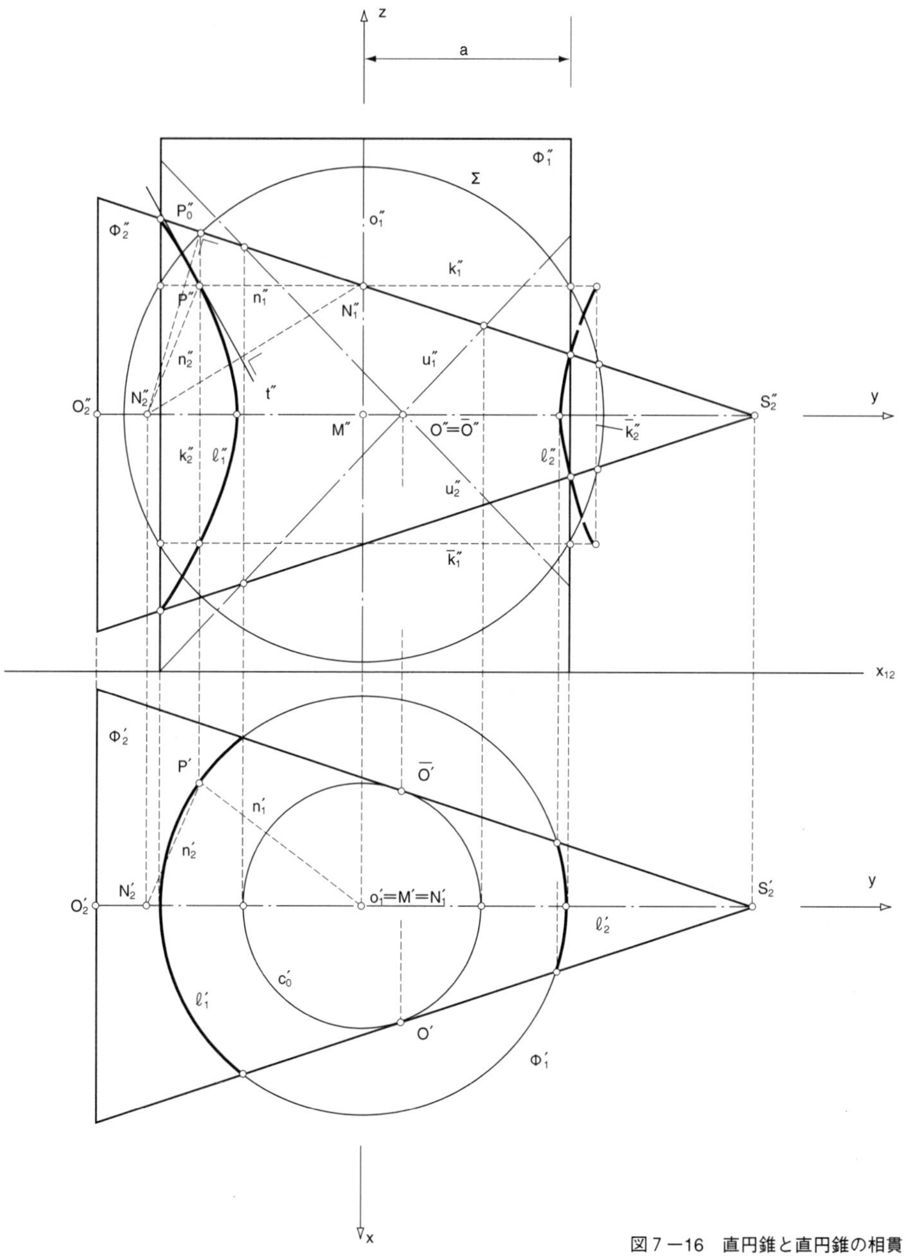

図7—16　直円錐と直円錐の相貫

立面図については，両式から x を消去すると，7.9式は，

$$z^2-(1+\tan^2\omega)\,y^2+a^2=0 \qquad (7.10)$$

となり，双曲線であることが解る。

作図としては，補助球Σと円柱 Φ_1，円錐 Φ_2 の相貫線である円 k_1，$\bar{k}_1$，k_2，$\bar{k}_2$（ただし，$k_1 /\!/ \bar{k}_1$，$k_2 /\!/ \bar{k}_2$，k_1 と k_2，$\bar{k}_1$ と $\bar{k}_2$ は互いに垂直）の交点によって求められる。この双曲線の漸近線は次のようにして構成しうる。円柱の位置を変えずにその半径を減少して，平面図でその円柱 Φ_0 の底円 c_0 が円錐 Φ_2 の輪郭線に接する状態をつくる。そのときの円錐 Φ_2 と円柱 Φ_0 の相貫線は楕円で，平面図では円となり，その立面図は点O″で交わる直線 u_1''，u_2'' となる。この二直線が立面図での双曲線の漸近線である。何故ならば，中心相似変換は無限遠点を変化させないので，立面図での双曲線は l_1''，l_2'' と直線 u_1''，u_2'' は同一の無限遠点をもつ。すなわち，直線 u_1''，u_2'' は双曲線 l_1''，l_2'' の漸近線である。

相貫線 l 上点Pにおける相貫線 l の接線 t は，法線法で求めるとすると，円柱 Φ_1 の法線 n_1 と円錐 Φ_2 の法線 n_2 とで定まる平面 ε への垂線である。法線 n_1 は n_1''[P″，⊥ o_1'']，n_1'[P′o_1'] として，法線 n_2 は n_2''[P″N_2''] として定まる。ただし，点Pを S_2O_2 を回転軸として回転して点 P_0 を定めると，直線 $P_0''N_2'' \perp P_0''S_2''$ となる。そして，直線 $N_1'N_2'$ は基線 x_{12} に平行であるので，直線 N_1N_2 は平面 ε の直立跡平行線である。したがって，直立跡線 $e_2 /\!/ N_1''N_2''$。この平面 ε への垂線 t の立面図 t'' は，t'' [P″，⊥ $N_1''N_2''$] として求められる。

7-4-2　円錐内部の陰影

投象面 Π_1 上に頂点Sがあり，軸SOも投象面 Π_1 に垂直で，かつ底面 k を欠いた直円錐Φの基準光線による陰影を求める（図**7-17**）。

底円 k[O，r]があるとして陰影を求める。底円 k は投象面 Π_1 に平行であるので，点Oの投象面 Π_1 上への影 O_1 を求めれば，底円 k の影は円 k_1[O_1，r]である。光線柱である円柱 OO_1 と円錐Φの共通接平面を求めると，その平面の水平跡線は点Sから円 k_1 への接線 t_1，$\bar{t}_1$ となる。これが影線である。その接点 E_1，$\bar{E}_1$ を影とする底円 k 上の点E，$\bar{E}$ を通る面素が円錐面の陰線である。陰線の影が影線であるからである。つぎに底円 k を除くと，円錐の内側に

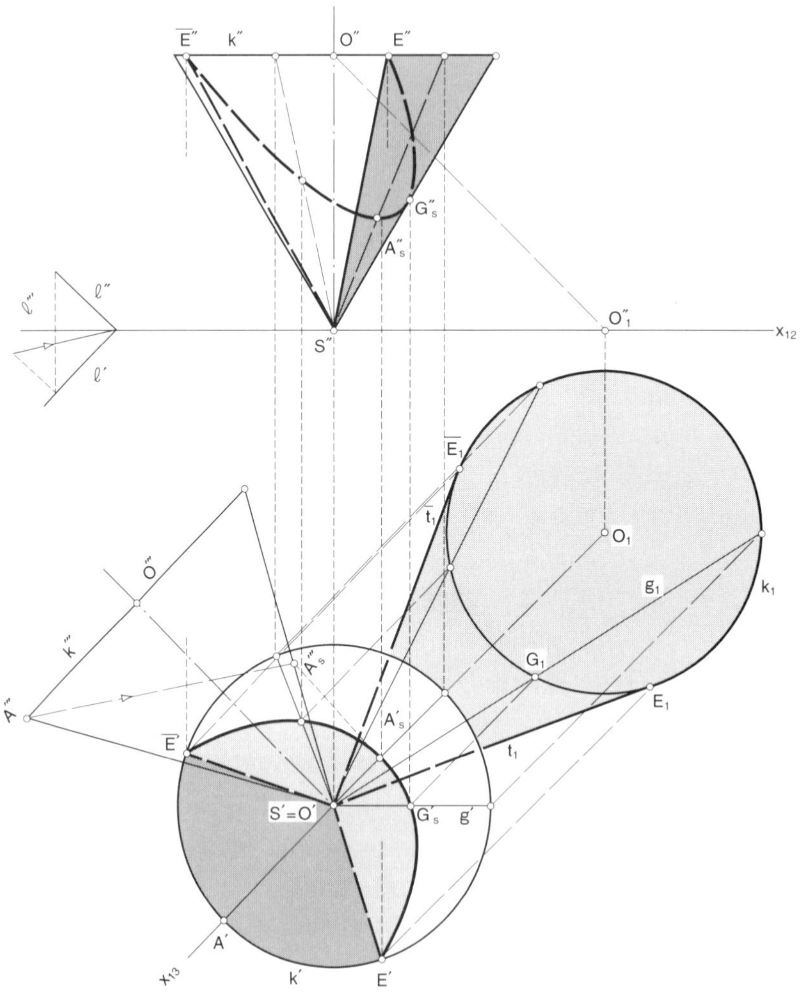

図７－17　直円錐内部の陰影

陰影が生じる。この陰線は外側の陰線と同位置にあり，光面と陰面は内外で逆転する。この影線が円 k の光線柱と円錐Φとの相貫線であるということは，先の上底を欠いた円柱の場合と同じである。図**7-17**では，図**7-10**で示した方法で影線を求めている。

7-5　柱面と球面の相貫

7-5-1　直円柱と球の相貫

底円の半径 a の直円柱Φと半径 $2a$ の球Σの相貫線を求める（図**7-18**）。但し，円柱の面素が球Σの直立する直径NSに一致するものとする。

この相貫線 l の平面図 l' は底円 $k\,[\,o', a\,]$（o は円柱Φの中心軸）の平面図 k' に一致する二重の二次曲線である。立面図 l'' を求めるには，直立投象面 Π_2 に平行になるように補助平面 σ をとれば，球Σの切断線の立面図は円 c'' [M″, $\overline{E''\bar{E}''}$ / 2] であり，円柱Φの切断線は面素 f, $\bar{f}$ である。ただし，点E，Ē，f', $\bar{f}'$ は平面 σ の跡線 s_1 と球Σおよび円柱Φの平面図との交点である。補助平面 σ を平面図において点M′から点A′の間で動かすことにより，相貫線 l'' は円 c'' と直線 f'', $\bar{f}''$ との交点を順に結ぶことによって構成される。この相貫線 l は**ヴィヴィアニの窓**とも呼ばれ，**エウドクソズの馬枷**といわれている空間4次曲線である。立面図 l'' は点Aを通る垂線と水平線に対して対称的である。

この直円柱Φと球Σの方程式は以下のとおりである。

$$\Phi_1 : (x-a)^2 + y^2 = a^2, \quad \Phi_2 : x^2 + y^2 + z^2 = 4a^2 \tag{7. 11}$$

立面図を求めるために，両式から x を消去すると，

$$z^4 - 4a^2z^2 + 4a^2y^2 = 0 \tag{7. 12}$$

となって，平面4次曲線を示す。また，側面図を求めるために，両式から y を消去すると，

$$z^2 = -2ax + 4a^2 \tag{7. 13}$$

となって，放物線となっていることがわかる。

次に一般点Pでの相貫線 l の接線 t を，法線法で求めるとすると，円柱Φへの法線 n_1 は n''_1 [P″, ⊥o'']，n'_1 [P′o'] であり，球Σへの法線 n_2 は n''_2

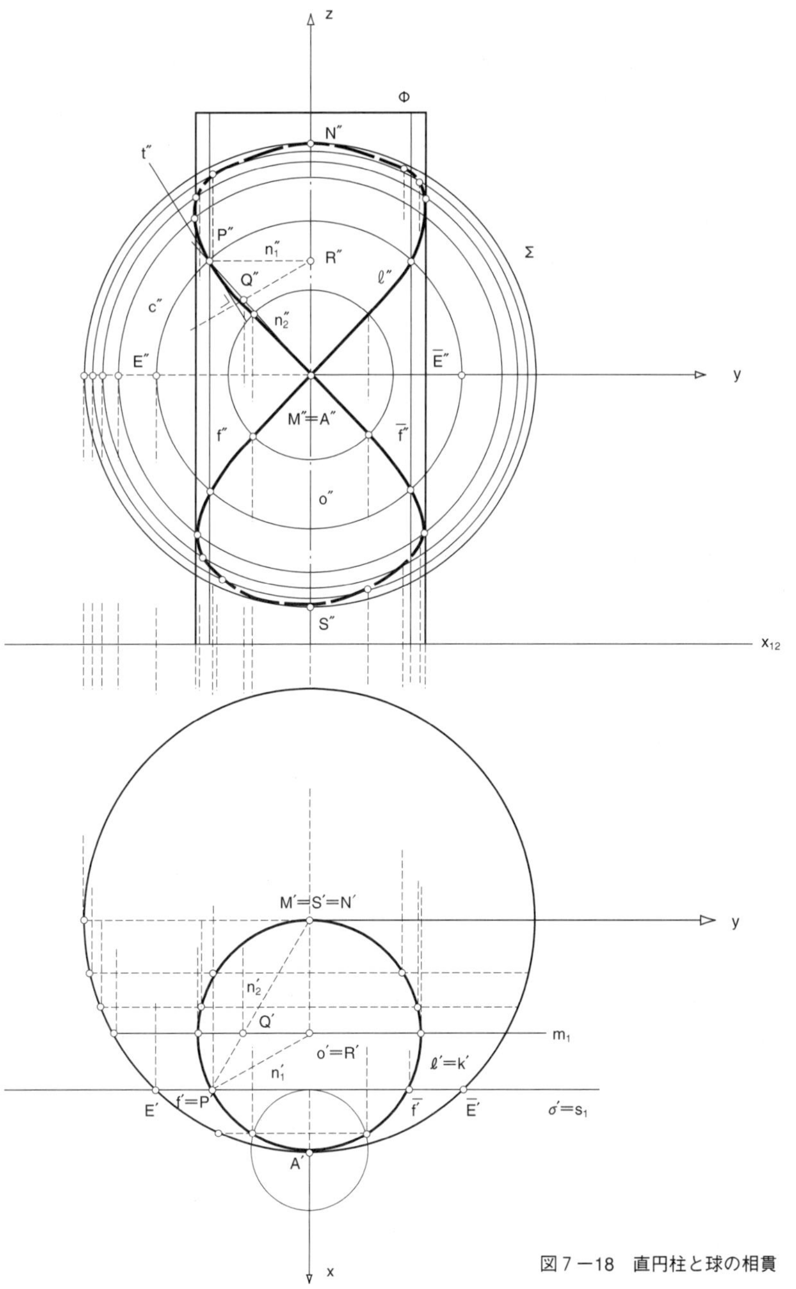

図7－18　直円柱と球の相貫

[P″M″]，n_2'[P′M′]であり，接線 t はこの法線 n_1，n_2 で定まる平面 ε への垂線である。そこで円柱Φの軸 o を含んで投象面 Π_2 に平行な平面 μ を考え，法線 n_2 と平面 μ との交点Qを求める。平面 μ 上での直線QRを考えると，平面図Q′R′は基線 x_{12} に平行であるので，直線Q″R″は平面 ε の直立跡平行線である。したがって，接線 t は立面図 t''[P″, ⊥ Q″R″]として求まる。

二重点Aにおける接線は接平面法でも法線法でも求められない。そこでは球と円柱の接平面も法線も一致してしまうからである。解析的に求めれば，$y \pm z = 0$ となる。何故ならば，7.11式は次のように変換でき，

$$\Phi_1 : (x-2a)^2 + y^2 - 4a^2 = -2ax$$

$$\Phi_2 : (x-2a)^2 + y^2 + z^2 - 8a^2 = -4ax \qquad (7.14)$$

Φ_1，Φ_2 の式より（除法），

$$(x-2a)^2 + y^2 - z^2 = 0 \qquad (7.15)$$

7.15式は点Aにおいて z 軸に平行な直線を軸とする直円錐を示している。この直円錐を点Aにおける円柱の接平面で切断すると，

$$z = \pm y$$

となり，それが点Aにおける接線である。

7-5-2　球の内部の陰影

壁に4分1球面 Σ_1，2分1直円柱Φと，4分1球面 Σ_2（半径はすべて a）よりなるニッチがあけられているとして，基準光線によるニッチ内の陰影を求める（図**7-19**）。

まず陰線の検討から始めよう。4分1球面 Σ_1，Σ_2 の陰線は既に球面の項で，2分1円柱Φの陰線は既に柱面の項でそれぞれ触れた。これらの陰線は外側の陰線と同一位置にくるので，それによって作図する。次に影線を求める。まず Σ_1 内では円 k_1 によって影線が現出する。したがって，円 k_1 を導線とする光線柱と球 Σ_1 との相貫線を求める（0～Ⅵ）。次に円柱Φ内の影線。この場合，円 k_1 と直線ACと円 c_1 による影線が考えられるが，円 c_1 によるものは円 k_1 による影面内に入ってしまうので，前二者による光線柱と円柱Φとの相貫線で影線が定まる（Ⅶ～Ⅹ）。最後に球面 Σ_2 では直線ACと円 k_2 と円 c_2 による

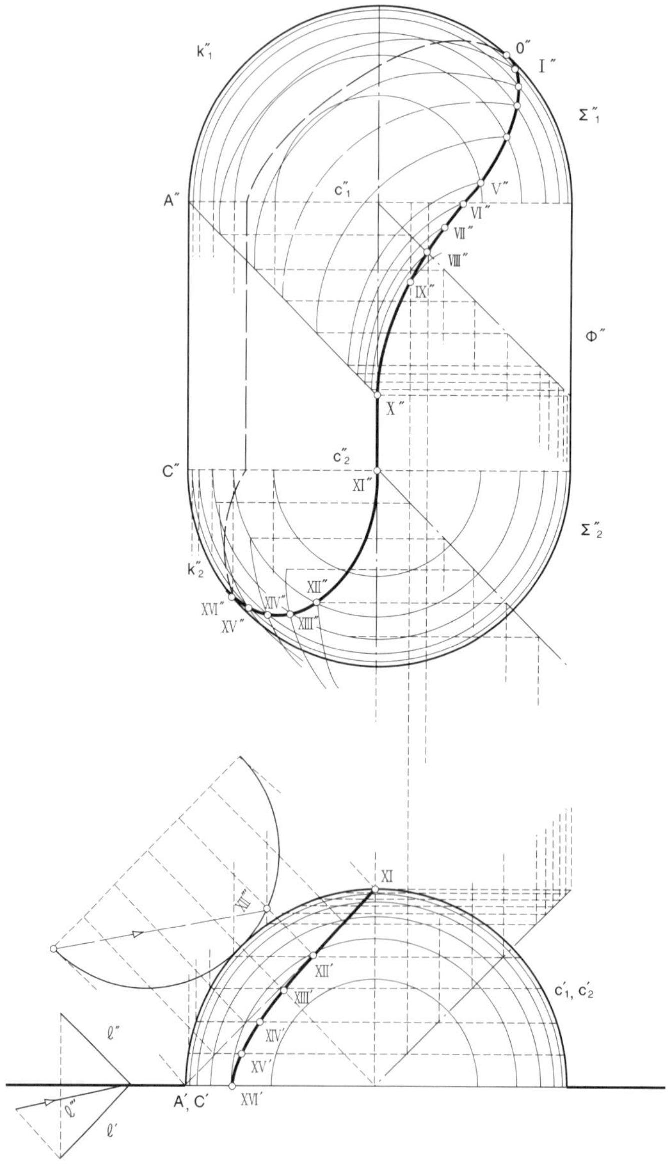

図7－19　球面と円柱面より成るニッチの陰影

影線が考えられる。円 c_2 によるものはまた他の影面内に入ってしまうので，前二者による光線柱と球 Σ_2 の相貫線として影線が定まる（X ～ XVI）。

7-6　一般回転面の相貫

一般回転面 Φ_1, Φ_2 があって，もしその軸 a_1，a_2 が平行な位置にあれば，軸に垂直な補助平面 σ を用いて，両回転面を切断することで，相貫線 l は容易に求まる。何故ならば，両回転面の切断線は円で，その二円の交点として相貫線上の点が定まるからである。次にその軸 a_1，a_2 が交わる場合の相貫線 l を求める。ただし，軸 a_1，a_2 を含む平面を投象面 Π_2 に選ぶこととする（図 **7-20**）。

軸 a_1，a_2 の交点Oを中心とする球を補助球 Σ に選ぶ。この方法はモンジュがしばしば用いたものである。その補助球 Σ と一般回転面との相貫線は円となるが，その円は，この場合，立面では直線となるので，これらの円の交点は容易に解る。すなわち，これら立体図での交点 K_{14}，K_{24}，K_{23}，K_{13}（K_{24} は虚点）によって一般回転 Φ_1, Φ_2 の相貫線の立体図 l'' が定まる。これらの点は二重の点であるので，立面図 l'' は二重の二次曲線である。

通常点Pでの接線を，法線法で求める。図 **7-16** と同様に回転をつかって両面の輪郭線でおのおのの法線を求め，この法線と軸 a_1，a_2 の交点 N_1, N_2 を求める。いま，投象面 Π_2 は $[a_1 \vee a_2]$ であるから，直線 N_1N_2 は二つの法線で決まる平面の直立跡線である。したがって，接線の立面図 t'' は $t''\,[P'', \perp N_1N_2]$ として求まる。

この場合，もし一般回転面 Φ_1, Φ_2 に同時に内接する内接球があるとすると，この内接球と回転面 Φ_1, Φ_2 は，円 k_1，k_2 とで接する（図 **7-21**）。したがって，その円 k_1，k_2 の交点Mは二重の点となり，相貫線は二つの平面二次曲線となる。

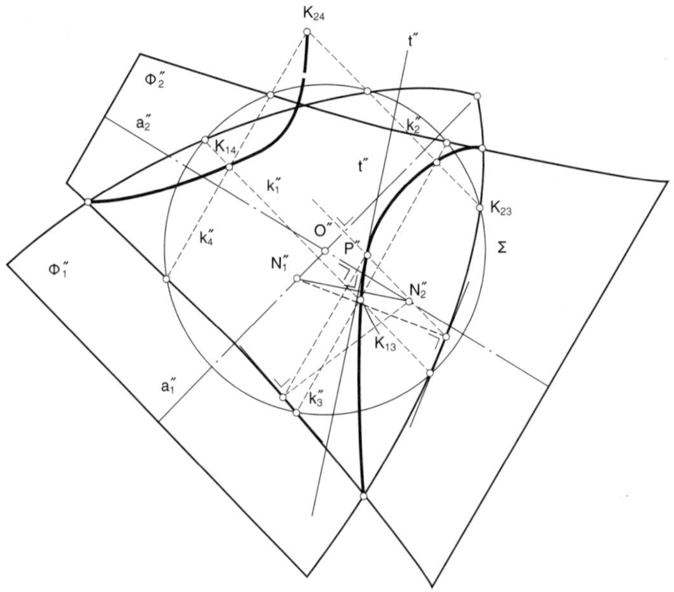

図 7 －20　軸が交叉する一般回転面の相貫（1）

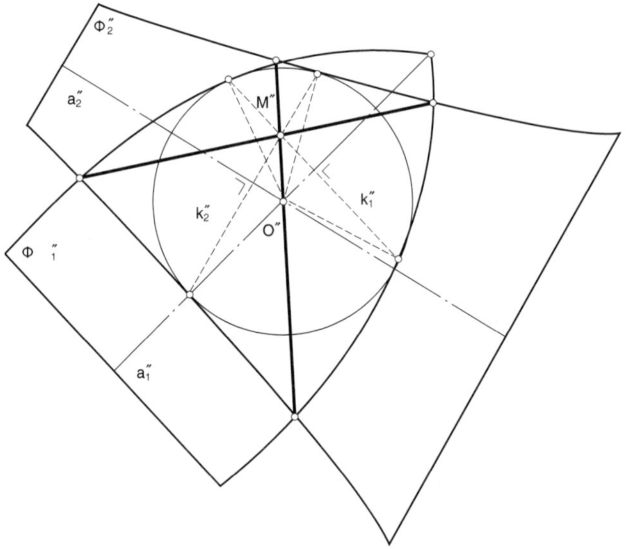

図 7 －21　軸が交叉する一般回転面の相貫（2）

8章　標　高　投　象

標高投象とは，単一投象面上への直投象の一種である。一般に，投象においては，一つの投象図のみからは空間中の図形の位置が一意的に確定されないため，単面投象では，二次投象図を用いて，図形と投象図の一対一対応を保証した(軸測投象の軸測二次投象図(**2-1-1**)，中心投象の透視図対(9章冒頭)を参照)。しかし，標高投象においては，二次的な投象図を用いずに，水平投象面∏上の図形平面図と，図形上の点の投象面∏からの距離を数値で示す。数値は投象面∏より上方を正，下方を負とする。この数値を**標高**と呼び，数値の表示を伴った平面図を**標高投象図**と呼ぶ。

8-1　標高投象の原理と基本的作図

本節では，標高投象の表示の仕方の原理を，主に空間図形の要素の作図をとおして考察してゆくことにする。

8-1-1　点

点の標高投象による表示は，正投象の平面図に，点の標高が添えられ，と同時に投象面∏上のスケールが示される。このスケールの単位が標高の単位でもある(図**8-1**)。投象面∏上の任意な位置に直立投象面Π_2を立てると，点の立面図を容易に描くことができる(図**8-1b**)。

8-1-2　直　　線

直線gはその平面図g'で示され(図**8-2**)平面図の長さを**水平距離**といい，直線上で標高が整数値をとる点を**標高主点**(以下主点と略記)という。直線上に主点を順次印づけることを**目盛りをつける**，という。投象面∏から標高単位ずつの距離を置いて，投象面∏に平行におかれた主平面(**等高平面**)πによって，直線gが切断されるとき，そのそれぞれの交点(跡点)が**主点**であり，平面

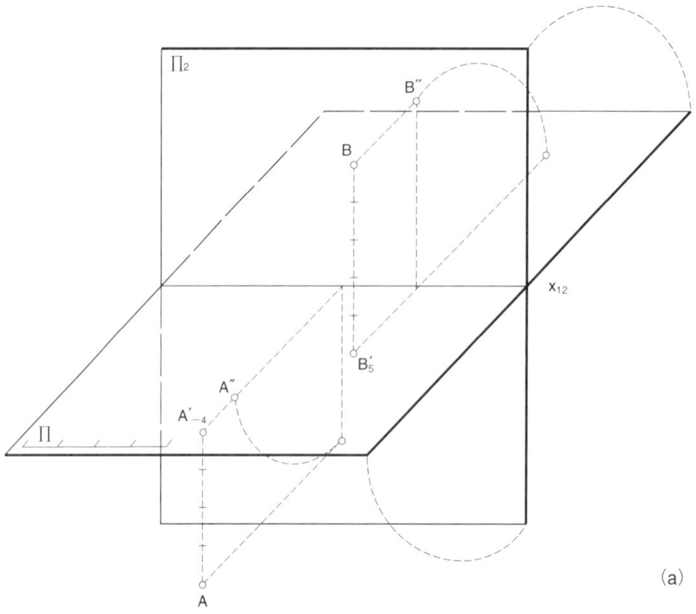

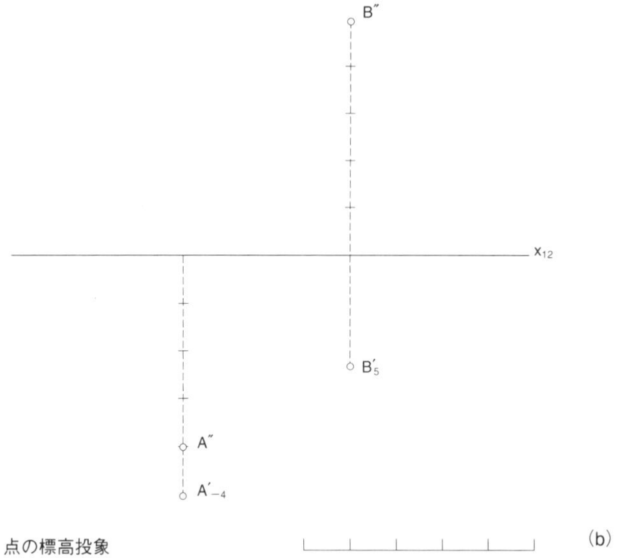

図8－1　点の標高投象

図 g' 上の主点の間隔(水平距離)を**区間**，または**インターバル** i_g という。また，直線 g の投象面∏とのなす傾角 θ は，$\tan\theta = 1/i_g$ であり，これを直線 g の**勾配**という。勾配は区間の逆数である。

直線は勾配か区間が与えられ，主点もしくは跡点が一つ与えられれば決定される。平行な二直線 g，l は，平面図 $g' /\!/ l'$，かつ区間 $i_g = i_l$ である(図**8-3**)。交わる二直線 g，l が主点以外の点Sで交わっている場合を考察してみよう(図**8-4**)。標高単位隔てた二等高平面上の跡点(主点)を，直線 l については $[L_0, L_1]$，直線 g については $[G_0, G_1]$ とすると，三角形(SL_1G_1)と三角形(SL_0G_0)は相似であるから，$G_1L_1 /\!/ G_0L_0$，交点Sの正確な標高は，直線 g'(または l')を基線 x_{12} として立面図 g'' を作り，点Sの立面図S″から近くの等高平面よりの標高 h が求められる。

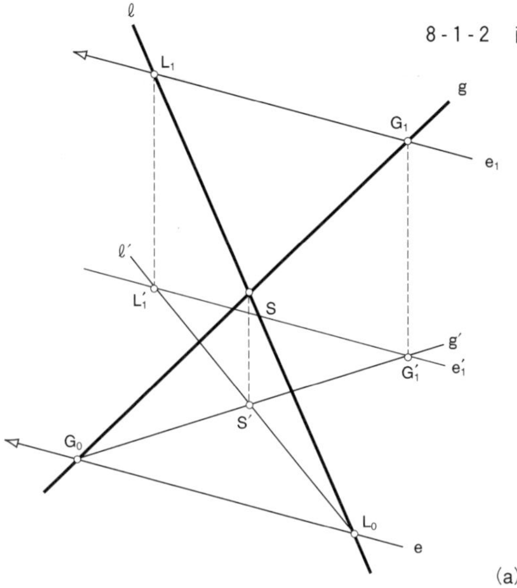

(a)

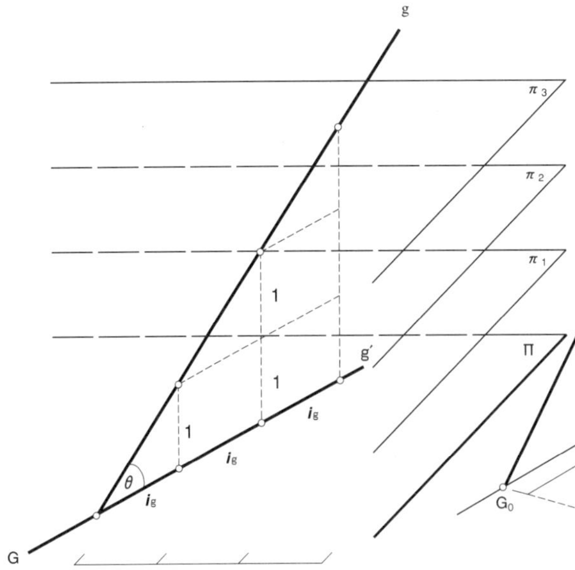

図8－2　直線

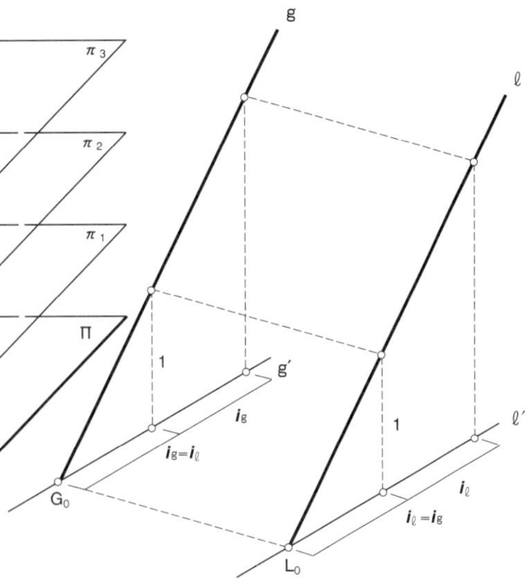

図8－3　平行二直線

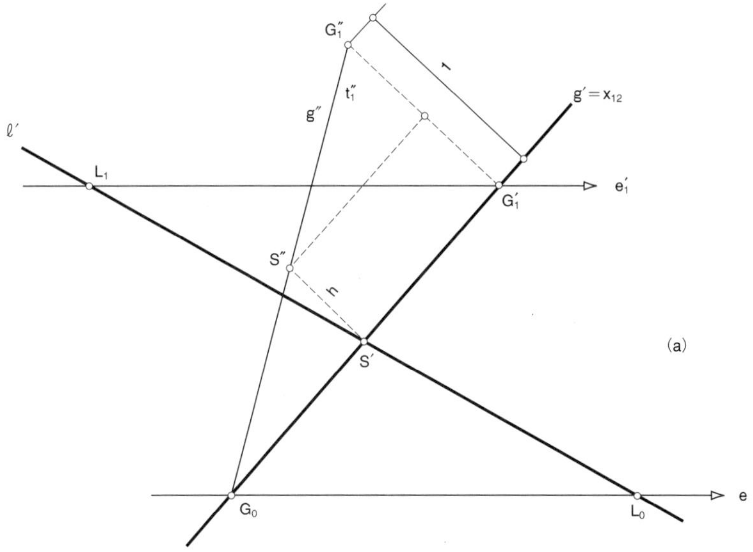

図8－4　交わる二直線

(b)

ねじれの位置にある二直線 g，l の場合(図**8-5**)，平面図の交点S′に隣りあうそれぞれの一組の主点を結んだ G_1L_1 および G_0L_0 は，上に見たようには平行でない。

図**8-4**の場合，直線 g の投象面∏上の跡点 G_0 と直線 l の跡点 L_0 を結んだ直線 G_0L_0 は，交わる二直線 g，l によって決定される平面 ε の投象面∏上の跡線 e である。等高平面 π_1 による平面 $\varepsilon[gl]$ の跡線 $[G_1L_1]$ $(=e_1)$ を，平面 ε の**等高線**という。

それでは，相隣りあう二主点により規定される直線 a，b 上の二点A，Bを結んでできる直線 l[AB]はいかに決定されるだろうか。図**8-6**の二直線 a，b はねじれの位置にあり，その相隣りあう二主点により $a[A_0A_1]$，$b[B_0B_1]$ と定義される。a 上の点A，b 上の点Bを結ぶ直線 l[AB]の相隣りあう二主点 L_0，L_1 を見出せば，直線 l[AB]が定義されたことになろう。それには，ま

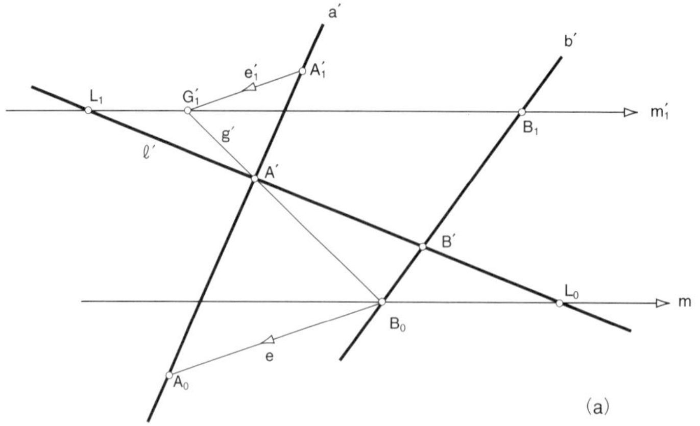

(a)

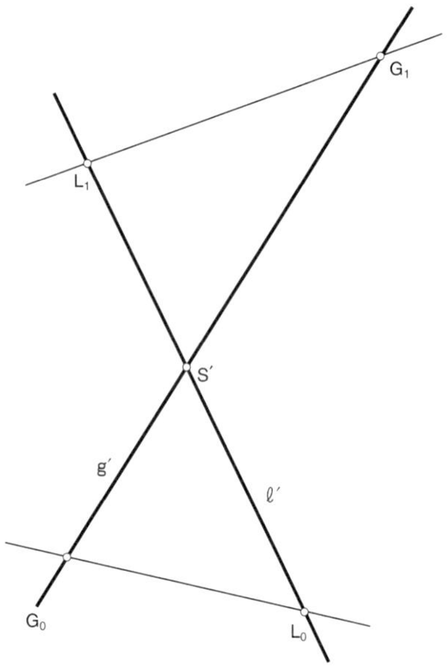

図8－5　ねじれの位置にある二直線

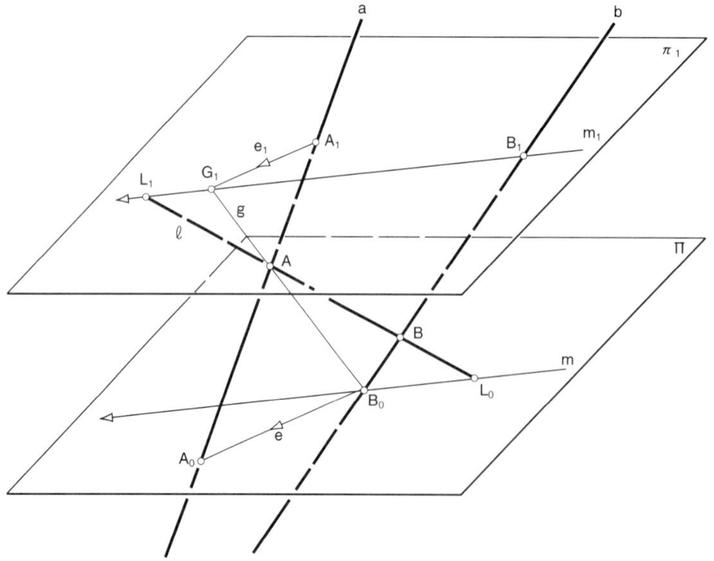

図8－6　直線の決定

ず点A，点B_0を通る直線 g を作る（$g'=[B_0A']$）。直線 g の相隣りあう二主点G_0, G_1は図**8-4**の方法で作図される。（$G_0=B_0$，$A_0B_0 /\!/ G_1A_1$）。このとき，A_0B_0，G_1A_1は，二直線 a, g の決定する平面 ε $[ag]$の等高線 e, e_1である。さて，今度は二直線 g, b のなす平面 μ $[bg]$の等高線を求めると，等高平面 π_1上の跡線（等高線）m_1は$[G_1B_1]$である。投象面Π上の跡線 m は$[B_0, /\!/ G_1B_1]$である。すると，直線 l $[AB]$は平面 μ 上の直線であるから相隣りあう主点L_0, L_1は，一方は投象面Π上の跡線 m 上にあり，他方は等高平面 π_1 上の等高線 m_1 $[G_1B_1]$上にある（$L_0 \in m$，$L_1 \in m_1$，$L_0=[l' \cdot m]$，$L_1=[l' \cdot m'_1]$）。こうして直線 l $[AB]$の相隣りあう二主点L_0, L_1が求まり，区間 $i_l=\overline{L_0L_1}$が知れ，直線 l の目盛づけができた。

8-1-3　平　　面

前項，図**8-4**にみたように，平面 ε は相隣りあう二等高平面との平行なる二交線によって定義された。この交線を**主等高線**と呼ぶ。この等高線の方位を規定する必要のある場合（例えば地質学）標高の高い方に正対して向かって右側への等高線の方位を**走向**と呼び，地球の子午線と等高線のなす角を子午線に対して反時計まわりに測定し，それを**走向角**と呼ぶ。

平面 ε 上の直線 g は，等間隔に並んだ等高線との交点を主点として，相隣りあう二主点間距離を区間とする（図**8-7**）。最も勾配の急なる平面 ε 上の直線は，平面 ε の水平跡垂線 f_ε である。等高線と跡垂線は直交しその直投象図も直交する（三垂線定理）。跡垂線の区間を i_ε とすると，その勾配は $1/i_\varepsilon$ であり，これを**平面 ε の勾配**という。平面 ε は，等高線によって表示されるか，または，この目盛られた跡垂線 f_ε によっても表示される。その場合，直線の標高投象図と区別するため，跡垂線の投象図を二平行直線により表示する（標高の小さい方へ矢印をつける場合もある）。これを平面 ε の**勾配尺**と呼ぶ。

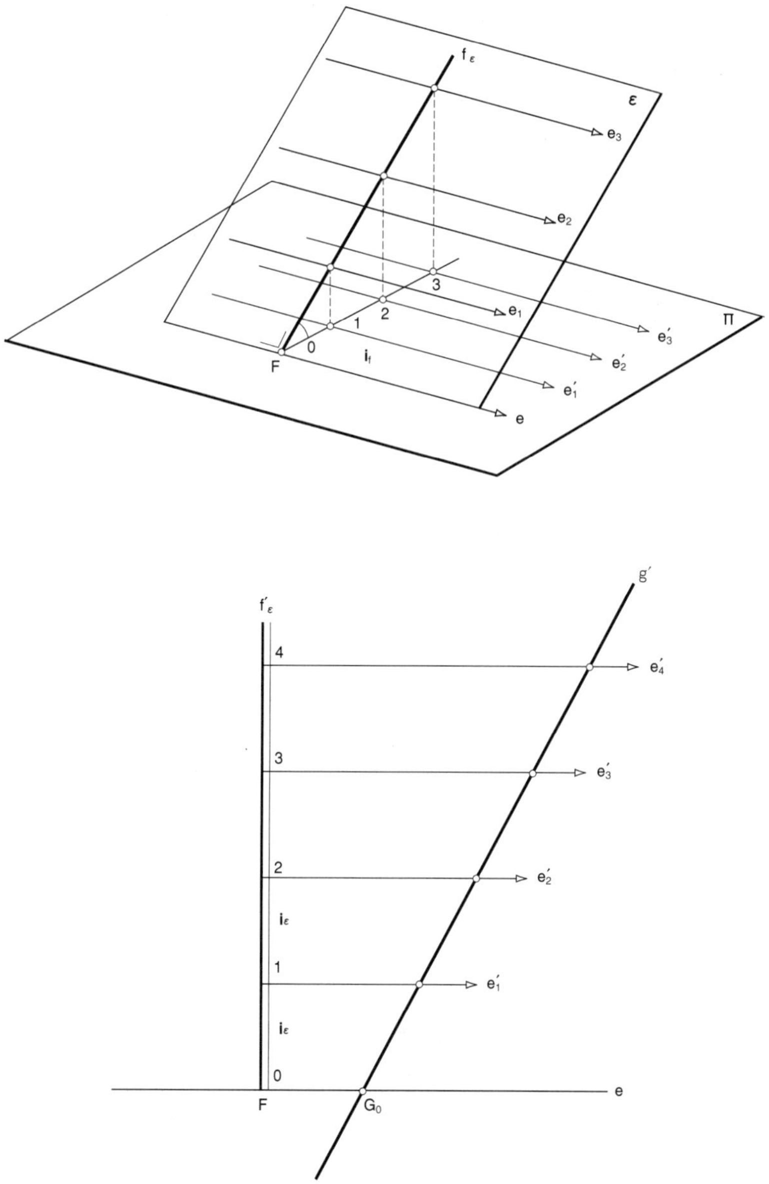

図８－７　平面の表示

与えられた三点A_7，B_3，C_5の標高投象図から，三点により決定される平面ε[ABC]の勾配尺を求めてみよう(図**8-8**)。直線ABを標高差4により等分割し，点Cの標高5と同じ標高主点を求め点C_5と結ぶと，これが平面εの等高線e'_5である。AB上の他の標高主点からe'_5に平行に等高線を引き，それらの等高線に直交するように，任意の位置に勾配尺f'_εを表示すればよい。

三点A，B，Cが標高で示されずに，相隣りあう二主点を結んだそれぞれ三本の直線上の点として示される場合，三点の決定する平面εの相隣りあう等高線を求めてみよう(図**8-9**)。

図**8-6**で用いた方法により，直線l[AB]と直線m[BC]の，それぞれの相隣りあう標高主点，L_0，L_1およびM_0，M_1を求めると，平面ε[ABC]の相隣りあう等高線e，e_1は$e=[L_0M_0]$，$e'_1[L'_1M'_1]$である。平面の勾配尺f'_εはこの二本の等高線に直交するように任意の場所に設ければよい。

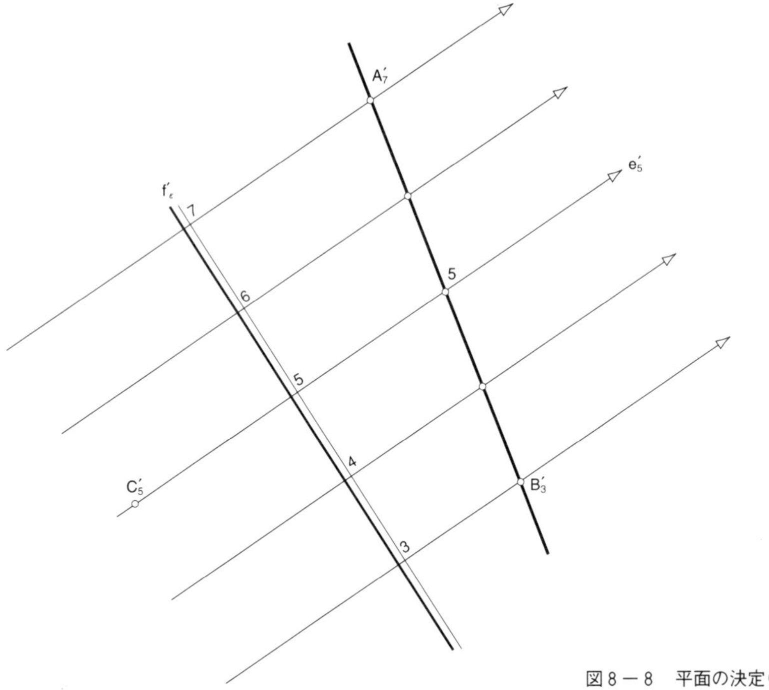

図8－8　平面の決定(1)

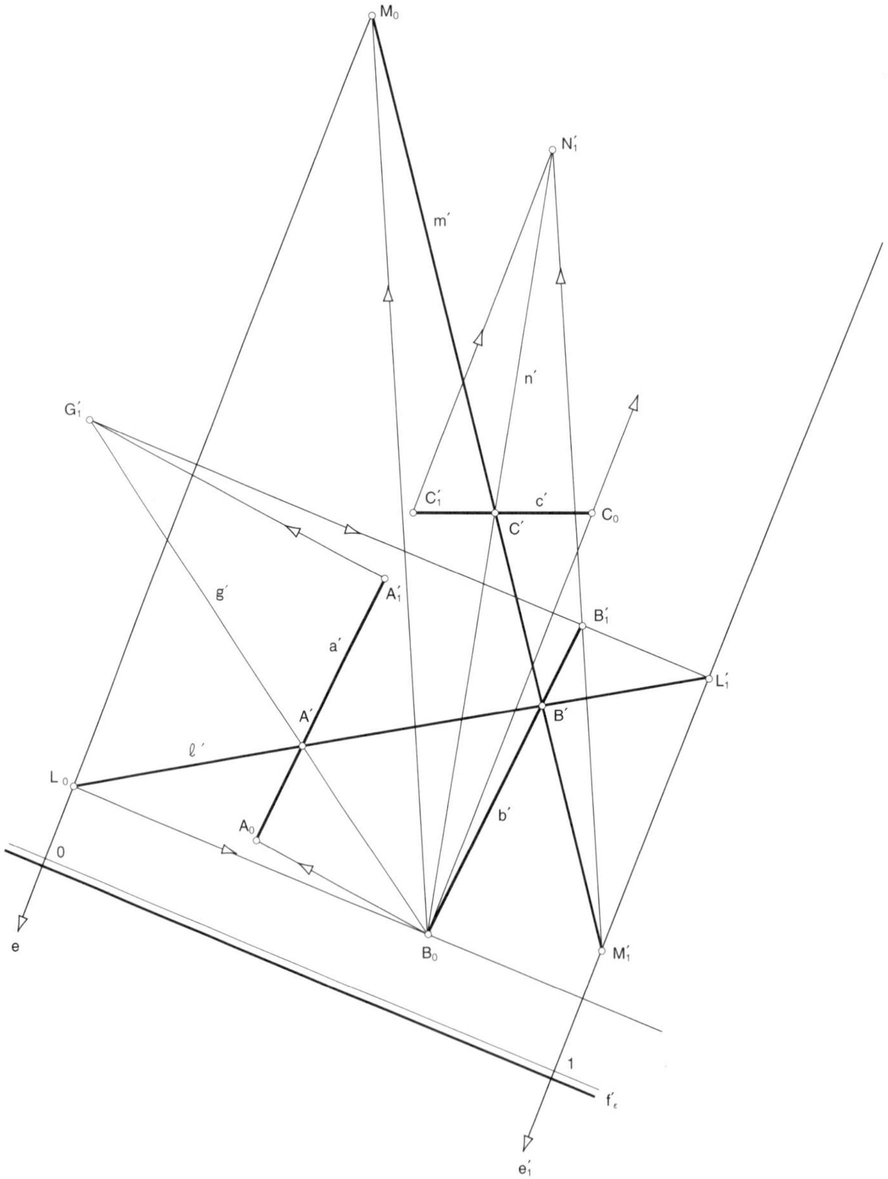

図8－9　平面の決定(2)

直線 a［A_0A_1］と一点Bから平面とが決定される場合(図**8-10**)，一点Bが直線 a とは交わらず，平行でもない直線 b 上にあるものとすると($B\in b$，$b=[B_0B_1]$)，まず，直線 g［A_0B］をつくる。二直線 g，b は平面 μ［gb］をつくり，点$G_1'=[B_1', /\!/ A_0B_0]$とすると，直線 g の相隣りあう二主点がA_0, G_1として求まる。二直線 a，g は一主点A_0を共有し，平面 ε［ga］をなす。それぞれの主点A_1，G_1を結ぶと，平面 ε の等高線 $e_1'=[A_1'G_1']$が決まる。もう一つの隣りあう等高線 $e=[A_0, /\!/ A_1'G_1']$である。

今度は二平面の交線 g を考えてみよう(図**8-11**)。二平面 ε，μ がそれぞれ勾配尺 f_ε'，f_μ' で与えられているとき，それぞれの平面の同じ標高の等高線の交点を結んだ直線，これが二平面の交線 g である。交線 g の勾配は平面図 g' を基線 x_{12} に重ねて立面図 g'' を作り，g'' と g' のなす角 θ を知りうるが，勾配 $\tan\theta$ は標高投象図に添えられた標高単位と g' の区間 i_g を二辺とする直角三角形を作り求めることもできる。

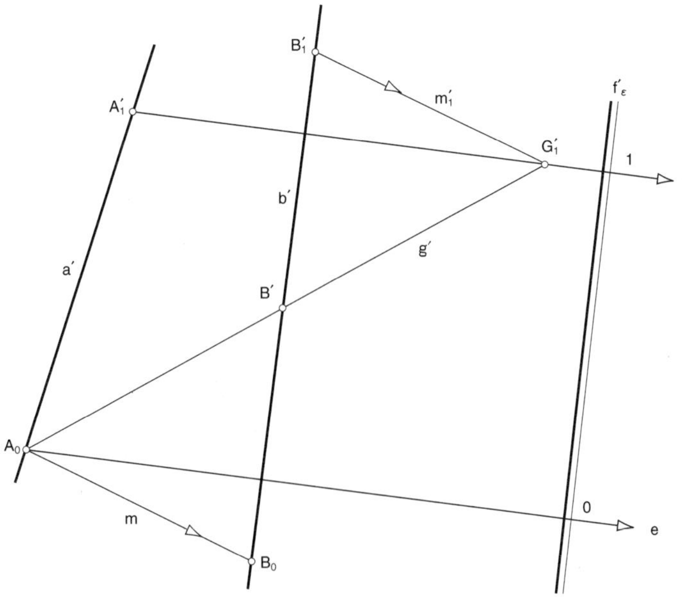

図8－10　平面の決定(3)

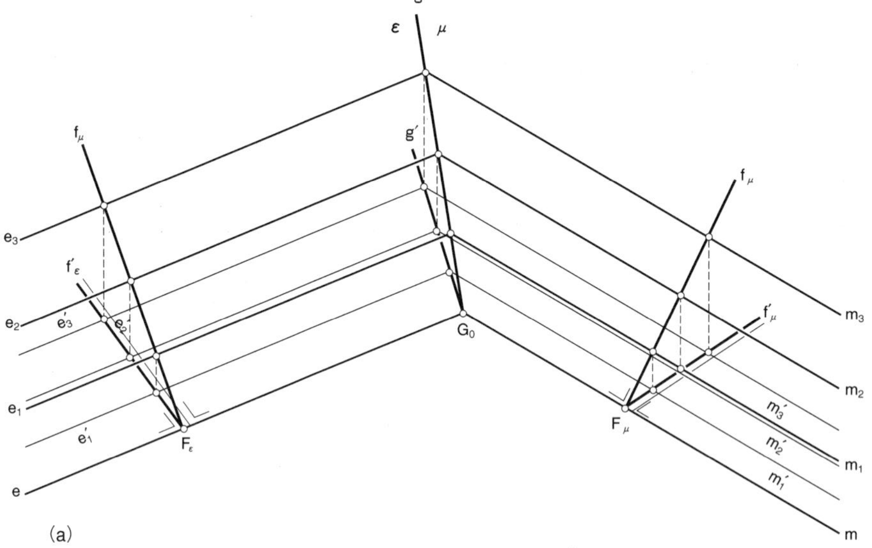

(a)

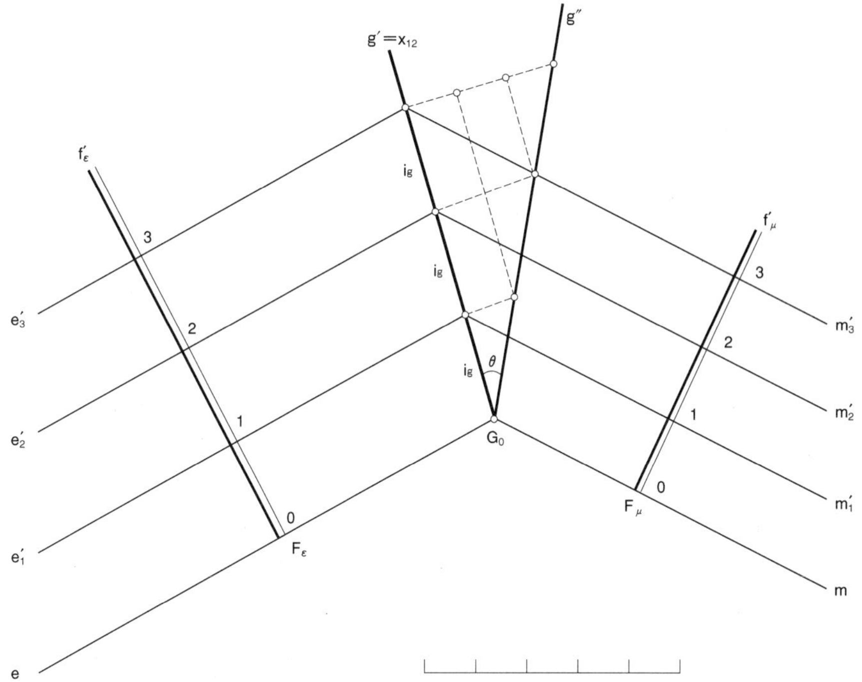

(b)

図8－11　二平面の交線

8-1-4　直線と平面の交点

軸測投象や正投象において，直線 g と平面 ε の交点Sを求める作図法は，直線 g を含む補助平面 μ を作り，二平面 ε，μ の交線 s と直線 g の交点Sを求めることにして取扱われた。（**3-1-6，3-2-3**参照）。標高投象においても同様である。

図**8-12**において，平面 ε がその勾配尺 f'_ε により，また直線 g は［A_4B_7］として与えられている。直線 g を含む平面 μ の等高線の走向を任意に決める（$m'_4 /\!/ m'_7$）。二平面 ε，μ の交線 s は，前項図**8-11**の方法で得る。交線 s と与直線 g は同じ平面 μ 上の二直線であり，その交点Sは標高投象図S′［$g'\cdot s'$］として求まる。交点Sの標高は，任意の縮尺のスケールをA点で4に合わせ，点 B_7 とスケール上の7とを対応させ，その対応線に平行に交点Sよりスケールに向け対応線を引き，スケール上の目盛りを読むと知れる。また，図**8-11**の立面図による方法でも求めることができよう。

8-2　標高投象の量に係わる基本的作図法

8-2-1　直線と平面の勾配

まず，勾配尺の与えられた平面 ε 上の点Pを起点に，勾配の指定された直線 g を作図してみよう。もちろん，平面 ε の勾配以上の直線 g は作図できない。

図**8-13**において，平面 ε は勾配尺 f'_ε により与えられている。点 P_3 を通る直線 g の区間 i_g が与えられているとしよう。いま，等高平面 π_1 上に点 P_3 の標高投象図 P'_3（＝P′）を中心とし半径 $2i_g$ の円 k_1 を描き，この円 k_1 を底とし，頂点を点 P_3 とする円錐Φ（勾配円錐）をつくる。この円錐面Φ上の母線はすべて勾配 $1/i_g$ の条件を満たす。すると，この円錐Φと平面 ε の相貫線（この場合は錐面の二母線）が，与区間 i_g，平面 ε 上にある直線 g の両条件を満たす。すなわち，標高投象図において，点 P'_3 を中心に半径 $2i_g$ の円 k'_1 を描き，G'_1［$k'_1\cdot e'_1$］とすると，G'_1 が二点求まる。よって求める直線 g' は，［$G'_{11}P'$］または［$G'_{12}P'$］である。

次に，与えられた直線 g を含み，勾配の指定された平面 ε を作図してみよう。作図方法は，直線 g 上に点Pを任意に選び，点Pを頂点とし，指定された勾配の母線をもつ円錐Φを作る。円錐Φの投象面Π上の底円を k とし，直線 g の跡点を G_0 とすると，指定された勾配 i_ε をもち直線 g を含む平面 ε の投象面Π上の跡線 e は，跡点 G_0 を通り円錐Φの底円 k に接する。その接点 F_ε と点Pを結んだ円錐Φの母線 PF_ε が，求める平面 ε の水平跡垂線，すなわち勾配尺を与える。

まず，直線 g 上に点 P_4 をとる。求める平面 ε の勾配を図中に示してある。点 P'_4 を中心として，$4i_\varepsilon$ を半径とする円 k を描く。直線 g の跡点 G_0 より円 k に接線 e を引き，接点を F_ε とする。［P_4F_ε］を四等分し目盛をつけると，これが平面 ε の勾配尺である。$P_4F_\varepsilon \perp e$ である。平面 ε の等高線は，直線 g 上の標高主点と勾配尺上の同じ標高主点を結んでえられる。なお，求める平面 ε は，直線 g' を軸として左右対称に二つ得られる。

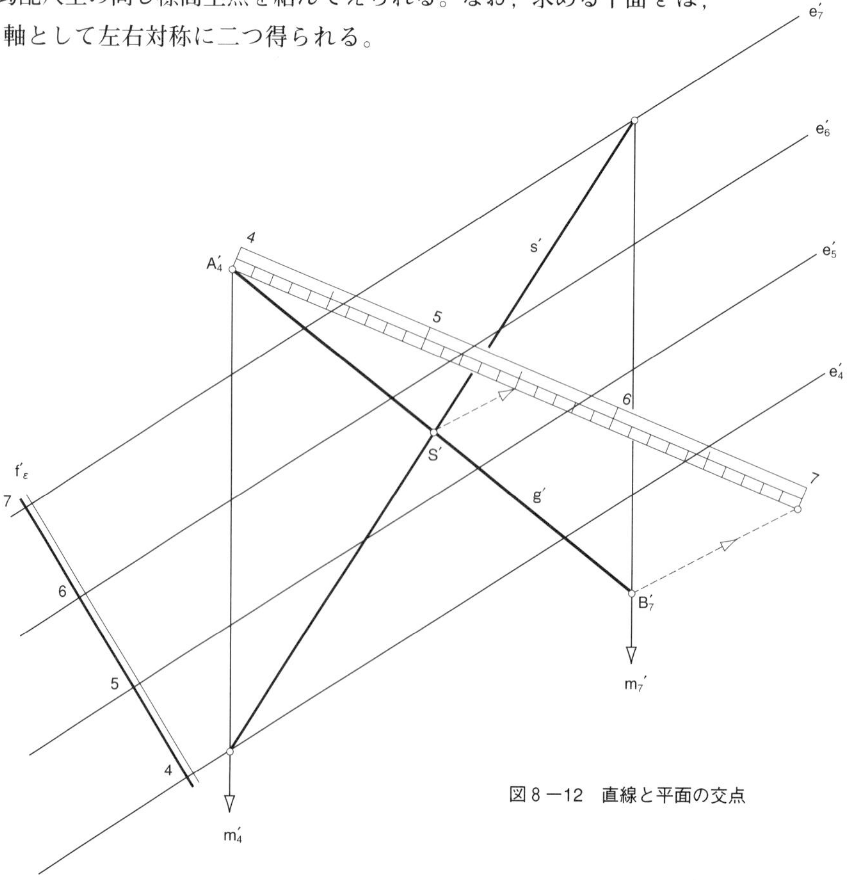

図8－12　直線と平面の交点

図８－13　平面上の与勾配の直線の決定

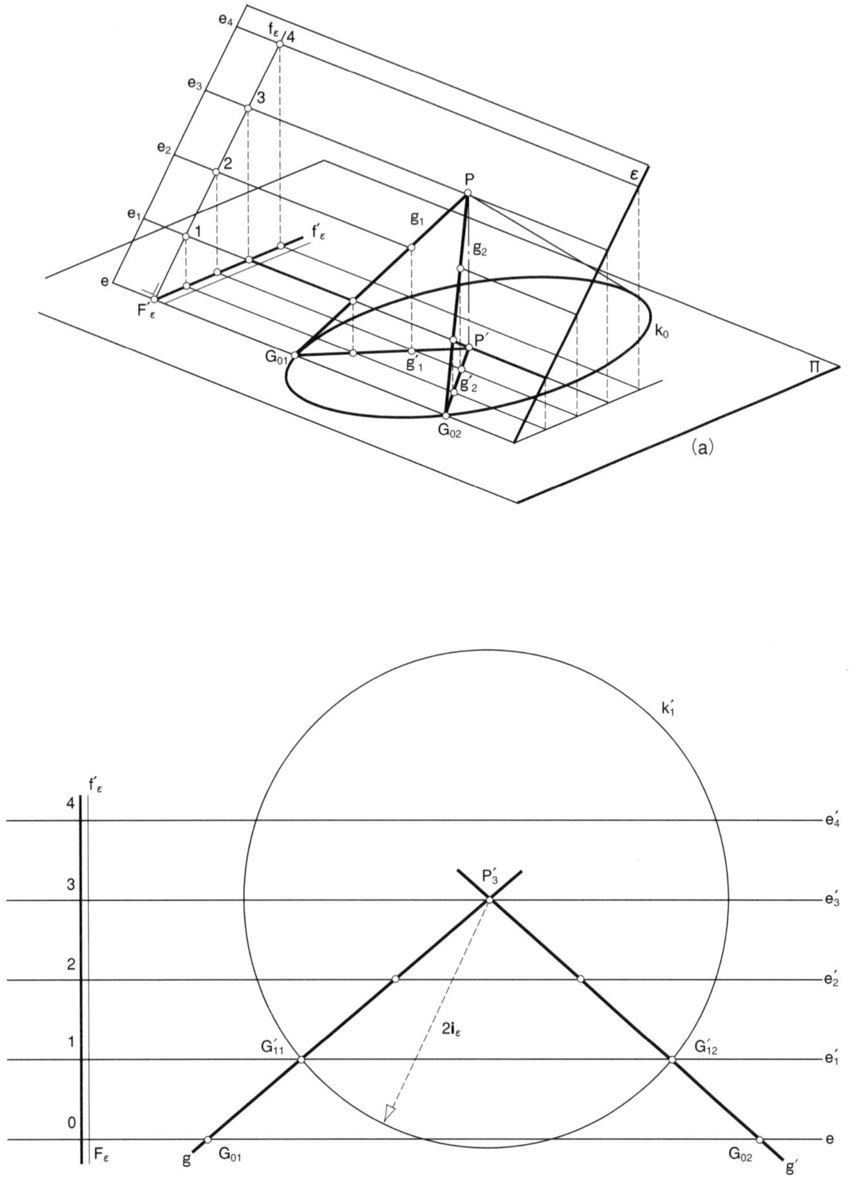

図８－14　与直線を含む与勾配の平面の決定

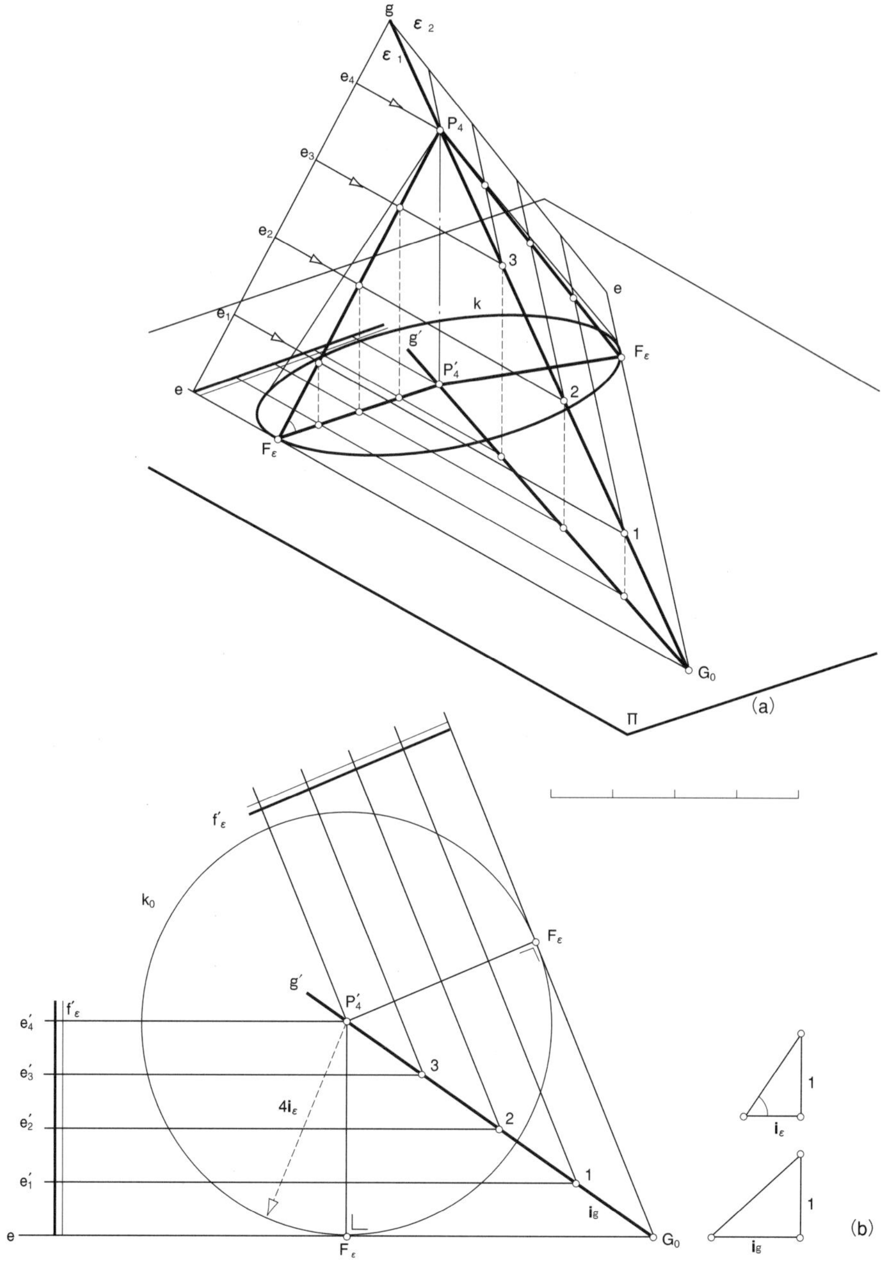

8-2-2　平面上の図形の実形

標高投象で表示された平面 ε 上の図形 Φ の実形 Φ_0 を求めるには，平面 ε の跡線 e を軸に平面 ε を回転させて投象面 Π に重ね，その回転位置の実形 Φ_0 として求める。このとき，投象面 Π 上で，図形 Φ' と図形 Φ_0 はホモロジー対応——すなわち，軸を平面 ε の跡線 e，対応の中心を無限遠点とする平面配景的共線対応，つまり平面配景的アフィン対応 $\boldsymbol{Af}(\Phi')=\Phi_0$——をなす*。アフィン射線方向は跡線 e に垂直である(正アフィン対応)。具体的には **3-4-5** で考察した平面 ε のラバットメントを，平面図のみから行なおうとするものである(といってもやはり立面図を補助的に用いる)。

* 上巻 **1-3**，**1-4**，**3-4-5** 参照。配景共線対応については **9-3-1** のホモロジー対応を参照のこと。

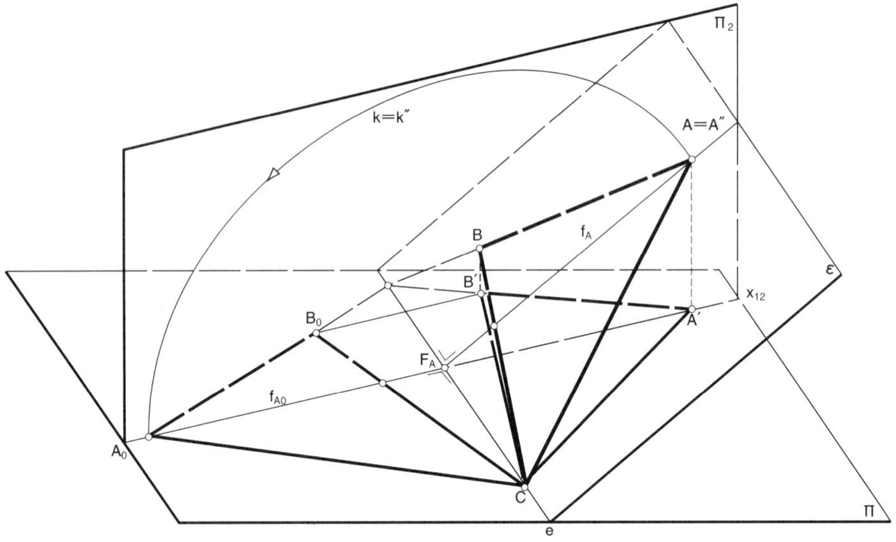

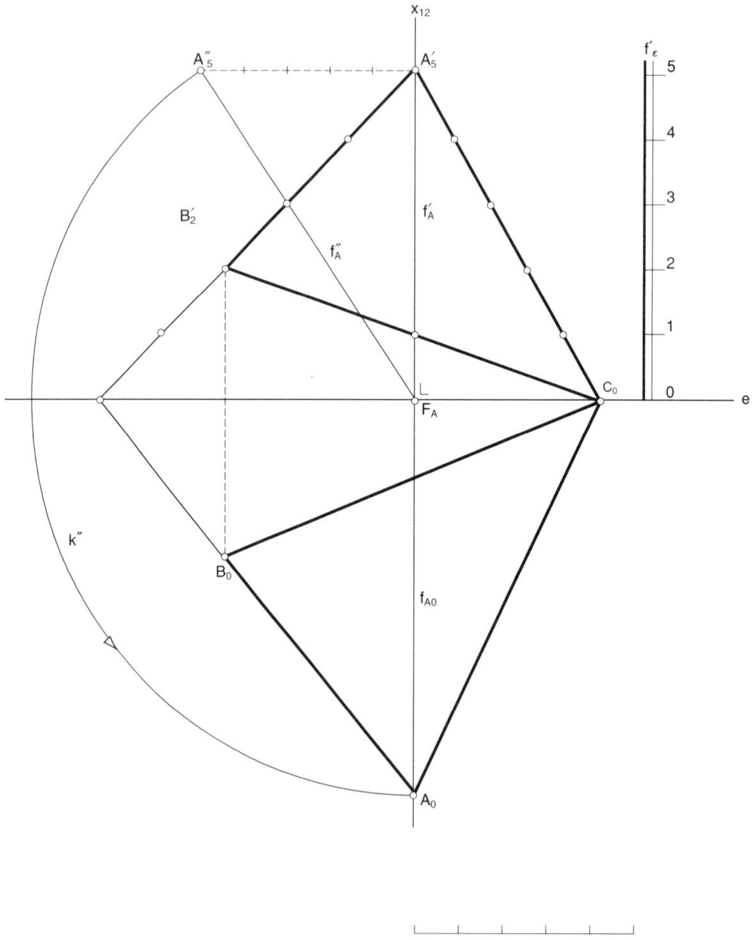

(a)　　図8－15　平面上の図形の実形(ラバットメントとホモロジー対応)　　(b)

図**8-15**において，三点A，B，Cが与えられ，平面ε[ABC]の跡線eも与えられているものとする(C∈∏)。いま，直線$x_{12}[A', \perp e]$を作り点Aの立面図A''を作る。平面ε上で点Aを通る跡垂線f_Aの立面図f''_Aは，点$F_A=[f_A \cdot e]$とすると，$f''_A=[A''F_A]$である。また，点Aを跡線eを回転軸に回転して画面∏に重ねるとき，点Aの回転円は立面図$k''=[F_A, \overline{A''F_A}]$の円$k$を描く。よって，点Aの回転位置$A_0=[k \cdot x_{12}]$として求まる。点Bについても同じことを繰り返してもよいが，平面配景アフィン対応(***Af***$(A'B')=A_0B_0$,ただし***Af***$[e, /\!/ A'A_0]$)から点B_0を得る。こうして三角形$(A'B'C')$の実形$(A_0B_0C_0)$が得られた。

次に，図**8-16**に与えられた平面ε上の直線$A'_0B'_1$を一辺とする平面ε(跡線eを与える)上の正五角形(ABCDE)を求めてみよう。平面εの勾配尺は図中のように定まる。まず，平面εを跡線eを軸に回転して投象面∏に重ねるとき，直線ABの実形A_0B_0($A_0=A'_0$)は，上記の方法で求まる。次に，A_0B_0を一辺とする五角形$(A_0B_0C_0D_0E_0)$を作り，それを平面配景的アフィン対応させて，標高投象図に戻す。配景的アフィン対応は，***Af***$(A'B'C'D'E')=A_0B_0C_0D_0E_0$，ただし***Af***$[e, /\!/ B'_1B_0]$と定義される。こうして平面$\varepsilon$上の正五角形(ABCDE)の標高投象図$(A'B'C'D'E')$が描けた。それぞれの点の標高は，立面図を用いるか，または，図**8-12**の方法で求められる。

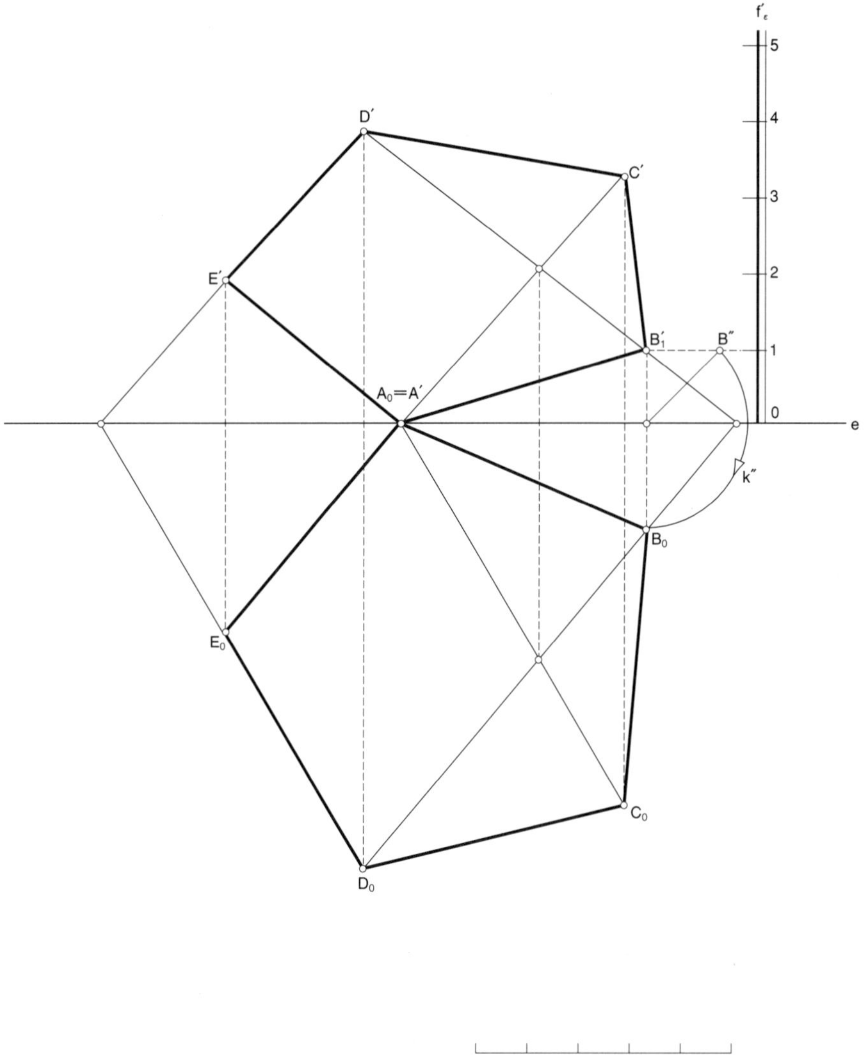

図8－16　平面上の正多角形

8-2-3　平面への垂線

勾配尺 f'_{ε} の与えられた平面 ε 上にない点Pから，平面 ε へ垂線を下ろす作図を考えてみよう。

点Pからの平面 ε への垂線 n の勾配角 β は，平面 ε の勾配角を α とすると，$\alpha+\beta=\angle R$ である(図**8-17**)。つまり，平面 ε の勾配尺 f'_{ε} の区間 $i_{\varepsilon}=1/\tan\alpha$ と垂線 n の区間 $i_n=1/\tan\beta$ とは，互いに逆数であり，垂線 n の平面図 n' は，平面 ε の勾配尺 f'_{ε} に平行である。いま平面 ε の勾配尺上の任意の区間を一辺とし，勾配尺 f'_{ε} に直交して標高単位1を他の一辺とする直角三角形(ABC)を作り，さらにそれに相似な三角形(BCD)を図**8-17**のように作ると，BD＝i_n を与える。

点Pの標高投象図を $P'_{6.3}$ とすると，垂線 $n'=[P', /\!/ f'_{\varepsilon}]$ であるが，いま n' に基線 x_{12} を重ね，点Pおよび勾配尺 f_{ε} の立面図 P″, f''_{ε} を作る(図中では等高平面 π_3 と直立投象面 $\prod_2$ との交線を基線として利用している)。立面図上で点P″から f''_{ε} に垂線を下ろすと，その脚S″が作図できる。垂線 n 上の目盛りは，立面図を利用して各主点を目盛ることができる。

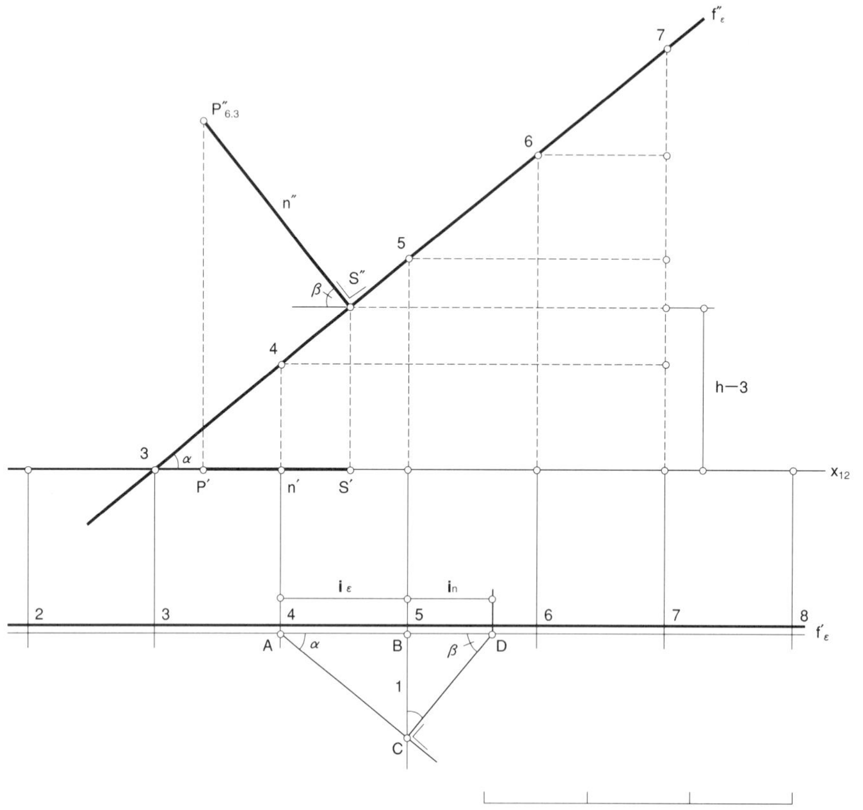

図8－17　平面への垂線

8-3　標高投象の応用

本節は第二節で考察した標高投象を具体例に適用してみる。主に二つの場合を想定する。前者は幾何学的立体の切断・相貫についての標高投象的解釈，後者は非幾何学的平面と幾何学的平面や直線との相貫，すなわち地形図に係わる諸作図である。前者は既に7章で詳説している関係上，簡略なものにとどめる。

8-3-1　幾何学的立体の切断と相貫

図**8-18**は，寄せ棟屋根の標高投象図の一部であり，屋根平面 ε に，半円柱面のドーマー窓が相貫している。半円の窓の直径PQは等高線1上にあり，円の半径は2標高単位であるから半円窓の頂点Rを含む円柱面の母線RSは，屋根平面 ε の等高線3に直交する。円柱面と屋根面の相貫線 k の投象図は楕円 k' になるが，その中心を点Oとすると，短軸半径は $\overline{O'P'}$，長軸半径 $\overline{O'S'}$ となる。こうして相貫線(楕円) k の標高投象図 k' が作図された。

さて，この相貫線の実形 k_0 を，屋根平面 ε を等高線0（$= e$）を軸として回転させ投象面に重ねて，求めてみよう。図**8-15**の方法により，PQおよびOSの回転位置 P_0Q_0，O_0S_0 を作図する。この変換は，平面配景アフィン対応 $\boldsymbol{Af}\,(k')=k_0$，ただし $\boldsymbol{Af}\,[\,e, /\!/\, O'O_0\,]$ である。副基線 $x_{12}\,[\,O', \perp e\,]$ に対し，$\overline{FS''}=\overline{FS_0}$ として S_0 を決める。$Q_0=[\,p(Q')\cdot ES_0\,]$，ただし $p(Q')=[Q', \perp e]$ として Q_0 を決める。よって相貫線(楕円 k)の実形 k_0 は，O_0P_0 を短軸，O_0S_0 を長軸とする楕円 k_0 として求められる(楕円の作図は**1-5**参照)。

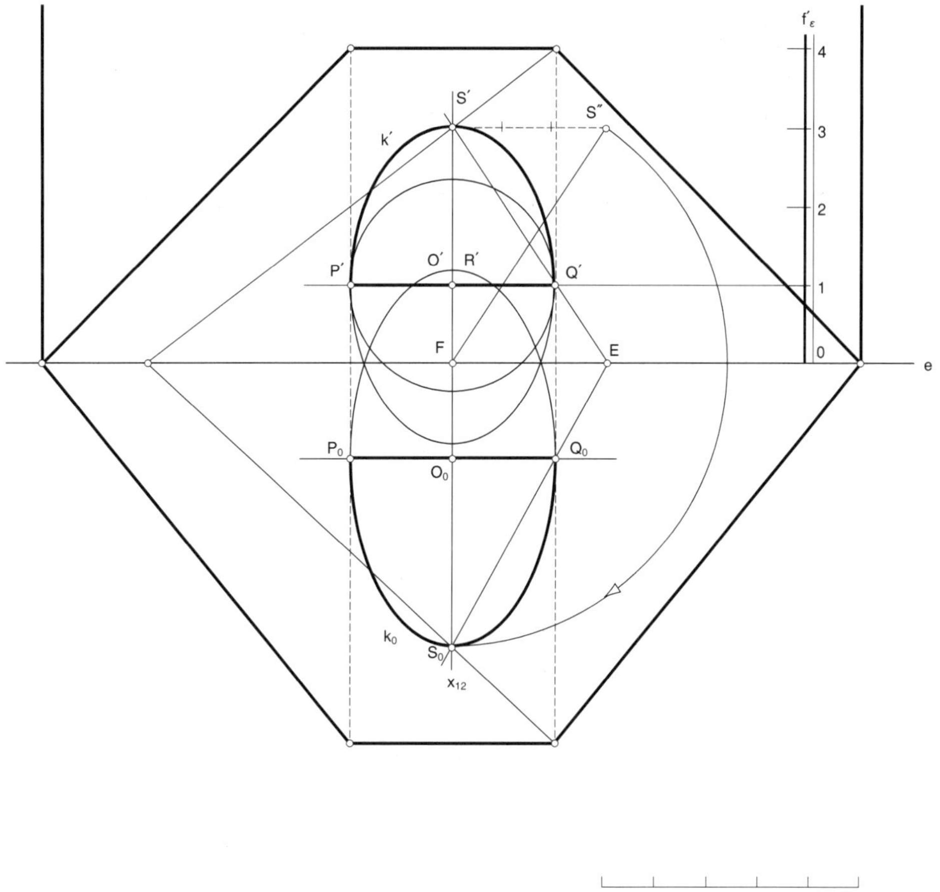

図8－18　円柱の平面による切断

図**8-19**は斜円錐Φの標高投象図である。斜円錐Φを勾配尺 f'_ε で示される平面 ε により切断し，その切断線 k_ε の標高投象図 k'_ε を求めてみよう。

斜円錐Φの頂点 S_{10} とし，底円を k_0[K，r]とする。作図方法は二通りある。順を追って検討してみよう。

1）斜円錐Φの軸 s[SK]に目盛をつけ，任意の数の等高平面 π_n（$n=1$・2……9）により斜円錐Φと与平面とを切断すると，斜円錐Φの切断線は，中心を軸の上の K_n（$n=1$……9）とし，Φ′の輪郭母線SP, SQに接する円 k_n となり，平面 ε の切断線は等高線 e_n である。等高平面をいくつか作図し，相貫線を求めて結ぶと切断線の標高投象図 k'_ε（楕円）が描かれる（***b*** 図中 $n=4$ の例を示す）。

2）もう一つの方法は，頂点Sを通り平面 ε に平行な直線 r の水平跡Rを求め，この直線 r と斜円錐Φの任意の母線とを含む平面 σ を作り，二平面 ε，σ の交線 f（∥ r）と母線との交点として相貫線を求める作図法である。この方法は，上記1）の方法では求めにくい斜円錐の輪郭母線SP, SQと切断線 k'_ε の接する特殊点を正確に求めることができる。

例えば母線 ST_0 の平面 ε との交点 T_ε の投象図 T'_ε を求めてみよう。直線 r[S，∥ε]と母線 ST_0 を含む平面 σ_T と与平面 ε との交線 f_T の跡点 $\bar{T}$（∈ e）は，$\bar{T}=[e\cdot RT_0]$ である（$f'_T \parallel f'_\varepsilon$）。すると $T'_\varepsilon=[f'_T\cdot S'T_0]$ である。

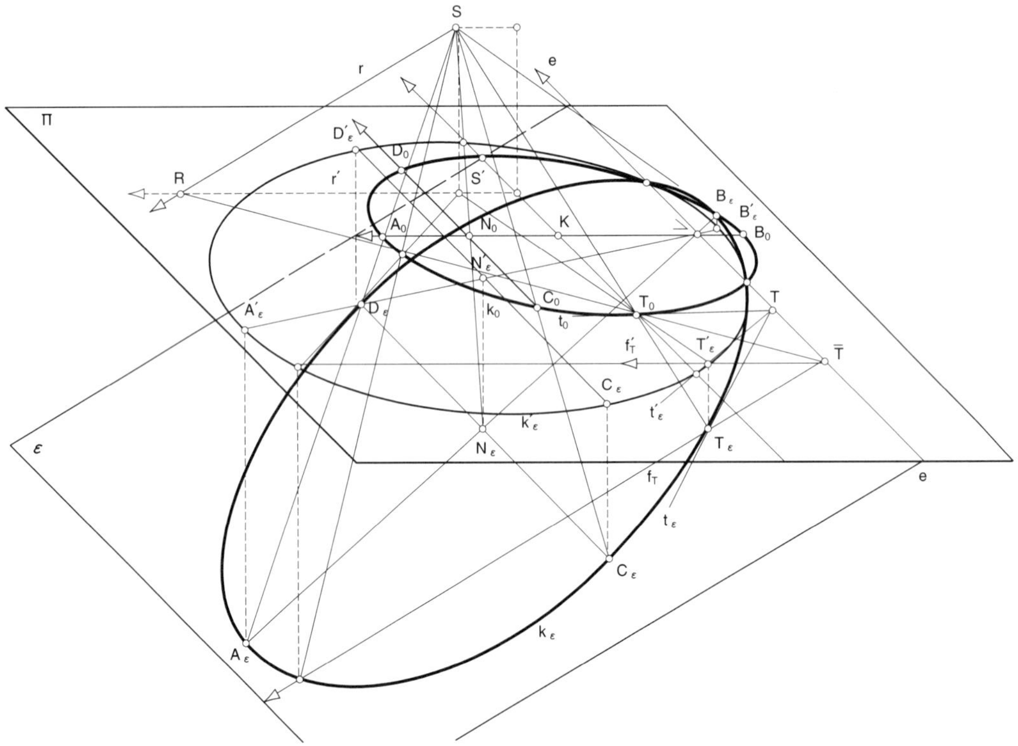

(a)

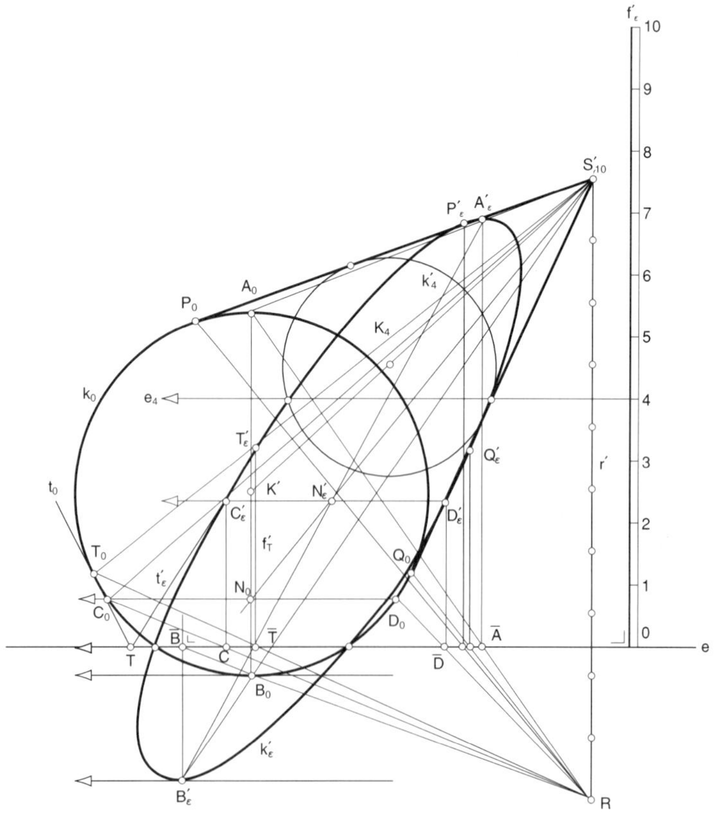

(b)

図8－19　円錐の平面による切断

また，切断線の標高投象図 k'_ε 上の点 T'_ε における接線 t'_ε は跡線 e と点Tで交わるとすると，底円 k_0 上の点 T_0 における接線 t_0 は同じく跡線 e と点Tで交わる。すると，底円 k_0 上の二点 A_0，B_0 においては，接線は平面 ε の水平跡線 e に平行である(無限遠点で交わる)から，母線 SA_0，SB_0 と平面 ε との交点 A_ε，B_ε においては，接線はやはり跡線 e に平行である。輪郭母線 SP_0，SQ_0 と平面 ε との交点の標高投象図 P'_ε，Q'_ε も，上記の方法で求めることができる。こうして，必要な数の母線上に交点を求めそれを結ぶと切断線 k'_ε を描くことができる*。

図 **8-20**は，斜三角柱Φ(底ABC)の平面 ε (勾配尺 f'_ε)による切断を示す。斜三角柱の三稜 a，b，c を目盛りづけ，同じ標高の点を結ぶと，底三角形と合同の三角形ができる。これは等高平面による斜三角柱の切断である。底も含めて少なくとも二つの等高平面三角形を選び，与平面 ε の同じ等高線との交点を求む。標高0の等高平面，すなわち投象面∏上では，点D，Eが，標高3の等高平面上では点G，Hが得られる。点Dと点Gは平面[ac]上の点であるから切断線[DG]と稜 a との交点P，三角柱の上底との交点Qが得られる。平面[bc]についても同様に，切断線RSが得られる。斜三角柱の平面 ε による切断線は，四辺形(PQRS)として求められた。

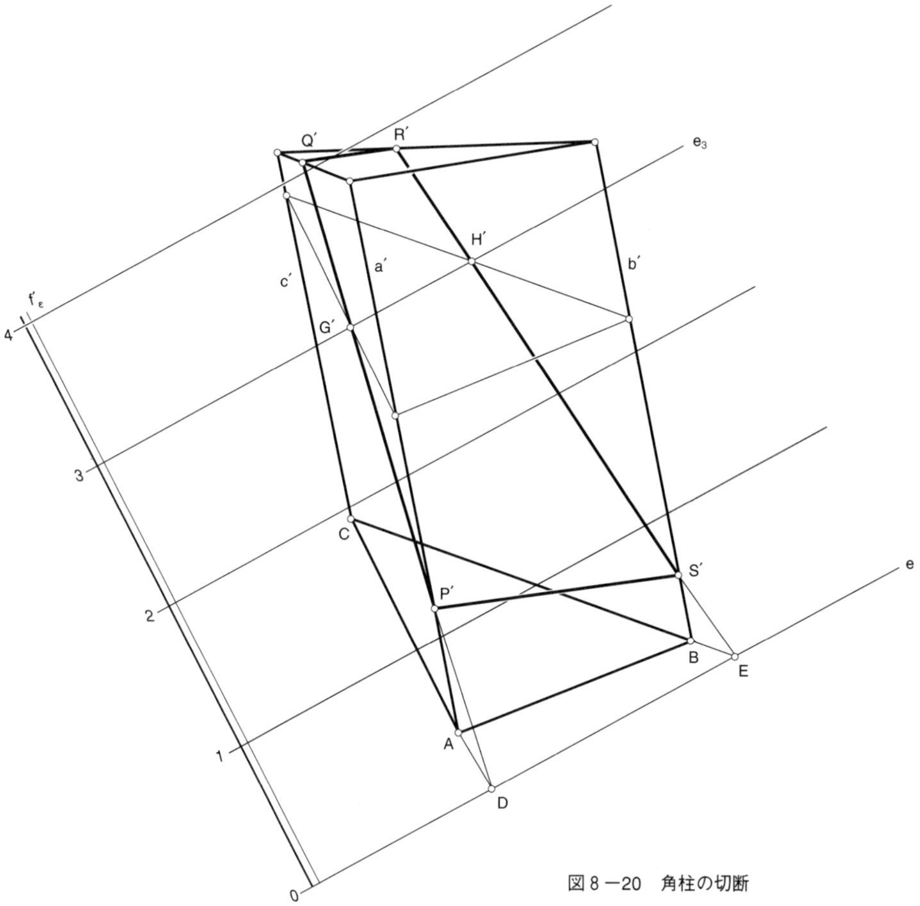

図8－20　角柱の切断

*　この場合，切断線平面図(楕円) k'_ε と底円 k_0 とは，**4-3**，**9-3-3**で考察するように，平面配景的共線対応 ***Ko***[e，S′]の関係にある。円を共線対応させて楕円を作図する方法は図 **4-16**，図 **9-31**で取扱っているが，本頁の図 **8-19**の円 k_0 上の点 A_0，B_0，C_0，D_0 の呼称は図 **9-31**と同じ仕方になっているので，詳しくは図 **9-31**に拠られたい。つまり，楕円 k'_ε を作図するに，共役二直径を求めて，**1-5**の方法で楕円を描こうとするものである。図 **9-31**の共線対応の中心MΓが図 **8-19**の点S′に相当し，図 **8-19**の点Rは，図 **9-31**の点 F^c_u に相当することに注意されたい。ただ，図 **8-19a**を見るとよく解るが，この場合，透視図法の文脈でいえば，画面∏上の図形(透視図)が円 k_0 であり，その原像が平面 ε 上の楕円 k_ε であって，円の透視図の作図(図 **9-31**)とは原像と像の関係が逆になっている。この k_0 と k_ε との空間的配景的共線対応が，そのまま全体的に画面上に直投象されて成立するのが平面上での k_0 と k'_ε との**平面配景的共線対応**，フランス的にいえば**ホモロジー対応**である。
　透視図，標高投象図のどちらの場合でも，画面上の円と楕円の配景共線対応としてみれば図形の同一の変換である。円錐曲線としての楕円については **6-3-1** 参照。

8-3-2　地形曲面と幾何学的平面の相貫（1）

等高線で表示される地図における地表面のような曲面は，非幾何学的曲面である。地形図においては二等高線間の地形の具体的形状については不明であるが，その微小部分については，曲面の章で見たような幾何学的合法則性を適用することができよう。ここでは非幾何学的曲面の図的表示としての標高投象図の一例，地形図において，地形曲面と幾何学的直線，平面との相貫を考察する。

まず直線と地形曲面との交点の作図を取り上げよう。既に**8-1-3**で見たように，直線と平面の交点は，直線を含む平面と与平面の交線と与直線の交点として求められた。交線は同一標高の等高線を交点で結んで得られる。地形図においては，幾何学的平面との交線は一般に曲線となる。

図**8-21**において，等高線により表示される地形曲面 φ と，目盛られた直線 g の標高投象図 g' が示されている。直線 g を含む平面 ε の等高線の走向を任意にとり e_n（$n=4$~9）とする。平面 ε と与地形曲面 φ の同一標高の等高線の交点を結ぶ曲線 k_ε が，平面 ε と曲面 φ の交線である。すると与直線 g と曲面 φ との交点Gは，G［$g \cdot k_\varepsilon$］である。

ところで，いま直線 g が勾配尺であるような平面 μ を作り，同様にして平面 μ と曲面 φ の交線 n を求めることができる。この曲線 n は，直線 g を平面 μ 上で等高線に沿って平行移動させたとき，直線 g と曲面 φ との交点Gの描く軌跡である。この n を**無土工線**と呼び，後に考察する地形の**切取り**や**盛土**における盛土と切取りの境界線でもある。

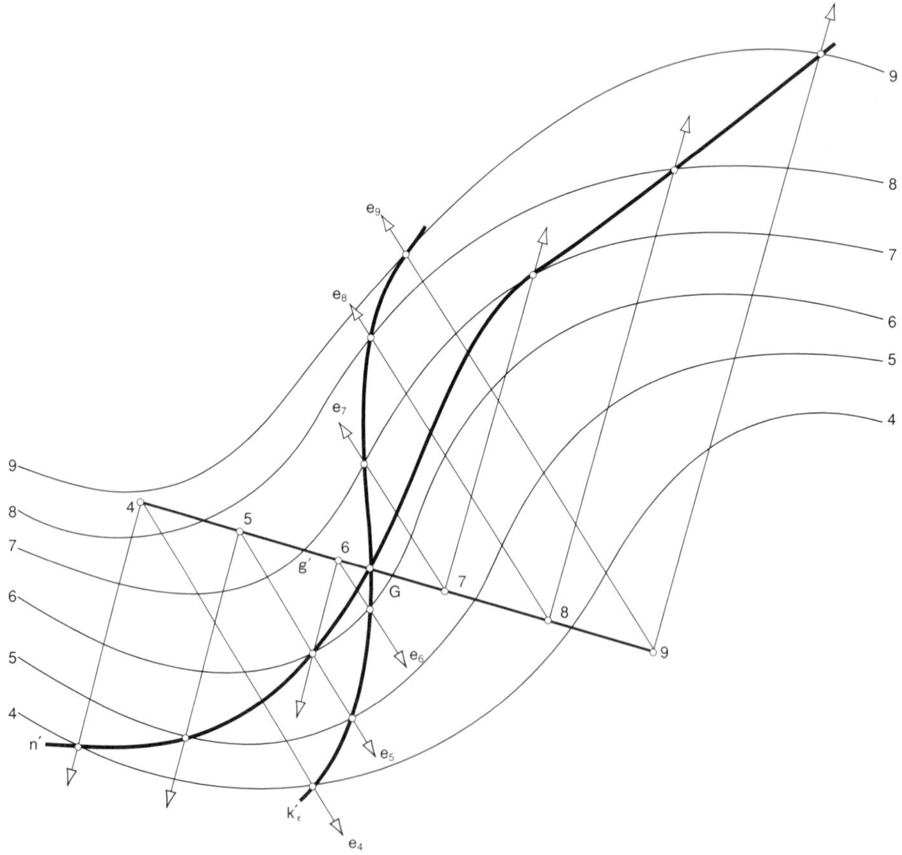

図8—21　地形と直線の交点

8-3-3　地形曲面と幾何学的平面の相貫（2）

非幾何学的曲面の一例を地形図にとり，通常は幾何学的平面で構成される土木的構築物と地形曲面との相貫を考察してみよう。

地表に道路や平坦な場所を造成するためには，地表を削り取ったり，土を盛ったりしなければならない。それを**切取り**，**盛土**と呼ぶが，それによって造成される斜面は，通常は等高線間隔の一定な幾何学的平面が用いられる。この斜面を**法面**《のりめん》とも呼ぶが，法面と地形曲面との相貫線(**切取り線，土盛線**)と，前項で触れた切取りと土盛の境界線(**無土工線**)が作図の対象となる。

図**8-22**に示される地表面に，前方後円形で示される平坦地を造成し，その周囲を勾配尺で示される法面により切取り，また盛土してみよう。この場合，地表平面 ε は等勾配平面である。

作図は，基本的には，地表平面 ε と造成法面との交線(土盛線または切取り線)を求めることである。交線は二平面の同一標高の等高線の交点を少なくとも二つ求めて結べばよい。標高6の平坦地の周囲MABNに対する法面(三方向とも同一勾配尺)の土盛線$MA_{\varepsilon}B_{\varepsilon}N$は，標高5と4の等高線の二交点から$MA_{\varepsilon}$がまず引かれ，その場合，点$A_{\varepsilon}$は，二法面[MA]と[AB]の交線 a 上にある。土盛線$A_{\varepsilon}B_{\varepsilon}$は法面[AB]の等高線4と地表面 ε の等高線4との交点と点A_{ε}を結んで得られ，法面の交線 b 上に点B_{ε}が求まる。後は点B_{ε}と点Nを結べばよい。

平坦地の輪郭の一辺AB上に，CDから始まる斜路が取りつけられるとき，その盛土の法面を他の法面と同一勾配で造成する場合の土盛線EFGHを求めてみよう。法面[CEF]の土盛線を求めるには，まず直線CFを含み勾配尺で示される勾配の法面の等高線の走向を，**8-2-1**，図**8-14**の方法で求め，斜路の法面の土盛線E_4E_5を求む。すると土盛線$A_{\varepsilon}B_{\varepsilon}$と$E_4E_5$の交点Eも求まり，斜路の法面と平坦地の法面との交線CEも求まる。法面[DHG]についても同様である。

さて，後方の円形部分 k_6 の地形の切取法面は錐面 φ であり，その等高線は，中心をK′とする同心円となる。切取錐面の作る円錐Φの頂点をSとすると(S′＝K′)，この場合円錐Φは等高平面6上に底円k_6を有する直円錐であるから，**8-3-1**で考察したように，錐面 φ と地平面 ε の相貫線は円錐曲線k_{ε}になり，この図の場合は楕円となる。平坦地の円形部分$\widehat{PQ}$は半円であるから，切取線k_{ε}はPQとの交点R，Sで直線MR，NSに切り替わる＊。

＊　楕円 k_{ε} の作図は **8-3-1** 参照。

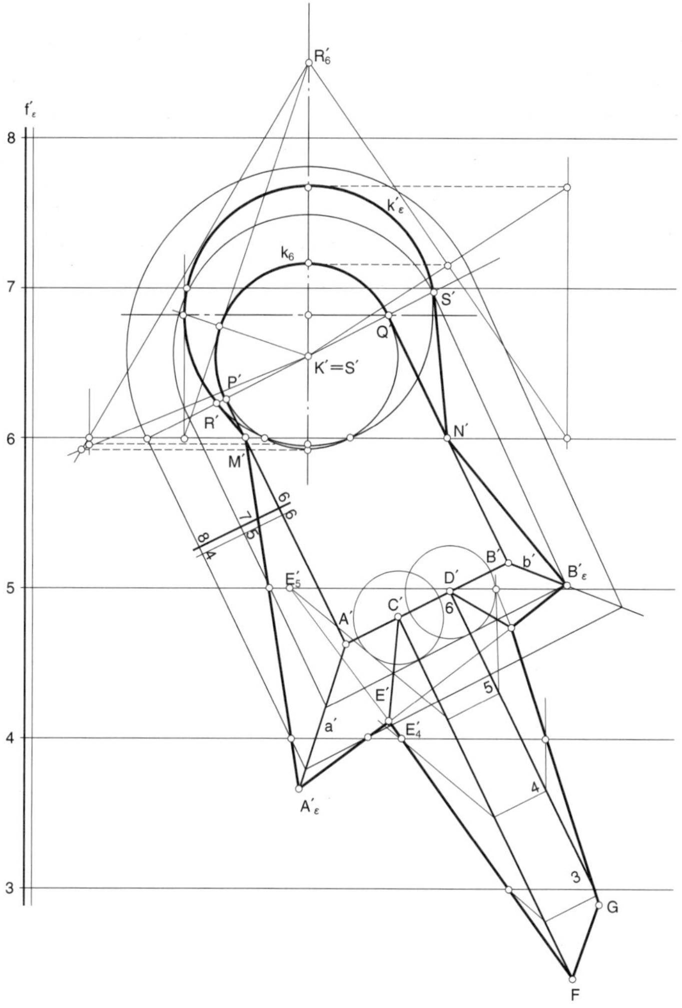

図8―22　斜面上での平坦地の造成

図8-23は，自然地形曲面 φ に対して，標高投象図（ABCD）で示されるプラットフォームを，与えられた勾配尺の法面により造成した場合の土盛線の作図例である。ADを含む法面の土盛線を k_D，ABを含む法面については k_A，k_B，BCを含む法面については k_C とし，法面同士の交線を a，b とする。a，b と地形曲面 φ との交点を A_φ，B_φ とする。作図は，それぞれの法面について曲面 φ との，同一標高の等高線どうしの交点を結んで土盛線を求め，その交わる点が a，b 上にあることを注意して，連続させればよい。

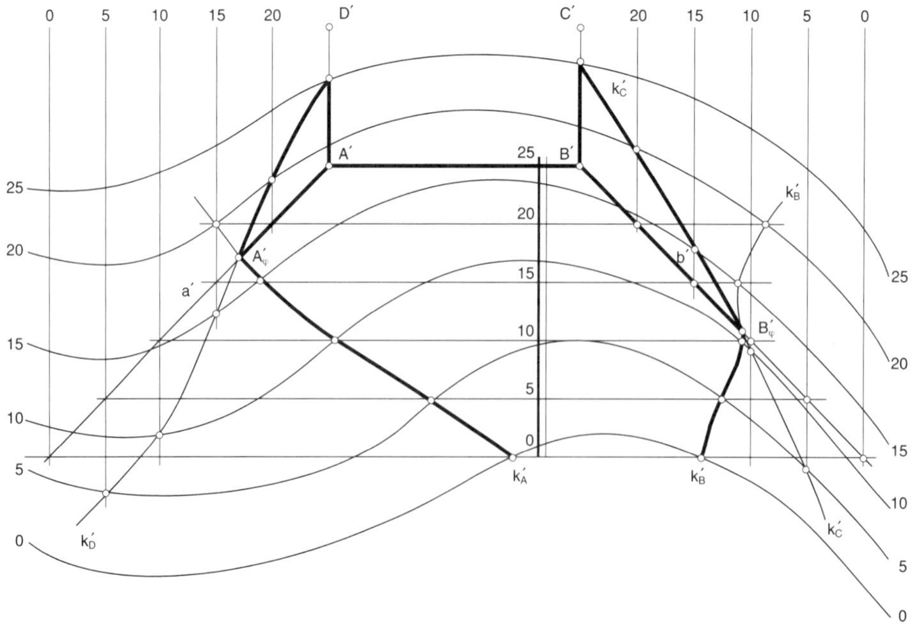

図8－23　自然地形での盛土

図**8-24**は，自然地形曲面 φ に，等勾配の道路を造成する場合の，切取り線，土盛線を作図する例である。作図手順は以下のとおりである。

1）　路肩直線 g，l についての無土工曲線 n(道路平面と地形 φ との相貫曲線，**8-3-2**参照)を求める。点 K_1，K_2＝[$g \cdot n$]，K_3＝[$l \cdot n$]とする。

2）　路肩直線 g 側の盛土の勾配尺 f_f' が与えられており，盛土法面と地形曲面 φ との相貫線(土盛線) k_{f1}，k_{f2} を求める(盛土法面の勾配尺については，**8-2-1**の与直線を含む与勾配の平面の求め方を参照せよ)。その際，点 K_1[$k_{f1} \cdot g$]点 K_2[$k_{f2} \cdot g$]とすると，K_1[$n \cdot g$]，K_2[$n \cdot g$]でもある。

3）　路肩直線 g について地形曲面 φ の切取の勾配尺 $f'c$ により，切取線 k_{cg} を求める。上で求めた無土工曲線 n と路肩 g との交点 K_1，K_2 は，同じく K_1，K_2＝[$k_{cg} \cdot g$]でもある。すなわち，無土工曲線とは，曲線 g を道路面上を水平に平行移動させたときの盛土と切取りの境界点の軌跡であるからである。

4）　全く同様にして，路肩直線 l について，切取りの勾配尺 $f'c$ により切取り線 k_{cl} を求める。切取り線 k_{cl} の直線 l との交点 K_3 は，無土工曲線 n と路肩 l との交点でもあることを確認せよ。

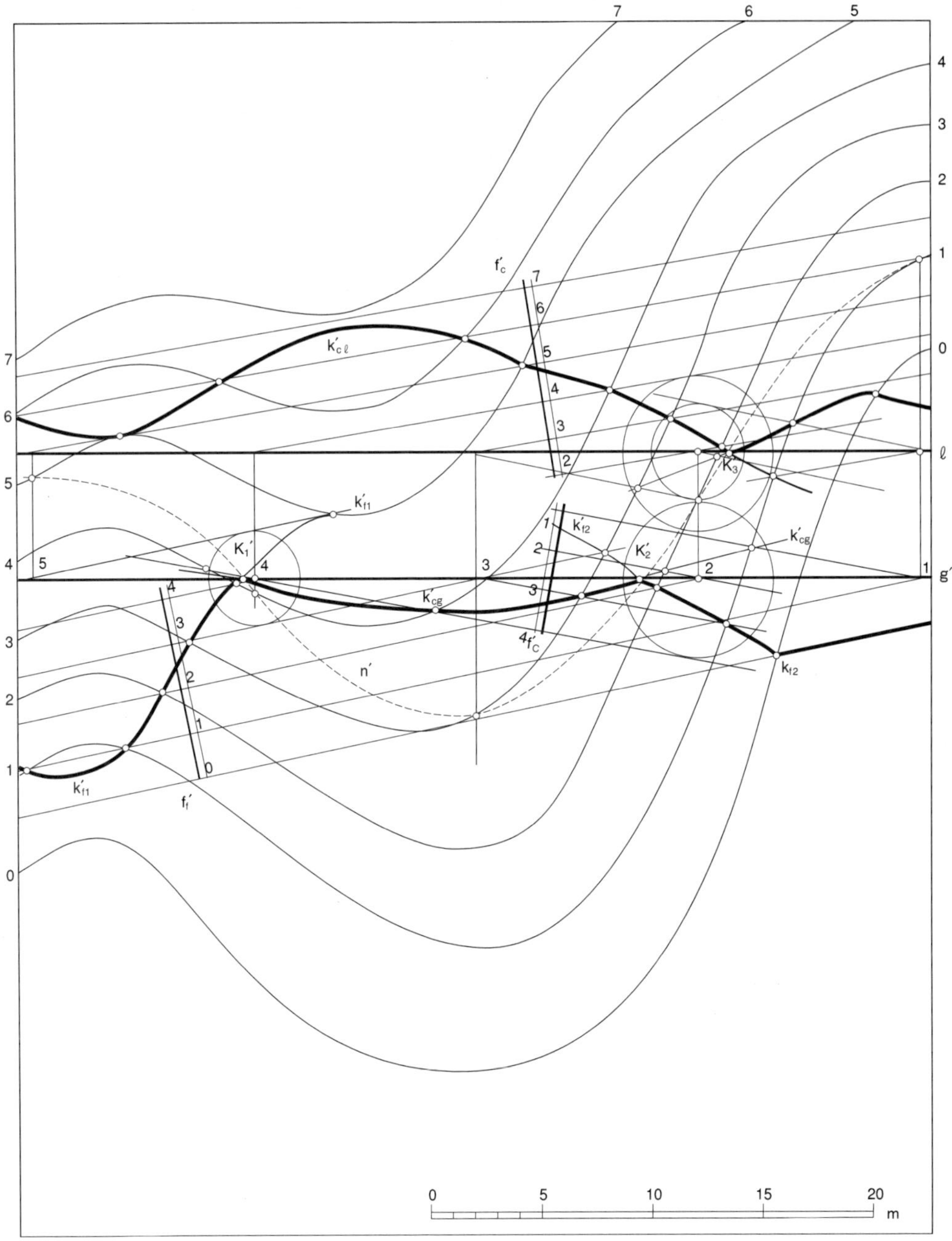

図8－24　切取、盛土による道路の造成

9章 透 視 図 法

透視図法の作画の与える対象把握の直観性は，あたかも，透視図が対象の知覚の写しであるかのごとき印象を与える。事実，透視図法理論の歴史的変遷は，その幾何学的原理の確立が高々近世の出来事であり，それ以前，古代からルネサンスにかけて，現在の「透視図」の語にあたるラテン語 perspectiva は，むしろ「視覚論（光学），optics」を意味していたことを教えている。perspectiva はギリシャ語の ὀπτική τέκνη (optiké techne：視覚の法則に関する術）の訳語であり，そのラテン語の動詞形 perspicere は「明瞭にみる」ことを意味していた。ちなみに紀元前三世紀に，エウクレイデス（ユークリッド）が ***Optics*** において距離をおいて見られる対象の変形について述べている。また一方，古代ローマの建築家ウィトルウィウスは，その建築書 ***De architectura*** において，舞台の背景画 scaenographia における消点の性質や，平面上に描かれた絵が立体感をもってみえることについて述べている。

しかしながら，今日いうところの透視図法が「視覚論」perspectiva naturalis から区別されたのは，ルネサンス期の perspectiva artificialis(pingendi)（絵画の術）としてであった。ここにおいて初めて，perspectiva は透視図の意味に用いられたわけである（ピエロ・デルラ・フランチェスカによる，***De perspectiva pingendi***, 1482 以後）。ピエロに先立つこと半世紀，フィレンツェの画家であり建築家であったレオン・バティスタ・アルベルティは，建築家フィリッポ・ブルネレスキ に献じた ***De pictura***（絵画論）(1435）において，透視図における視錐（視線のピラミッド）を初めて定義し，画面による視錐の切断面の線と色彩とによる表現として，絵画を定義した。同様の概念は，イタリア旅行中に透視図法を知ったドイツ人アルブレヒト・デューラー の著作 ***Unterweisung der Messung***（図形測定法）(1525）中の挿図（上巻図 1-2 a）にもうかがわれる。

アルベルティの視錐の概念は幾何学的透視図法 perspective géométrique の濫觴ともいえるが，その後の絵画術，建築表現術としての透視画の隆盛の陰で，17世紀まで，透視図法の幾何学的解明は埋もれたままであった。17世紀にデカルトと同時代人の数学者であり建築技術者でもあったデザルグは，視錐の切断に関して透視図法の重大な性質，いわゆる「デザルグの定理」（1-3，1-4 参照）を発見する*。

デザルグは，幾何学を作画術の一般論というよりも，純粋に理論的科学と考えており，透視図法については，それを「視覚理論」に結びついた経験的なる絵画術とはみずに，幾何学の直接的応用と考えていたのであった。アルベルティも，既に透視図法を絵画職人の技芸というよりは，幾何学と同じ artes liberales（西洋中世の学問の七学芸）つまり scientia（理論）として構想し，芸術家の立場の社会的独自性を訴えた人であったが，デザルグにおいて初めて透視図法は視ることの術や絵画術を越えて，幾何学理論として数学の抽象的領域にその立場を開いたのである。

そのデザルグもデカルトや門弟のパスカル*2 やボスらの少数の理解者を除いては，同時代人からほとんど理解されず，デザルグが端緒を開いた新しい幾何学も18世紀には埋もれてしまい，19世紀のナポレオンの軍隊の青年将校ジャン・ヴィクトール・ポンスレの手になる ***Traité des propriétés projectives des figures***（図形の射影的性質の研究）(1822）によりようやく再評価される。ポンスレは，『図法幾何学』の大成者ガスパール・モンジュ の門弟であり，モンジュの平行投象をその特殊な場合として含む中心投象の方法に拠って，その投象において不変なるものを対象に考察を進め，在来の幾何学の要素に「無限遠」の概念を導入し，より広義の幾何学「射影幾何学」の基礎を築いた。こうして perspective という語は，数学の領域において従来の人間の視覚と係わった「明瞭に視る」や「透視図」といった意味を離れて，抽象的理論的規定（「配景的」と邦訳される）を確立する。本章の配景的共線対応にみるように，対応射線は既に視線の抽象化としての投射線のもっていたいわば感性的意味を失っていることに注意されたい。この測点や距離点の意味がもつ抽象性が，ルネサンス期の芸術家，建築家達にとっての透視図法理解の障害であったことは充分銘記されてよい。

---

*デザルグの弟子アブラハム・ボスによる ***Manière universelle de M. Desargues pour pratiquer la perspective***（透視図法を実践するためのデザルグ氏の普遍的方法）(1648）において初めて公にされた。

*2 デザルグの円錐曲線論 ***Brouillon project***（1639）に刺激され1640年，***Essay pour les coniques***（円錐曲線試論）を発表する。

本書上巻1章に引いたモンジュの図学の課題に見るように，図学の領域は，純粋抽象幾何学と人間の視覚(直観)の中間領域として設定され，また常にそうなのであるが，同時に，透視図法の理論化の歴史に垣間見たように，図学の成立自体が，理論幾何学の形成の途上での出来事でもあったといえよう。

透視図法は**1-2**で説明した**中心投象**の一種である。投射中心Oに眼（**視点**）を置き，投射線を視線とみなすと，空間図形の輪郭線上の点と視点Oを結ぶ視線によってできる錐面(これを**視錐**という)を視点Oを含まない画面∏によって切断したとき，その切断線が透視図である。通常，空間図形は**消滅平面**Π_v(視点Oを含み画面∏に平行な平面)よりも画面∏側に置かれる。

透視図法における空間図形と画面上の透視図との対応をもう一度定義しておこう(図**9-1**)。まず**画面**と，視点O(∉∏)がある。さらに点P(∉∏，≠O)で交わる二直線a，b(∉O)がある。二直線a，bは平面εをつくり，画面との交線(**跡線**)をe，**消滅平面**Π_vとの交線をe_vとする。e_vを平面εの**消滅線**という。

点Pの透視図は画面∏上の点P^cであるが，視線OP上の点の透視図はすべてP^cとなって，透視図P^cだけでは原像Pを一意的に決定できない。そこで，通常は，空間図形の置かれる**基面**Γ(Γ⊥∏)を考え(図**9-2**)，点Pの基面Γへの直投象図(平面図)をP′としてその透視図をP'^cとすると，画面∏上に与えられた二透視図P^c, P'^cは一意的にその原像の点Pを決定する。それをP(P^c, P'^c)と表記し，**透視図対**と呼ぶ(図**9-2**参照)。

直線aの画面∏上の**跡点**をA，消滅平面Π_v上の跡点をA_vとする。点A_vを直線aの**消滅点**という。点Aは原像と透視図が一致している。直線a上の**無限遠点**の透視図は，視線p[O∈p，p∥a]とすると，点A^c_u[p・∏]である。こうして直線aの透視図a^c[AA^c_u]が求まる。点A^c_uを直線aの**消点**という。消点A^c_uは消滅点A_vより手前側の直線a上の無限遠点の透視図でもあり，また消滅点A_vの透視図は透視図a^c上の両方向の無限遠点となるから，透視図a^cは円環的に閉じている。透視図a^cのうち[AA^c_u]を直線aの**全透視**とも呼ぶ。

直線bについても同様に，透視図b^c[BB^c_u]が求まる。点B^c_uは直線bの消点である。点Pは二直線の交点と考えられるから点Pの透視図P^cは，P^c=[a^c・b^c]として求めることもできる。

平面ε[ab]の画面∏上の跡線はe[AB]として求まる。平面ε上の無限遠

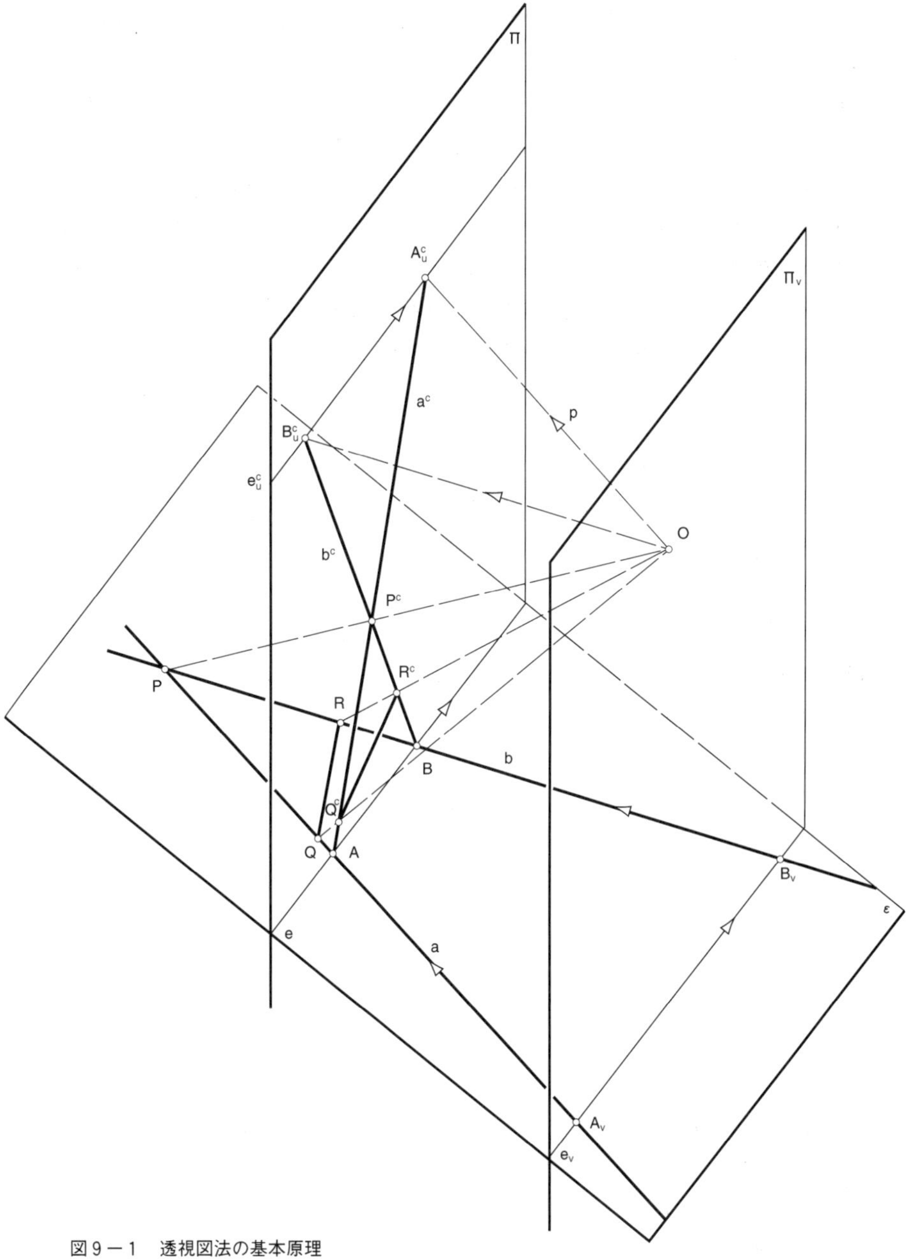

図9－1　透視図法の基本原理

直線の透視図e_u^cは，平面ε上の少なくとも二つの無限遠点の透視図すなわち消点が与えられれば求められるから，直線a，bの消点a，bの消点A_u^c，B_u^cから，$e_u^c=[A_u^c B_u^c]$として求まる。e_u^cを平面εの**消線**という。消線e_u^cは，視点Oを含み平面εに平行な平面(**視平面**という)と画面Πとの交線でもある。すなわち，平面εに平行なすべての平面の消線はe_u^cである。また，消滅平面Π_vと平面εとの交線e_vを**消滅線**といい，平面εの少なくとも二つの消滅点A_v，B_vから$e_v[A_v B_v]$として求まる。消滅点，消滅線の透視図は，画面Πのそれぞれ無限遠点，無限遠直線である。平面εの跡線e，消線e_u^cは画面Π上で平行であり，消滅線e_vは平面ε上で跡線eと平行である。

平面ε上の図形Φ(図**9-1**の三角形(PQR))とその透視図Φ^cとの間には，配景的共線対応(**1-3**参照)が成立している*1。対応の中心は視点O，対応の共線軸は跡線eである。$O\in\varepsilon$のとき，$e_u^c=e$であり，$\varepsilon /\!/ \Pi$のとき，eとe_u^cの両者はΠの無限遠直線となり，ΦとΦ^cは視点Oを中心とする中心相似の関係にある。

さて，視点Oから画面Πに下にした垂線の足を**主点**Hと呼び，視線OHを**主視線**と呼ぶ(図**9-2**)。その垂線の長さ$\overline{OH}=d$を**視距離**という。主点Hは，画面Πに垂直なすべての直線の消点である。通常，透視図を得ようとする空間図形を置く水平平面を考え，**基面**Γと呼び，画面Πと基面Γとの交線を**基線**gと呼ぶ。基面Γ(および基面に平行なすべての水平平面)の消線hを**地平線**と呼ぶ。地平線hは，視点Oを含む基面Γに平行な視平面と画面Πとの交線であり，画面Πが基面Γに直立する場合，主点Hは地平線h上にある*2。また視点Oから基面Γに下した垂線の長さ(視点の高さ)を**視高**と呼ぶ。

＊1　いま図形Φを平面εの跡線eを回転軸にして回転させ画面Πに重ね図形Φ_0を得たとき，Φ_0とΦ^cは画面Π上で平面配景的共線対応をなす。その時の対応の中心は視点Oを，消線e_u^cを回転軸として回転させ画面Πに重なる位置M_εになる。後に見るように点M_εを**平面ε の測点**という。図**9-23**，図**9-25**参照。

＊2　$H\notin h$の場合，画面Πは基面Γに対し直交しない。それを傾斜画面と呼び，その場合の透視図法は**9-4**で取扱う。

9-1　直立画面の透視図法

9-1-1　切　断　法

視点O(O′，O″)と画面Π_3を透視図に描こうとする対象の正投象図中に$\Pi_3\perp\Pi_1(=\Gamma)$として任意に位置を決め，正投象図(P′，P″)から視線pと画面Π_3との交点として透視図を求める最も基礎的方法を切断法と呼ぶ*。

図**9-3**において，点Pの透視図P^cについて，画面Π_3上での主点Hからの水平，垂直方向の座標(x，z)を知って，別の紙面上に透視図を描く。原則的には，同様の手順を各点について行なえばよいわけだが，それはあまりに煩雑である。平行直線の消点(図**9-3**中のF_1，F_2)を利用すれば，作図線をより少なくすることができる。

＊　ルネッサンス期のアルベルティやデューラーは，視錐の画面による切断，あるいは視線の画面による切断として透視図を規定している(上巻図**1-2 a**参照)が，正投象図から透視図を規定していたわけではなく，アルベルティの場合は，視錐の側面図を利用していたようである。つまり正投象の概念がいまだ成立していなかったのである。

図9－2　正投象図と透視図（透視図対）

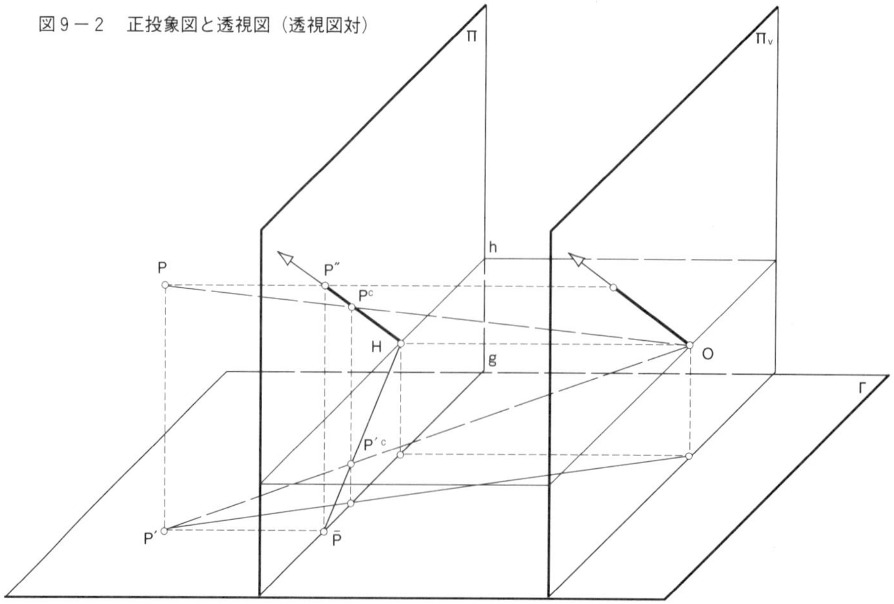

画面$\prod_3$を正投象における直立投象面$\prod_2$に一致させ基線gと基線x_{12}を一致させる切断法を建築家配置法という。図**9-4**において，まず平面図を固定し，視点Oの平面図O′を決める。透視図の基線gを正投象の基線x_{12}に平行に適当な位置に決め，視点の高さ(視高)から地平線h，主点H［O′H′・h］(ただしO′H′⊥x_{12})も決まる。次に基線g上，紙面の右または左に，平面図と同縮尺の立面図を固定する。家形立体の稜STは実像と透視図が一致する。直線SRの消点F_2，直線SVの消点F_1を求める。稜QRの透視図Q^cR^cは視線OQと画面$\prod$との交点の平面図$Q^{c\prime}$(＝$R^{c\prime}$)を求め，対応線p_{12}($Q^{c\prime}$)と稜SR，TQの全透視S^cF_2，T^cF_2との交点Q^c，R^cを結んで求まる。他の頂点についても同様にして求めることができる。

図**9-4**中の円k［H，$d\tan 30°$］，(つまり頂角を60°とする視錐の画面$\prod$による切断円)を**視円**と呼び，この中に透視図が納まれば図は一般的に歪みの少ない図となる*。

＊　**2-1-4**の斜軸測投象においても成立つことで，投射線の入射角が60°以上の場合一般に対象把握の歪みを意識しないといわれる。

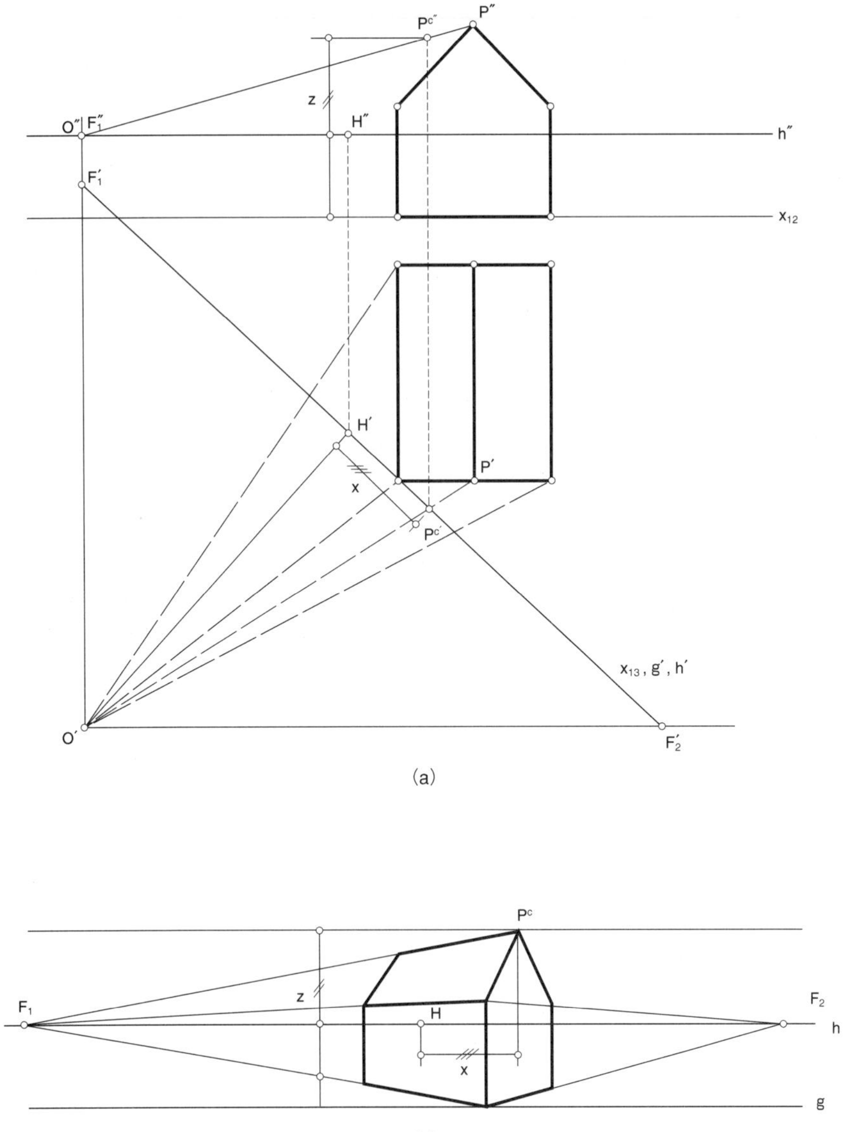

図9－3　切断法

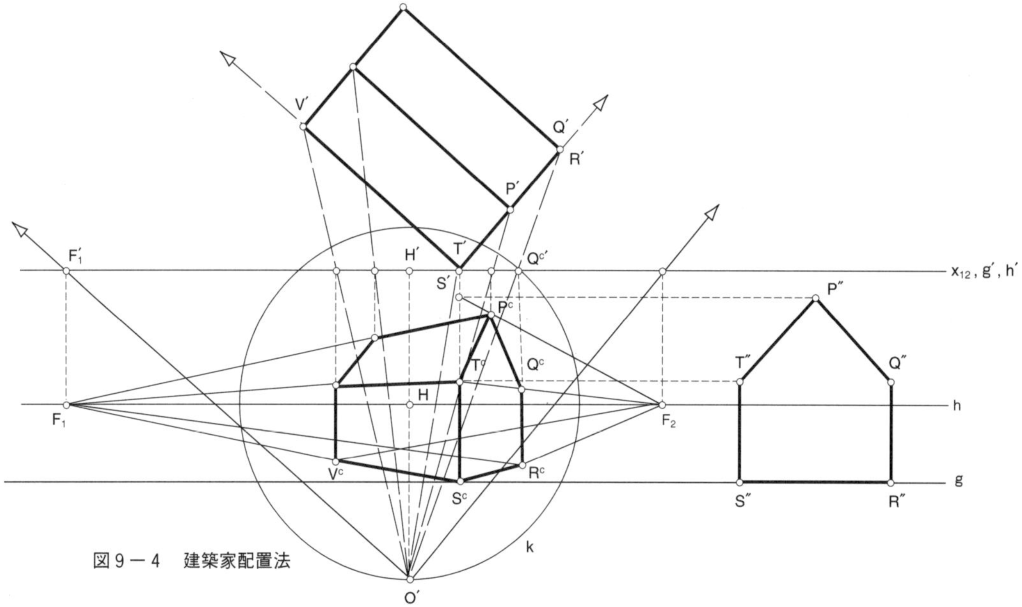

図9－4　建築家配置法

切断法は以上に見たように考え方は簡単であるが，作図線が多く，また紙面を大きく必要とするところに難点がある。続く２項に考察する作図法は，この難点を克服しようとするものである。

9-1-2　組　立　法

空間中の点Pはその透視図P^cと，点Pの基面Γへの直投象図すなわち平面図P'の透視図P'^c(**透視平面図**と呼ぶ)とによって一意的に決定される。透視図P^cを求めるに，透視平面図P'^cを求め，この平面図に高さ$P'P$の透視図$P'^c P^c$を組み立てるように決める作図法を**組立法**という。

図**9-5**において，基線g，地平線h，主点H，視点Oがあらかじめ与えられているとしよう。基面Γを水平投象面Π_1とし画面Πを直立投象面Π_2として，点Pの平面図P'，立面図P''が与えられている。いま基面Γを基線gを回転軸にして図**9-5a**のように回転し画面Πに重ねる。その時，点Pの平面図P'は，P'_0に移る。直線$P'P'_0$を**回転弦**と呼ぶ。基面Γの回転における回転弦の消点M_Γは，視点Oを通り弦$P'P'_0$に平行な直線と画面との交点である。回転弦の消点M_Γを**基面の測点**という。なお画面Π上でのP''とP'_0の対応線と基線gとの交点を$\bar{P}$と表記する。

点P'は回転弦P'_0P'と対応線$\bar{P}P'$の交点と考えられるから，その透視図P'^cは，それぞれの全透視の交点として求めることができる。回転弦P'_0P'の全透視は$[P'_0 M_\Gamma]$である。また対応線$\bar{P}P'$(画面Πに垂直なる直線)の消点は主点Hであるから，$\bar{P}P'$の全透視は$[\bar{P}H]$である。よって$P'^c=[P'_0 M_\Gamma\cdot\bar{P}H]$として求まる。

点Pは$P'P$と$P''P$との二直線の交点と考えられるから，その透視図P^cは二直線の透視図の交点として求まる。$PP' /\!/ \Pi$であるから$P^cP'^c\perp g$，また$P''P$($\perp\Pi$)の消点は主点Hであるから，透視図P^cは$[l\cdot P''H]$(ただし，$l=[P'^c, \perp g]$)として求まる。

また，この方法を上に述べた逆にたどって，透視図対(P^c, P'^c)から基線gについて点Pの正投象図(P', P'')を得ることができる。正投象図と透視図がこのように変換できるのであれば，複雑な作図は正投象により行ない，その結果を透視図に変換することができる。

空間図形をΦとし，その平面図をΦ'，基面Γの画面Πへの回転によって得られる回転位置の平面図をΦ'_0，Φ'の透視図をΦ'^cとすると，透視図の原理より，Φ'とΦ'^cは空間的な配景的共線対応の関係$\boldsymbol{Ko_1}(\Phi')=\Phi'^c$(ただし$\boldsymbol{Ko_1}[g, O]$)にあり，画面Π上で$\Phi'_0$と$\Phi'^c$は平面配景的共線対応の関係$\boldsymbol{Ko_2}(\Phi'_0)=\Phi'^c$(ただし$\boldsymbol{Ko_2}[g, M_\Gamma]$)にある。つまり，画面Π上での$\Phi'_0$と$\Phi'^c$との対応は，二平面ΠとΓの間の$\Phi'$と$\Phi'^c$の配景的共線対応を一方の平面を他方に回転して重ねることにより生ずるホモロジー対応であり，基面Γの測点M_Γとはホモロジー対応の中心である＊。

図**9-6**は組立法により基面Γ上にある家形(ABCDEF)の透視図を求めたものである。平面図に，各々の点の高さを組み立てて家形立体の透視図が得られる。

＊　この方法は，一般的位置にある平面εの上の図形Φを画面Πとの交線eを回転軸として回転して画面Πに重ねることによって得られるΦ_0と図形の透視図Φ^cとの対応についても成立する。その場合のホモロジー対応の中心が平面εの測点M_εである。**9-3-2**参照。

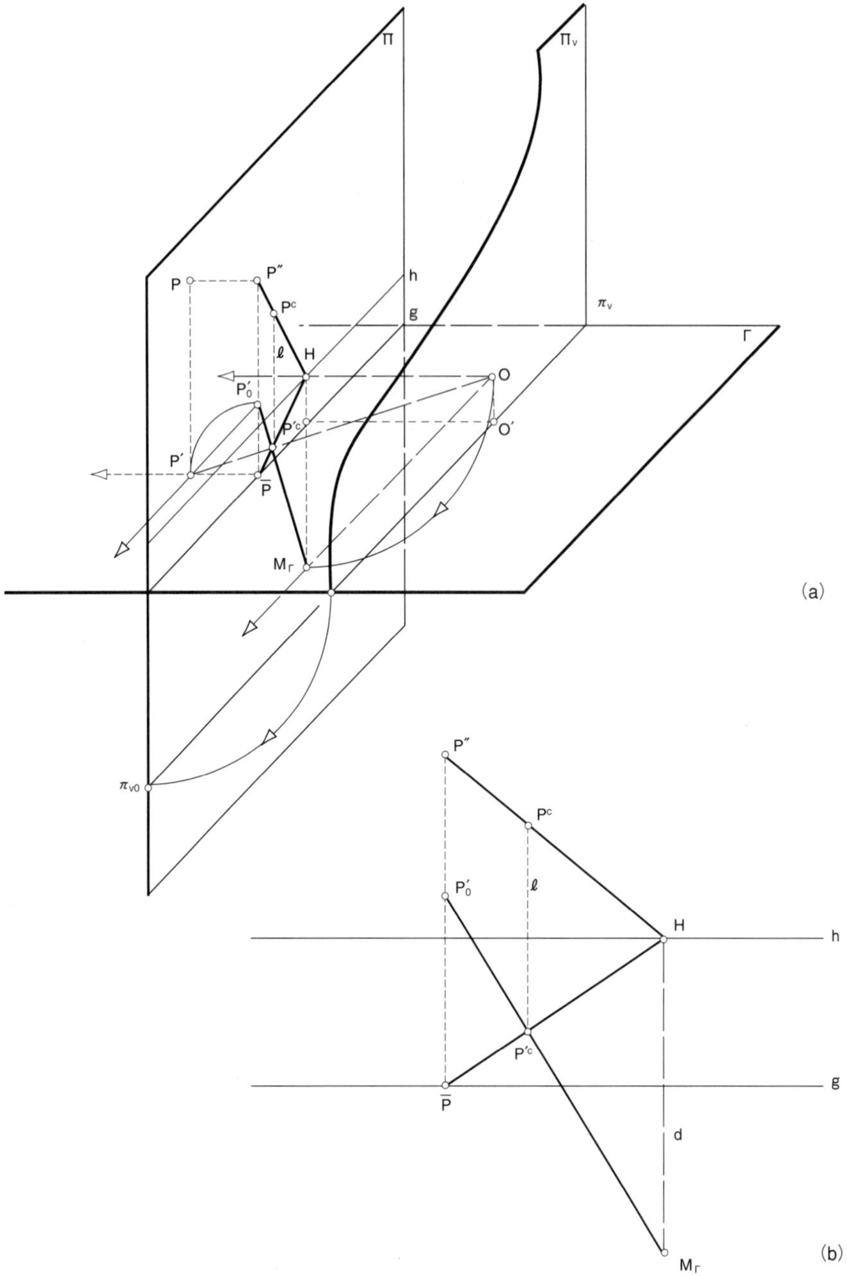

図９－５　組立法の原理

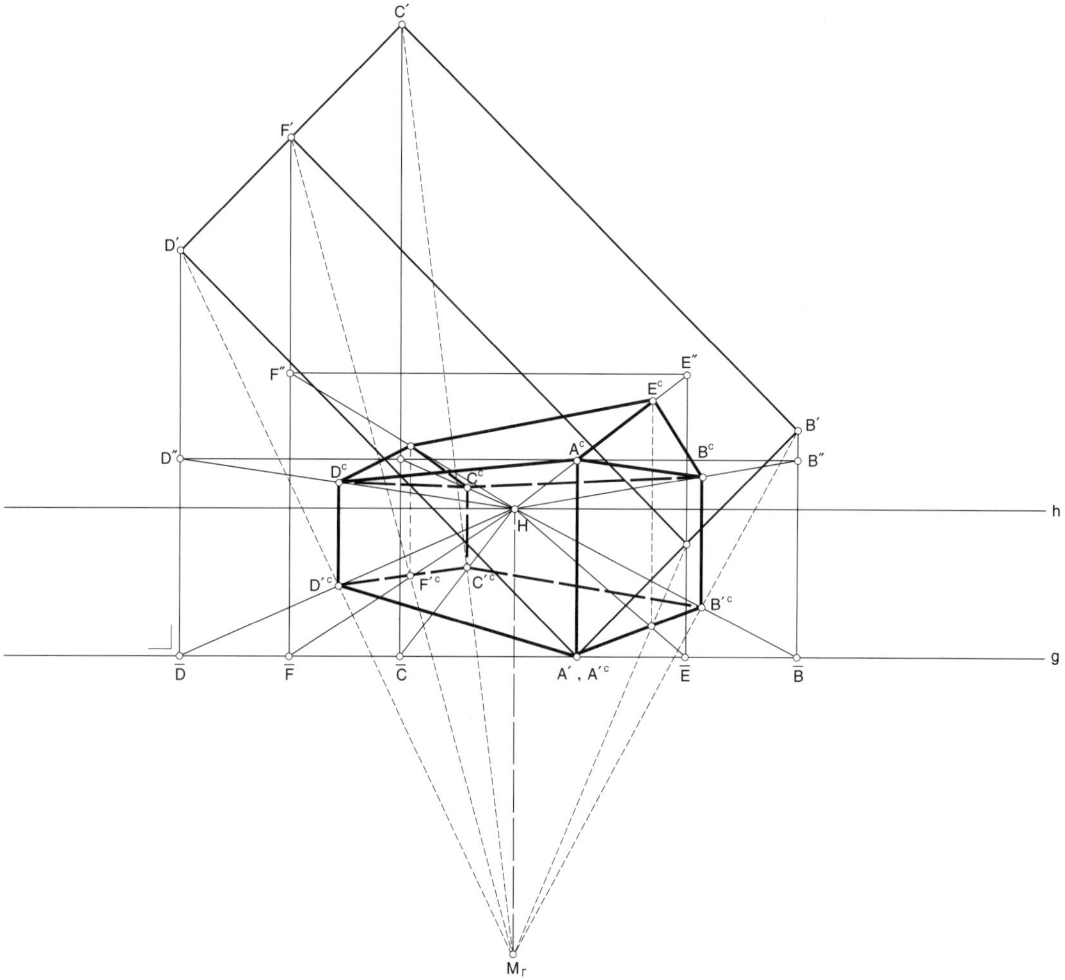

図９－６　組み立て法による作図

9-1-3　測点法（自由透視図法）

上記2項の作図法は，何らかの方法で透視図を描こうとする立体の正投象図(平面図または立面図)を図面内に固定しなければならなかった。そうした固定の不要な透視図法を次に示す。

前項の組立法では，点Pの基面Γへの平面図P'を基線gを回転軸にして回転し画面∏に重ねP'_0を得て，回転弦$\mathrm{P}'\mathrm{P}'_0$を定義した。いま図**9-7**において，平面図P'より基線gに下した垂線を**距離線**fと呼び，その足を$\bar{\mathrm{P}}$とする。$\bar{\mathrm{P}}$を中心に基面Γ上でP'を回転させ画面∏(直線g)上にP'_{01}を得る。回転弦$\mathrm{P}'\mathrm{P}'_{01}$の消点は，視点Oを通り$\mathrm{P}'\mathrm{P}'_{01}$に平行な視線と画面∏との交点$\mathrm{M}_1$である。$\mathrm{M}_1$は地平線$h$上にあり，かつ$\overline{\mathrm{HM}_1}=\overline{\mathrm{HO}}=d$(視距離)である。ちなみに，主点Hを中心に視距離$d$を半径とする円を**距離円**という。基面Γ上での点Pの回転の方向は二通りあるから回転弦の消点は地平線上に二つある。これを距離線の**測点**，すなわち**距離点**という*。

さて距離線$\mathrm{P}'\bar{\mathrm{P}}$の全透視は$\bar{\mathrm{P}}\mathrm{H}$であり，回転弦$\mathrm{P}'\mathrm{P}'_{01}$の全透視は$\mathrm{P}'_{01}\mathrm{M}_1$である。点$\mathrm{P}'$は距離線$\bar{\mathrm{P}}\mathrm{P}'$と回転弦$\mathrm{P}'_{01}\mathrm{P}'$との交点と考えられるから，それぞれの全透視の交点としてP^cが求まる。P^cの求め方は，前項組立法による。

この方法で特長的なことは，画面上にない図形の必要な部分の寸法を画面上の直線に移しとって，例えば，距離線上の距離は跡点$\bar{\mathrm{P}}$を基点に基線g上にとり，垂直方向の高さの実長は$\bar{\mathrm{P}}$を基点に基線に垂直にとり，距離線と回転弦のそれぞれの透視図の交点として透視平面図を決定するというところにある。基線gは距離線上の実長を計る尺度の役目をもつ，これを**測線**という。

基面Γ上の距離線について成立した上記の方法は，基面Γ上の任意な直線についても成立する。図**9-8**にそれを示す。

基面Γ上の直線aの消点をA^c_u，跡点をAとし，透視図$a^c[\mathrm{AA}^c_u]$，主点H，視距離dが与えられている。いま直線aを跡点Aを中心として基面Γ上で回転させ基線gに重ねるとき，直線a上の点PはP_0に移る。回転弦$\mathrm{P}_0\mathrm{P}$の消点は地平線h上に点M_aとして求まる($\mathrm{OM}_a /\!/ \mathrm{P}_0\mathrm{P}$，$\overline{\mathrm{A}^c_u\mathrm{O}}=\overline{\mathrm{A}^c_u\mathrm{M}_a}=\overline{\mathrm{A}^c_u\mathrm{M}_\Gamma}$)。これを**直線$a$の測点**$\mathrm{M}_a$という。$\overline{\mathrm{AP}}$が予め分かっていれば，それを跡Aを基点にして測線$g$上にとり点$\mathrm{P}_0$を決める。すると透視図$\mathrm{P}^c$は，回転弦と直線$a$のそれぞれの全透視の交点$\mathrm{P}^c[\mathrm{P}_0\mathrm{M}_a\cdot\mathrm{AA}^c_u]$として求まる。次にみるように一般に測線とは，直線$a$を含む平面(この場合は基面Γ)と画面∏との交線(跡線)である。

上記の方法は視点Oを含まない一般的な位置にある平面ε上の直線aの測

＊　距離線に限ってその回転弦の消点を測点といわず距離点という。$\overline{\mathrm{HM}}=\mathrm{d}$(視距離)であるからである。

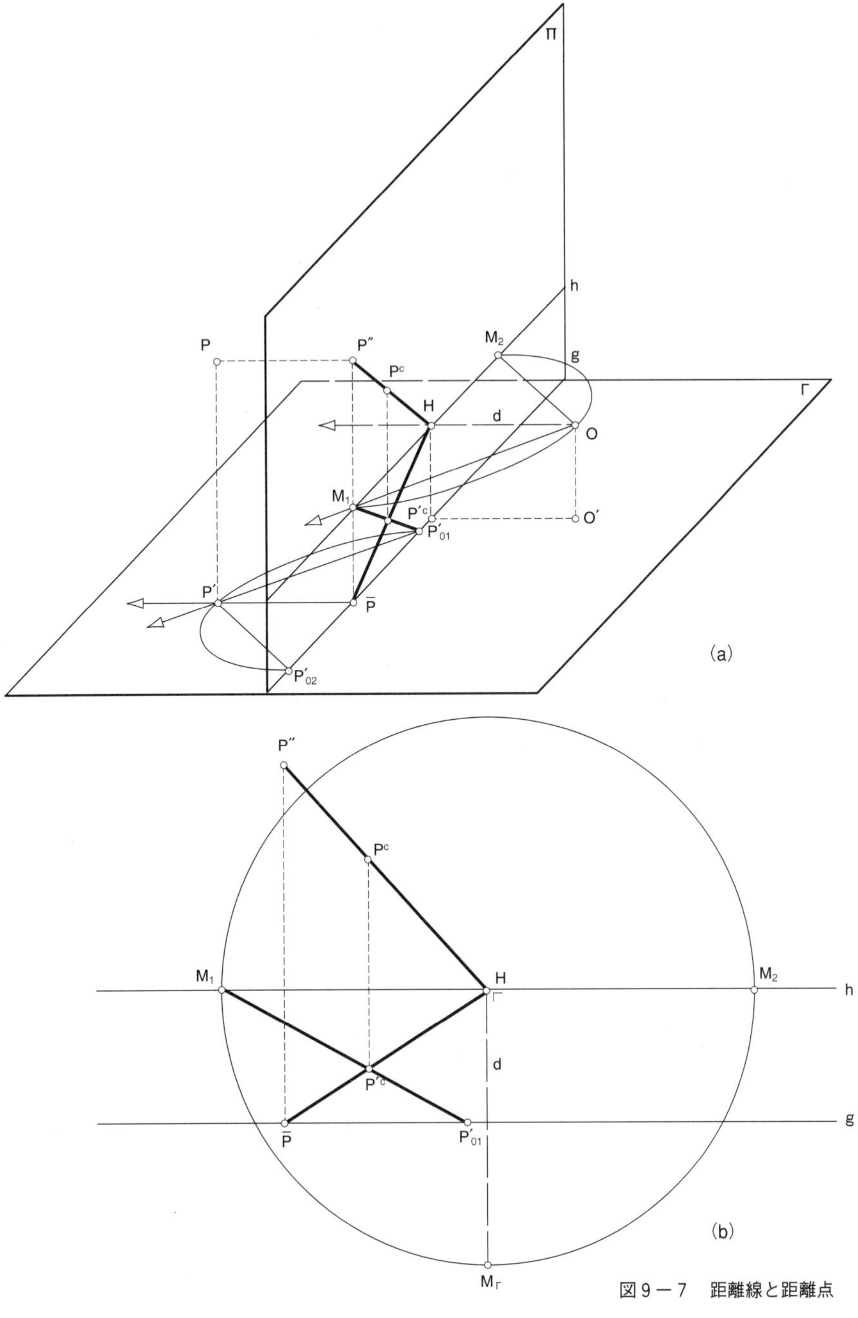

図９－７　距離線と距離点

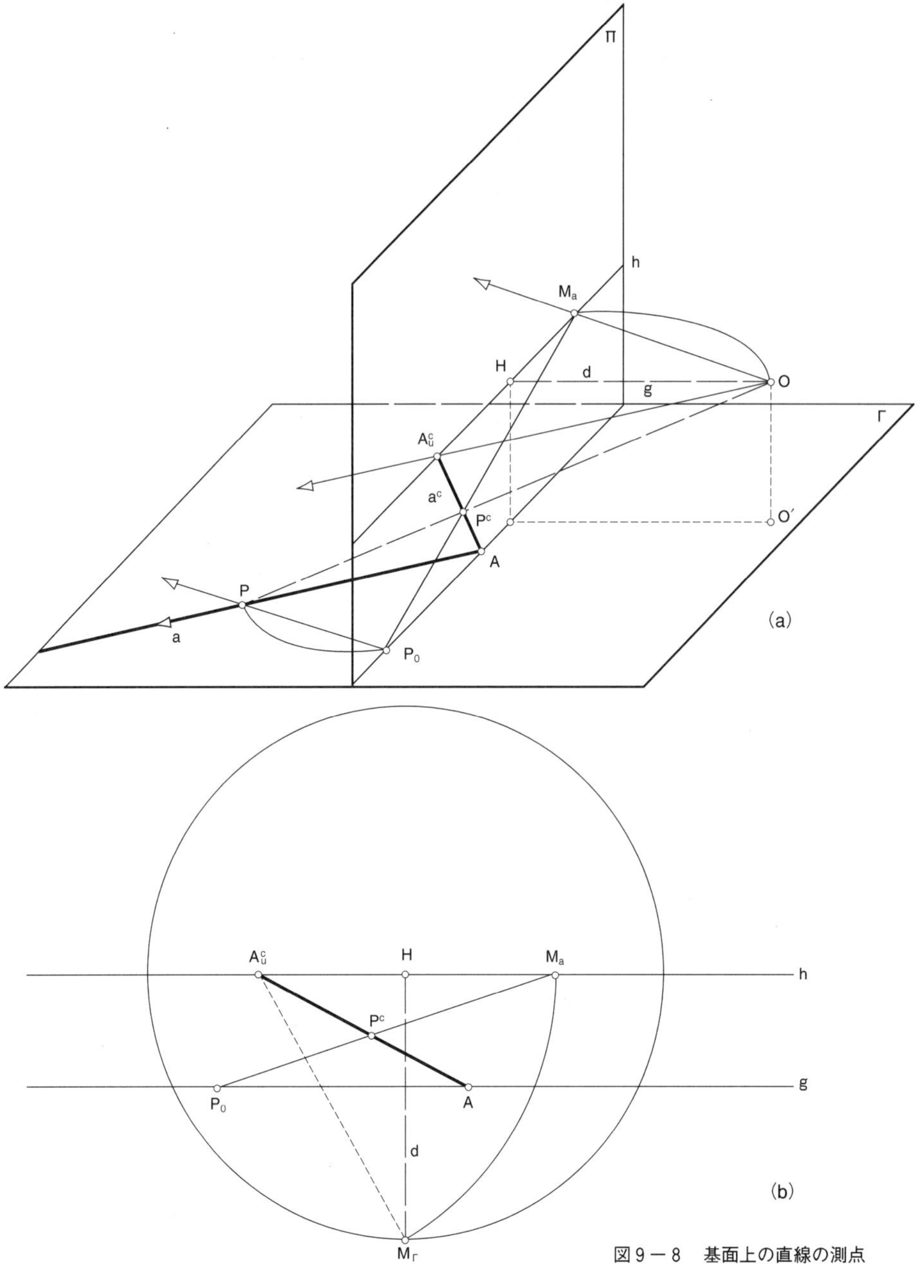

図９－８　基面上の直線の測点

点M_aを求めることにも応用される。図**9-9**において，平面 ε はその跡線 e とその消線 e_u^c により決定されており，主点H，視距離 d が与えられており，平面 ε 上の直線 a の透視図 $a^c[AA_u^c]$（跡点A，消点A_u^c）も与えられているものとする。

いま直線 a を跡点Aを中心として平面 ε 上で回転させ跡線eに重ねるとき，直線 a 上の点Pは点P_0に移るものとする。すると，その回転の回転弦P_0Pの消点は点$M_a$$[M_a \in e_u^c,\ OM_a /\!/ P_0P,\ (\overline{A_u^cM_a})^2 = d^2 + (\overline{A_u^cH})^2]$であるから，回転弦の全透視は$P_0M_a$である。点Pの透視図$P^c$は，直線 a と回転弦P_0Pのそれぞれの全透視の交点$[P_0M_a \cdot AA_u^c]$として求まる。

以上のことからわかることは，直線 a を含む平面 ε の跡線 e と消線 e_u^c および測点M_aがわかっているとき，直線 a 上の点Pの透視図P^cは，平面 ε の跡線 e を測線として跡点Aからの実際の距離$\overline{AP}$を測線上に$\overline{AP_0}$としてとれば，回転弦の全透視P_0M_aと直線 a の透視図 a^cとの交点として簡単に求めることができることであり，これは平面 ε が視点Oを含まず画面∏に平行でない限り成立する。すなわち図**9-8**はその平面 ε が基面Γの場合であり，跡線が基線 g，消線が地平線 h であった。図**9-10**は，平面 ε が基面Γに垂直な場合の，平面 ε 上の直線の測点M_aを示す。いずれも図**9-9**の特殊な場合とみなすことができる*。図**9-10**において，基面Γに垂直な平面 ε 上の**直線 a の測点** M_aは，平面 ε の消線 e_u^c 上，$(\overline{A_u^cM_a})^2 = d^2 + (\overline{HA_u^c})^2$にあり，測線は平面 ε の跡線 e となる。測線上の実長$\overline{AP_0}$なる直線 a 上の点Pの透視図P^cは，$P^c$$[P_0M_a \cdot AA_u^c]$として求まる。

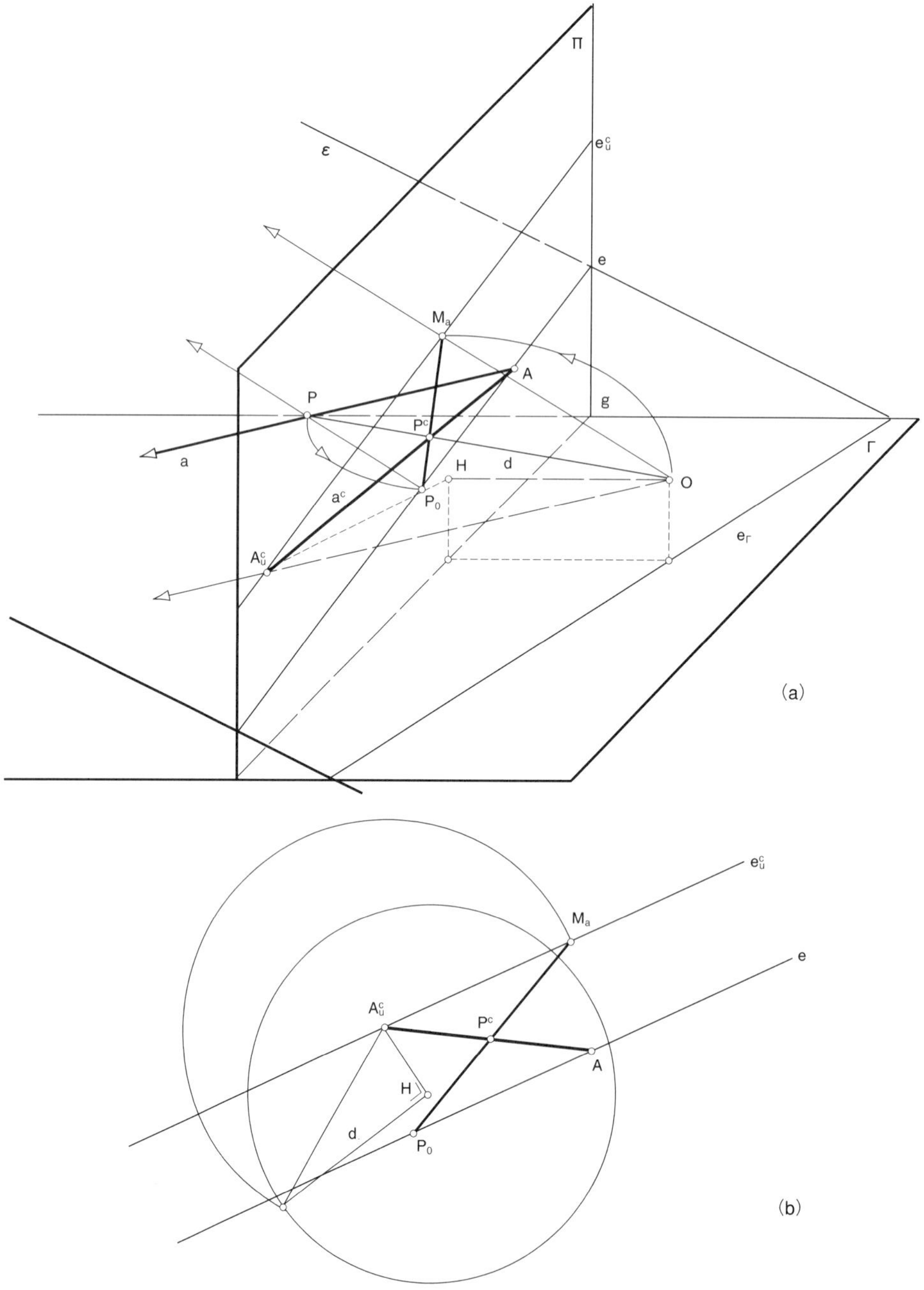

図9－9　一般的位置にある平面上の直線の測点

*　**9-1-2**で述べた基面Γの測点M_Γ，さらに一般的には**9-3-2**で扱う平面 ε の測点M_εと，直線 a の測点M_aの違いについて考えてみよ。

以上の測点法による作図法は，透視図上で直線の実長を扱う作図に非常に有効である。図**9-11**の直交座標系U（xy）の透視図U^c（X_u^c Y_u^c）中に（l_x，l_y）なる座標の点Qの透視図 Q^cを作図してみよう。まず地平線h上に直交二軸x，yの測点M_x，M_yをとる（$\overline{M_x X_u^c}=\overline{M_\Gamma X_u^c}$，$\overline{M_y Y_u^c}=\overline{M_\Gamma Y_u^c}$）。直線$x$を基面Γ上で跡点Xを中心に回転させ基線$g$に重ねるとき，原点Uは$U_{0x}$にくる。画面Π上の透視図においては，$U_{0x}$［$g$・$M_xU^c$］。同様に直線$y$についても$U_{0y}$［$g$・$M_yU^c$］が求まる。測線$g$上でそれぞれ点$U_{0x}$, U_{0y}を基点に実長l_x，l_yをとって点Q_{0x}，Q_{0y}をきめ，測点M_x, M_yとそれぞれ結び，x^c，y^cとの交点が点Q_x^c，Q_y^cを与える。点Qの透視図Q^c［$Q_x^c Y_u^c$・$Q_y^c X_u^c$］として求まる。

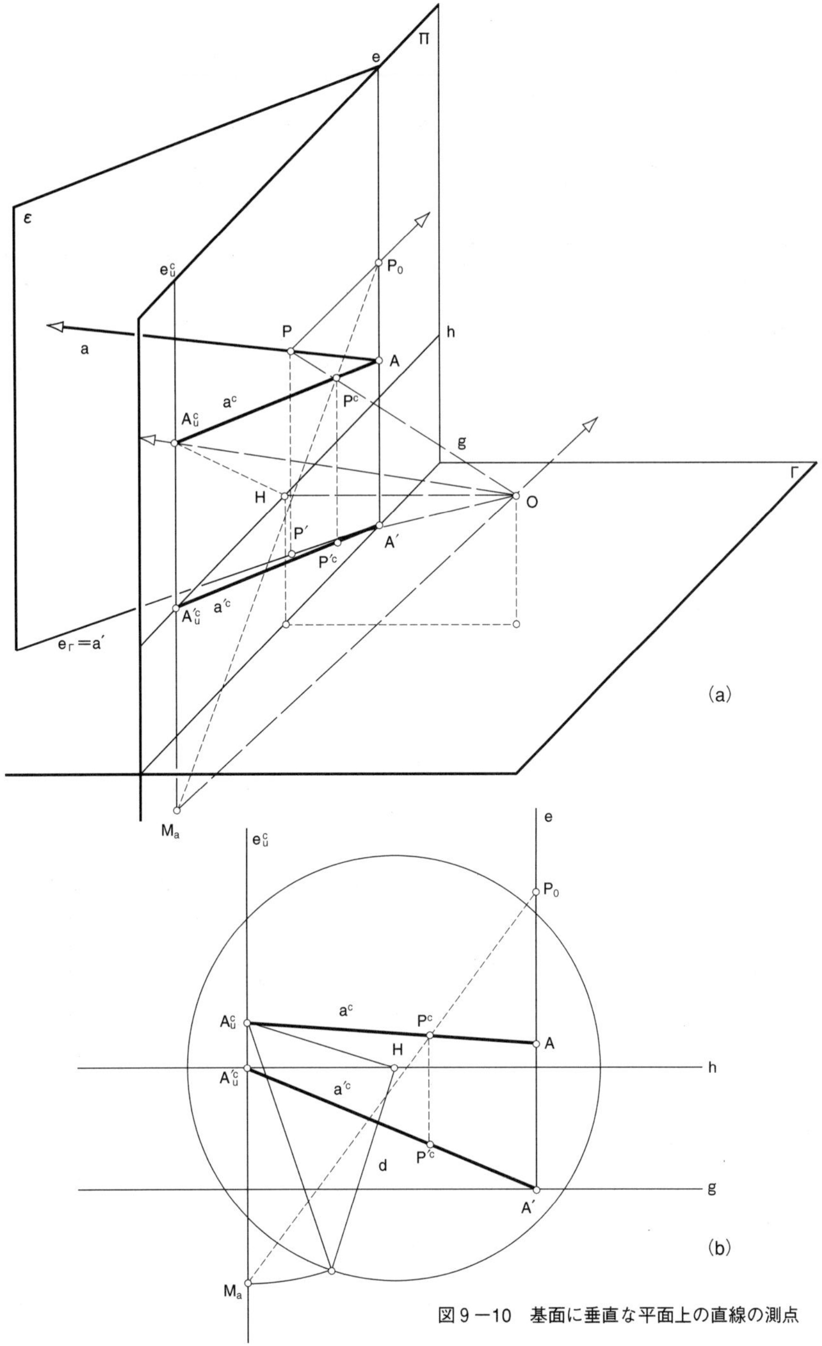

図9－10　基面に垂直な平面上の直線の測点

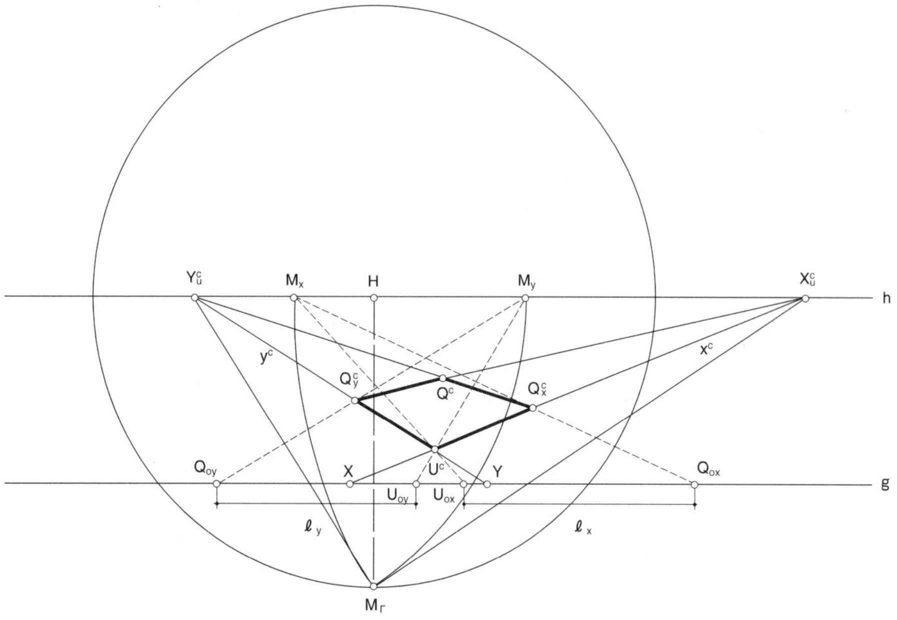

図9－11　平面座標の与えられた点の透視図

同様にして，x 軸，y 軸上に一定間隔の目盛りを測り付けることができる。したがって図**9-12**のような平面格子も容易に作図できる。しかも図**9-9**の方法に従えば，基面 Γ に限らず一般的な位置にある平面 ε 上に平面格子を作図できる。図**9-12**の平面格子は基線 g を測線に，測点 M_x, M_y を地平線 h 上にとり作図したものであるが，直線 x，y が基面 Γ に垂直な平面 ε_x，ε_y 上の直線と考えると，図**9-13**のように測点 M_x, M_y をそれぞれ平面 ε_x，ε_y の消線 e^c_{xu}，e^c_{yu} 上にとり（$\overline{M_\Gamma X^c_u}=\overline{M_x X^c_u}$，$\overline{M_\Gamma Y^c_u}=\overline{M_y Y^c_u}$），測線は e_x，e_y（この場合，原点Uが画面上にあるので $e_x=e_y=e$）となる。測線 e 上に目盛を付け x 軸，y 軸上に対応させる。以後は図**9-12**と同様である。

図**9-13**では，主点H，基面 Γ の測点 M_Γ（$\overline{M_\Gamma H}=d$）がまず与えられていると考えても，あるいは，まず消点 X^c_u, Y^c_u が与えられていると考えても作図の事情は変わらない。すると，一般には立方体や直方体の透視図のスケッチを描く場合，視点や視距離を定めて描くよりは，まず x 軸，y 軸の消点を定めて描く方が都合がよい。つまり基線 g，地平線 h をきめ，直交二軸の透視図 x^c，y^c の消点 X^c_u, Y^c_u を地平線上に任意に決め，二軸の原点Uを基線 g 上にとる。地平線上の $X^c_u Y^c_u$ を直径とする円 k を描き，円 k 上に基面 Γ の測点 M_Γ（$\overline{M_\Gamma H}=d$）を任意に決めると，測点 M_x, M_y が上記したように求まる。以下同様である。

原点Uを通り基面 Γ に垂直な軸を z 軸とすると，図**9-13**では z 軸は画面 Π 上の測線 $e_x=e_y$ に重なる。すなわち z 軸上に長さを実長でとることができ，x 軸，y 軸上の目盛と合わせて，空間中の点の透視図を容易に作図できる。こうしてこの方法は特に，透視図のスケッチを量的に正確に修正する際に有効な作図法となる。

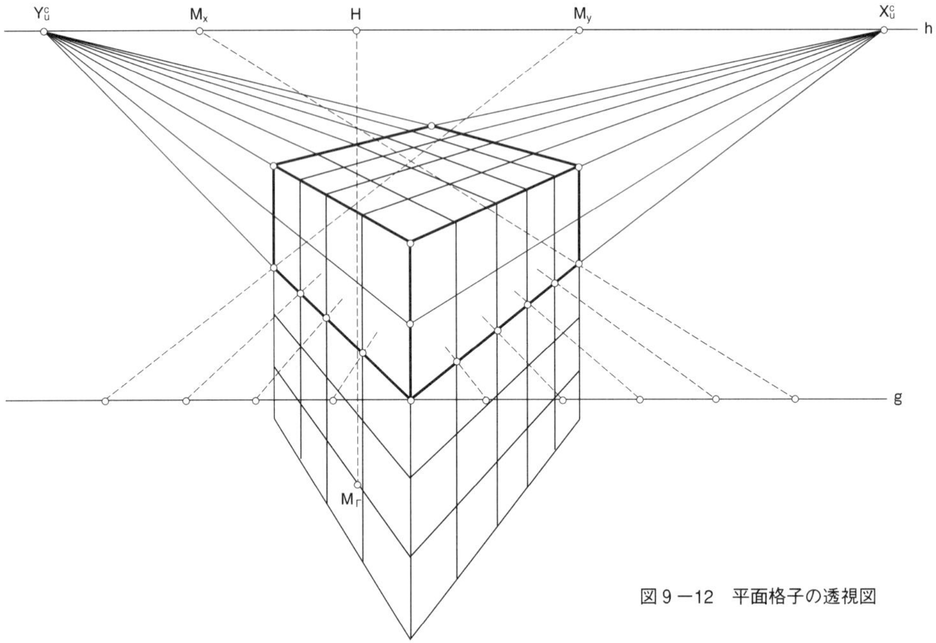

図9－12　平面格子の透視図

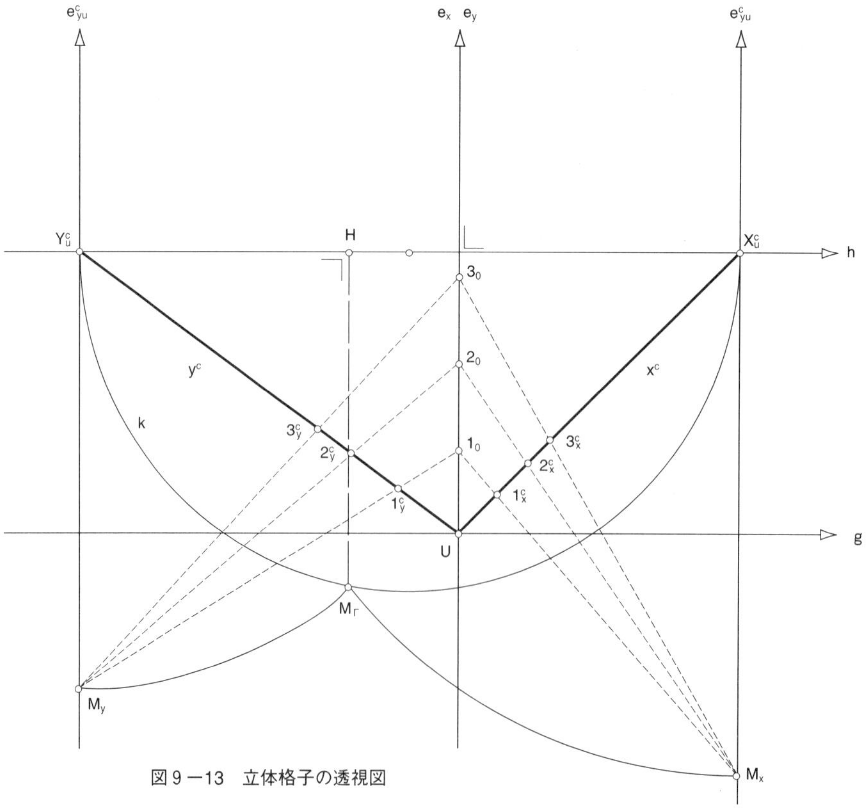

図9－13　立体格子の透視図

以上のようにこの項で考察した方法を，総じて正投象図を画面に固定せずに透視図を描く**自由透視図法**ともいう。

9-2　透視図法の位置に係わる作図法

本節においては，空間図形を構成する基本要素(点，線，面)の位置関係について，直立画面の透視図法における基本的作図法を取扱う。量的関係については次節で取扱う。

空間図形Φが一つの平面ε上にあるとき，Φとその透視図Φ^cとは，中心を視点Oとし，画面∏と平面εとの交線eを共線軸とする配景的共線対応をなす。しかし，透視図Φ^cから空間図形Φは一意的に決定されない。軸測投象でもそうであったように(**3-1**参照)，空間図形Φはその透視図Φ^cとΦの基面Γへの直投象図の透視図すなわち透視平面図Φ'^cの二投象図からその位置が確定される。よって点Pや直線lは，P(P^c, P'^c)，l(l^c, l'^s)と示される。これを**透視図対**とよぶ。そして直立画面の透視図においては，透視図と透視平面図の対応線(図形Φの基面Γへの直投象の投射線の透視図) は基線gや地平線hに垂直であり，透視図対(Φ^c, Φ'^c)は図形Φの含まれる平面εと基面Γとの交線の透視図e^c_Γを軸として平面配景的アフィン対応をなす。

9-2-1　点　と　直　線

図**9-14**に，特長的な点の透視図を示す。点A(A^c, A'^c)は最も一般的位置にある点である。点B($B^c=B'^c$)は基面Γ上の点，点C(C^c, C'^c)は無限遠点の透視図である。C^cとC'^cのどちらかが無限遠点であれば，他方も必ず無限遠点となり，その透視平面図は地平線上にある。図**9-15**の直線c(c^c, c'^c)の消点C^c_uを参照せよ。点Dは画面∏上の点。D^cは実像でもある。点Eは画面∏の手前側に位置する点である。

図**9-15**にいくつかの直線の透視図を示す。直線a(a^c, a'^c)は基面Γに平行な直線で，点A(A，A')は画面∏上の跡点，点A^c_u($A^c_u=A'^c_u$)は直線aの無限遠点の透視図すなわち消点である。直線b(b^c, b'^c)は基面Γに垂直な直線で，点B^c_Γ($=b'^c$)は基面との交点であり，直線bの消点は画面∏の無限点である。直線c(c^c, c'^c)は一般的位置にある直線。(C^c_u, C'^c_u)は直線cの消点である。直線d(d^c, d'^c)は点D_Γで基面と交わる一般的位置の直線である。点D_Γは基面Γ上の跡点と定義しよう。点P(P^c, P'^c)が直線a(a^c, a'^c)上にあるとき，$P^c \in a^c$，$P'^c \in a'^c$でならなければならないのは，軸測投象や正投象と同様である。

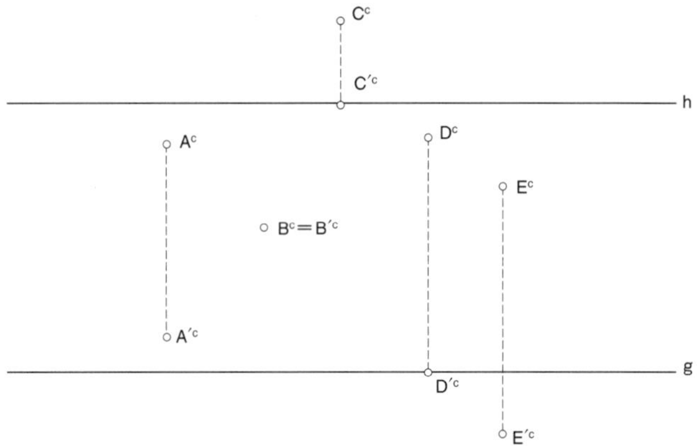

図9－14　点の透視図対

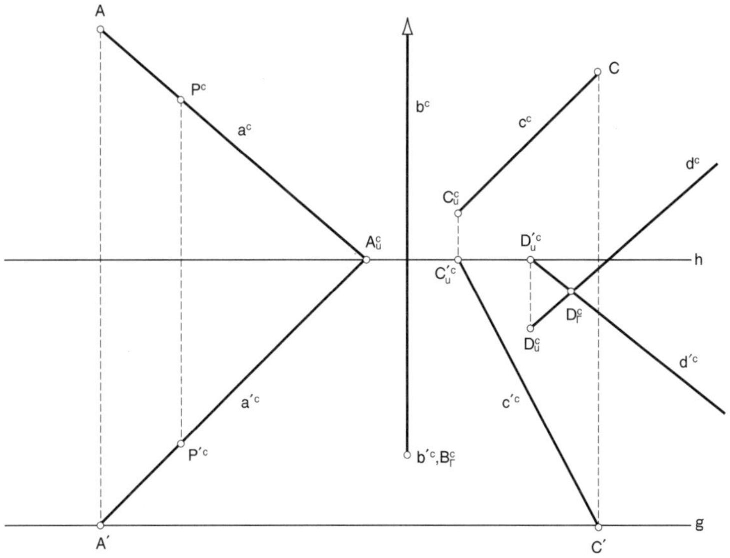

図9－15　直線の透視図対

9-2-2　直線と直線

いま点Pを通り，直線 a (a^c, a'^c) に平行な直線 b (b^c, b'^c) を作図してみよう(図**9-16**)。平行二直線は消点を共有するから，b^c[$P^cA^c_u$]である。また，平行二直線の透視平面図も消点を共有するはずであるから，b'^c[$P'^cA'^c_u$]である。

交わる二直線 c (c^c, c'^c)，b (b^c, b'^c) が一点P (P^c, P'^c) を交点として共有すると，図**9-16**のように $P^cP'^c \perp h$ (ただしP^c[$c^c \cdot b^c$]，P'^c[$c'^c \cdot b'^c$]) である。

ねじれの位置にある二直線 a，bは(図**9-17**)，その透視図の交点P^c[$a^c \cdot b^c$]と透視平面図の交点Q'^c[$a'^c \cdot b'^c$]が地平線 h に垂直な対応線によって対応しない。

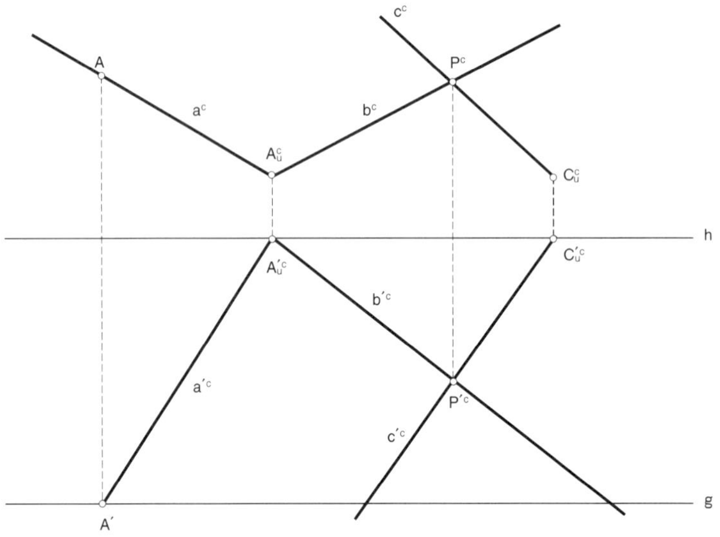

図9－16　平行二直線と交わる二直線の透視図

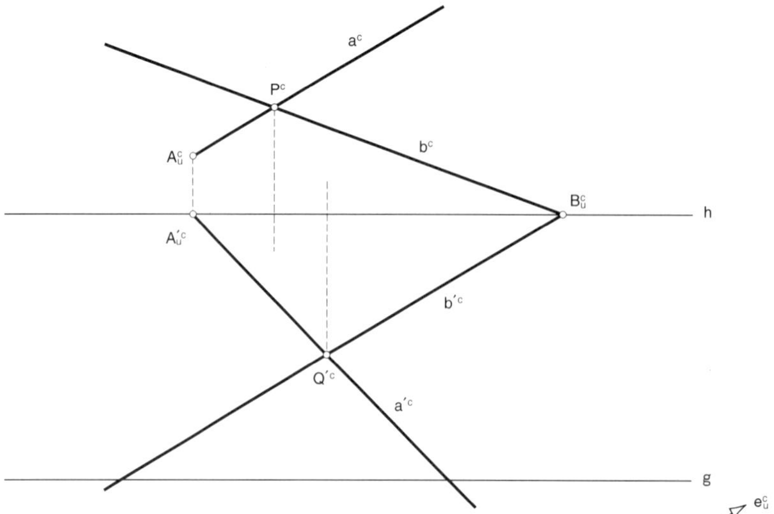

図9－17　ねじれの位置にある二直線の透視図

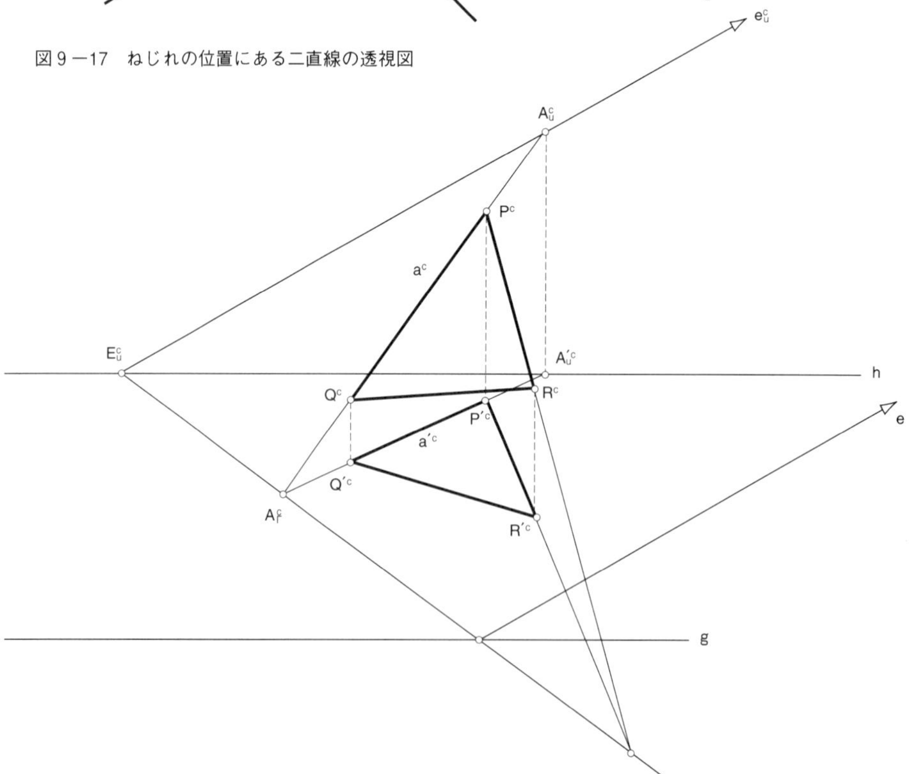

図9－18　平面 ε 上の図形の透視図対
（透視図における平面の決定）

9-2-3　平　　面

本章冒頭でみたように，平面 ε は画面 Π との交線(跡線 e)と平面 ε の無限遠直線の透視図，すなわち消線 e_u^c から一意的に位置が決定される。ただし，$e /\!/ e_u^c$ である。そのとき，平面 ε と基面 Γ との交線(基面跡線)e_Γ の消点 E_u^c は地平線 h 上にあり，かつ $E_u^c \in e_u^c$ である。平面 ε 上の直線はその消点を平面 ε の消線 e_u^c 上に，基面 Γ 上の跡点を平面 ε の基面跡線 e_Γ^c 上に，画面 Π 上の跡点を平面 ε の跡線 e 上に，それぞれもつ。図 **9-18**において，平面 ε 上の直線 a に関して，$A_u^c \in e_u^c$，$A_\Gamma^c \in e_\Gamma^c$，ただし $A_\Gamma^c[\, a^c \cdot a'^c \,]$ である。

平面 ε 上の図形を Φ とし，その透視図を Φ^c，透視平面図を Φ'^c とすると，図形 Φ^c と Φ'^c は画面 Π 上で，平面配景的アフィン対応をなす。アフィン軸は平面 ε の基面跡線の透視図 e_Γ^c であり，射線方向は基線 g に垂直である*。配景的アフィン対応は，アフィン軸と一対の対応点から決定されるから(**1-4，4-2** 参照)，平面 ε は基面跡線の透視図 e_Γ^c と平面 ε 上の少なくとも一つの点Pの透視図対(P^c, P'^c)が与えられれば一意的に決まる(図 **9-19**)。また，対応する三点の透視図対が与えられればアフィン軸(すなわち基面跡線)が決まるから，図 **9-18**において，平面 ε 上の三角形の透視図対($P^cQ^cR^c$, $P'^cQ'^cR'^c$)と地平線が与えられれば，平面 ε の消線 e_u^c と基面跡線の透視図 e_Γ^c はデザルグの定理から決まる。この時，***Af*** (△$P^cQ^cR^c$) = △$P'^cQ'^cR'^c$, ***Af*** [e_Γ^c, $/\!/ P^cP'^c$]，平面 ε 上の点 P (P^c, P'^c)の満たすべき条件は，点Pを通る平面 ε 上の任意な直線 a ($P^c \in a^c$, $P'^c \in a'^c$)が作図できることである。これに対し，図 **9-19**の点 Q (Q^c, Q'^c)は平面 ε 上にはない点の例を示す。

図 **9-20**は二平面 ε (e_u^c, e_Γ^c)，μ (m_u^c, m_Γ^c)の交線 l (l^c, l'^c)を示す。交線 l の基面跡点 L_Γ の透視図 L_Γ^c[e_Γ^c, m_Γ^c]，消点 L_u^c[$e_u^c \cdot m_u^c$]である。

*　**1-4** や軸測投象のところでみたように，二平面の配景的アフィン対応の平行投象は，平面配景的アフィン対応する投象図を与える。それが中心投象においても成立つわけである。

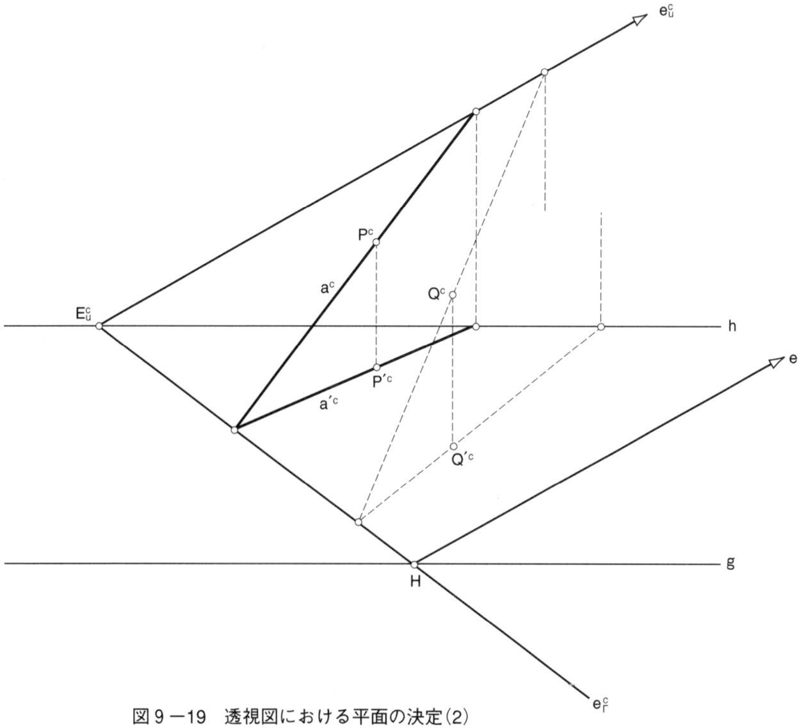

図9－19　透視図における平面の決定(2)

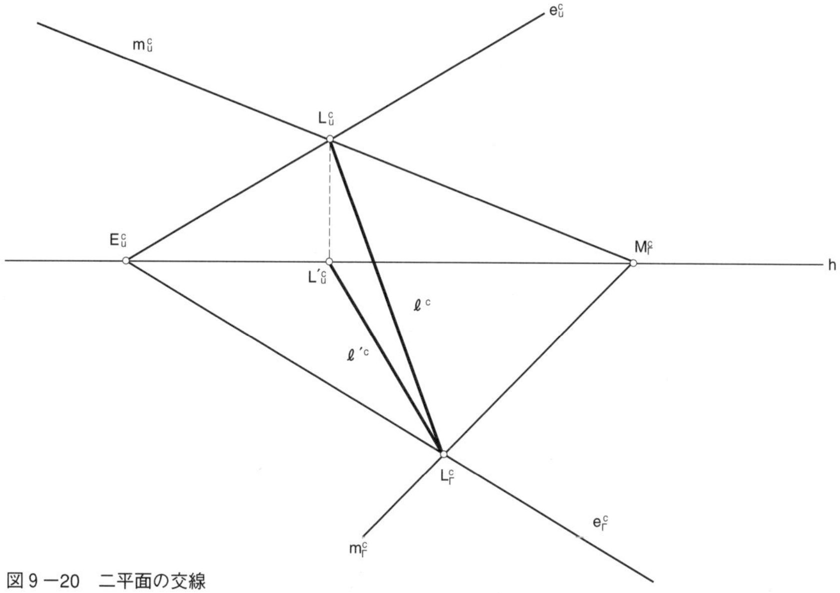

図9－20　二平面の交線

9-2-4　直線と平面

直線 a と平面 ε の交点Sを透視図で作図してみよう。作図方法は，軸測投象や正投象と同様，直線 a を含む補助平面 μ を作り二平面の交線 s と直線 a との交点Sとして求める。いま平面 ε (e^c_u, e^c_Γ)と直線 a (a^c, a'^c)が与えられている(図 **9-21**)。直線 a を含み基面 Γ に垂直な平面 μ (m^c_u, m^c_Γ)を作る($m^c_\Gamma = a'^c$, $m^c_u \perp h$)。交線 s の消点 S^c_u [$e^c_u \cdot m^c_u$]，基面跡点 S_Γ の透視図 S^c_Γ [$e^c_\Gamma \cdot m^c_\Gamma$]であるから，s^c [S^c_u S^c_Γ](ただし M^c_u は平面 μ の基面跡線 m_Γ の消点とする)である。補助平面 μ の消線 m^c_u と平面 ε の消線 e^c_u が紙面内で交わらないときは(図 **9-22**)，平面 ε 上の任意な直線 b (b^c, b'^c)をつくり，直線 b と平面 μ との交点 R (R^c, R'^c)を求め交線 s の消点 S^c_u の代用に供すればよい。

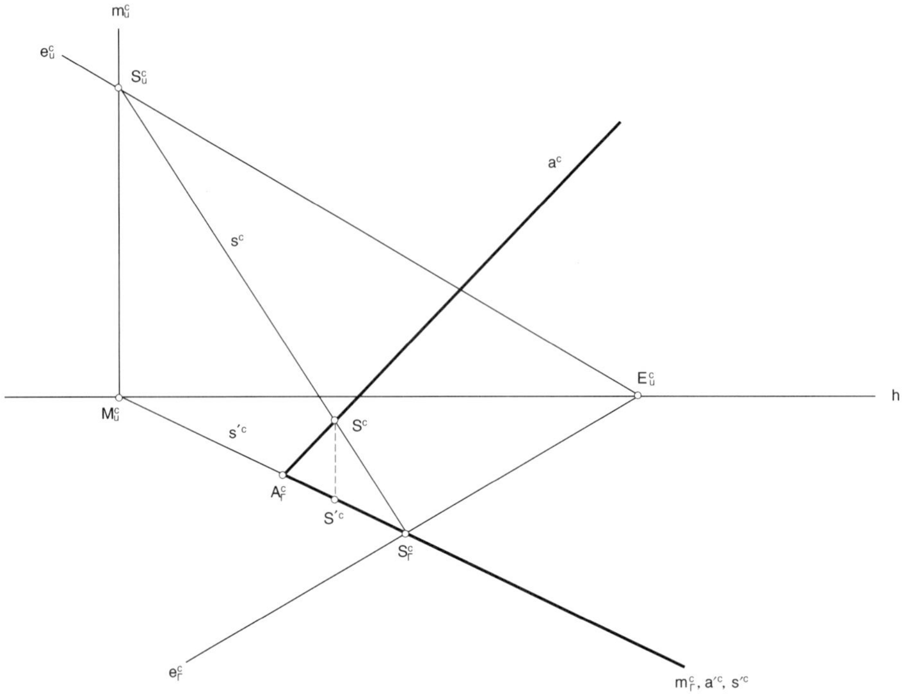

図9－21　直線と平面の交点

9-3　透視図法の量に係わる作図法

本節では，直立画面の透視図において，量を扱う作図法について考察する。平面図形の実像 Φ (実形)と透視図 Φ^c の間に成立つ三次元的な配景共線対応は，図形の乗る平面 ε と画面 Π との交線 e を軸にして回転して画面 Π に重ねるとき，画面 Π 上での回転位置 Φ_0 と透視図 Φ^c との間に成立つ平面配景的共線対応(ホモロジー対応)に変換される。このホモロジー対応に注目することによって，**3-3** において軸測投象について考察したのと同じように，透視図の画面内で量的作図を可能にする方法を考えてみる。この方法により，空間図形の正投象図や平面図形の実形図とその透視図との対応が正確に操作可能になれば，単面投象に特徴的な投象図の直観性に加えて，計量性の保証を与えるため

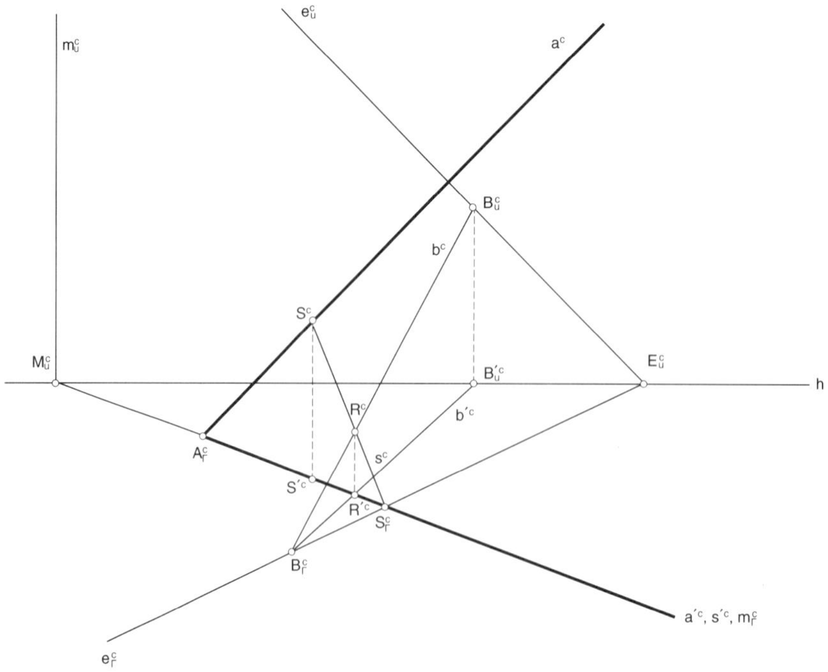

図9－22　直線と平面の交点(2)

に多少とも寄与するであろう。事実，透視図(具体的にいえば写真)から，被写体の実形や寸法を精密に取り出す方法は写真測量として実用化しており，本章においても **9-5** においてその原理を考察する。

9-3-1　平面図形の実形

透視図で与えられた直線の実長は，既に **9-1-3** で述べたように測点を用いて測線上に取り出すことができる。ここでは実長や実際の角度を含めた平面図形の実形を透視図から求めたり，あるいはその逆に実形を透視図に移す作図法を考察する。

i）　基面の測点M_Γ

9-1-2 で既に述べたように，基面上の図形Φ，その透視図Φ^cとし，基面Γを基線gを軸として回転して画面∏に重ねたときのΦの回転位置をΦ_0とすると，その回転による回転弦の消点を基面Γの測点M_Γと定義した。このとき，ΦとΦ^cは空間的な配景的共線対応***Ko***［g，O］をなし，画面∏上では，Φ_0とΦ^cが平面配景的共線対応***Ko***［g，M_Γ］をなす。後者の画面∏上での図形の対応を本書では**ホモロジー対応**とも呼んできた。

図**9-23**において，基面Γ上の三角形(PQR)の透視図($P^cQ^cR^c$)が与えられたとき，その実形を求めてみよう。主点H，測点M_Γ($\overline{M_\Gamma H}=d$)は与えられているものとする。三角形のそれぞれの点の画面∏上での回転位置の平面図($P_0Q_0R_0$)が作図できればよい。基面Γ上の点Pを通り基線gに垂直な距離線f(P)の消点は主点Hであるから，点$\bar{P}$を［f(P)・g］とすると距離線f(P)の全透視f^c(P)＝(H$\bar{P}$)である。距離線f(P)は基面Γの回転によって画面∏上のf_0(P_0)に移るとすると，f_0(P_0)＝［$\bar{P}$, ⊥g］である。配景的共線対応は***Ko***(f_0)＝f^c，***Ko***［g，M_Γ］と定義でき，f^c($\bar{P}$)上の点P^cに対する点P_0は，P_0＝［f_0($\bar{P}$)・$M_\Gamma P^c$］として求まる。同様にして点Q，点Rについてもその回転位置の平面図Q_0，R_0が求まり，三角形(PQR)の実形($P_0Q_0R_0$)が得られる。

今度は逆に基面Γ上の正多角形の透視図を作図してみよう。図**9-24**において，前例同様の条件において，二点A^c，B^cが与えられている。ABを一辺とす

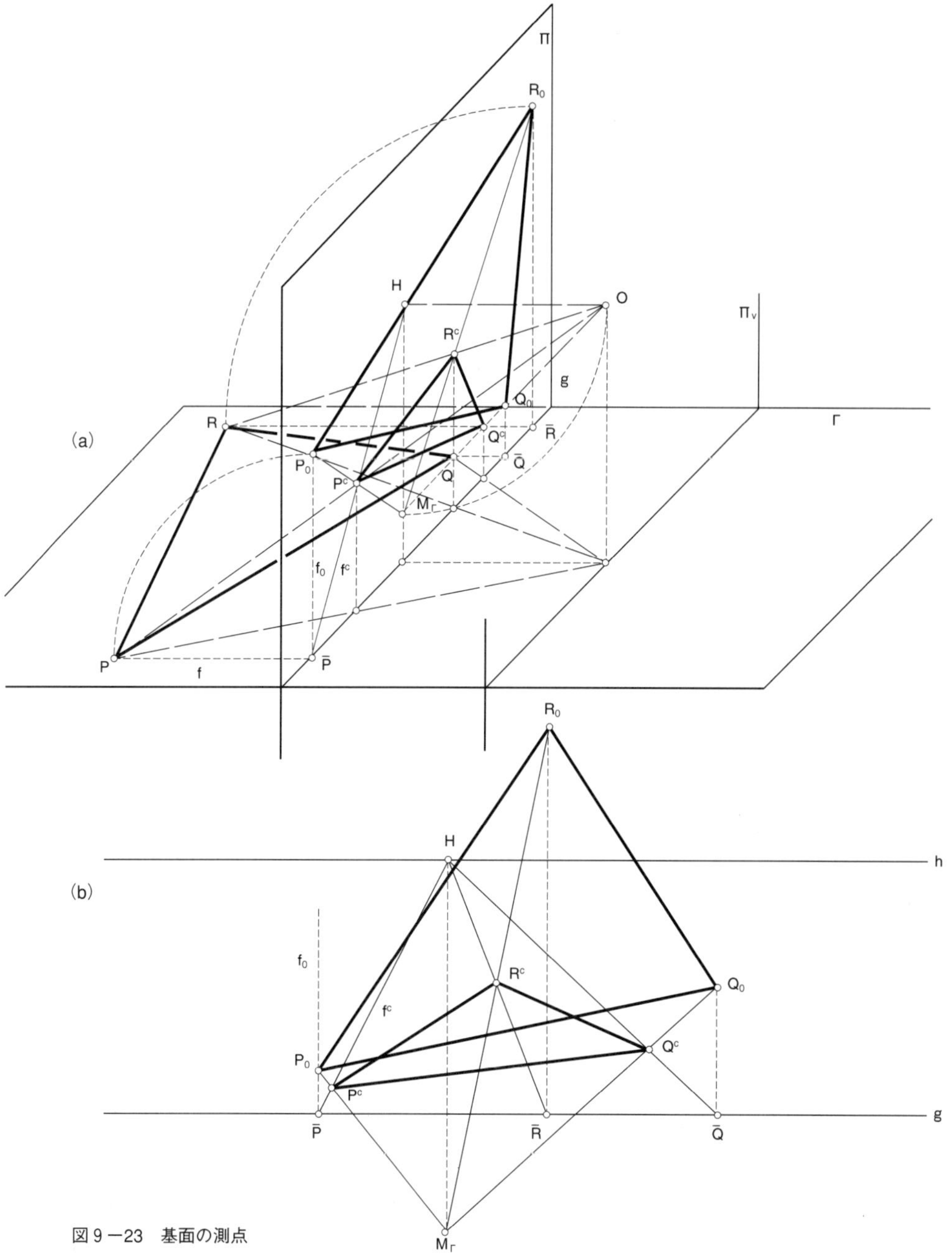

図９－23　基面の測点

る正五角形(ABCDE)の透視図を作図する。点Aは画面Π上の点でもある。前例同様の方法で，点B^cに平面配景的共線対応$\boldsymbol{Ko}[g,\ M_\Gamma]$する点$B_0$を求める(ただし，$g$，$M_\Gamma$は所与)。$\boldsymbol{Ko}(A^cB^c)=A_0B_0$なる$A_0B_0$を求め，$A_0B_0$を一辺とする正五角形$(A_0B_0C_0D_0E_0)$を作図し，点$C_0$，$D_0$，$E_0$を共線対応させ，それぞれ$C^c$，$D^c$，$E^c$の各点を作図する。たとえば点$E^c[E_0M_\Gamma\cdot\bar{E}H]$(ただし，点$\bar{E}[f_0(E_0)\cdot g]$，$f$：距離線とする)である。この場合点$D^c$は，距離線と回転弦のそれぞれの全透視の交点としては求めにくい。三点M_Γ，H，D_0がほとんど一直線上にあるからである。**1-3**で考察した平面配景的対応の基本的作図法により，点$F[D_0E_0\cdot g]$とし，点E^cが既知とすると，点$D^c[M_\Gamma D_0\cdot FE^c]$として求まる。他の点は前記の方法で求まる。

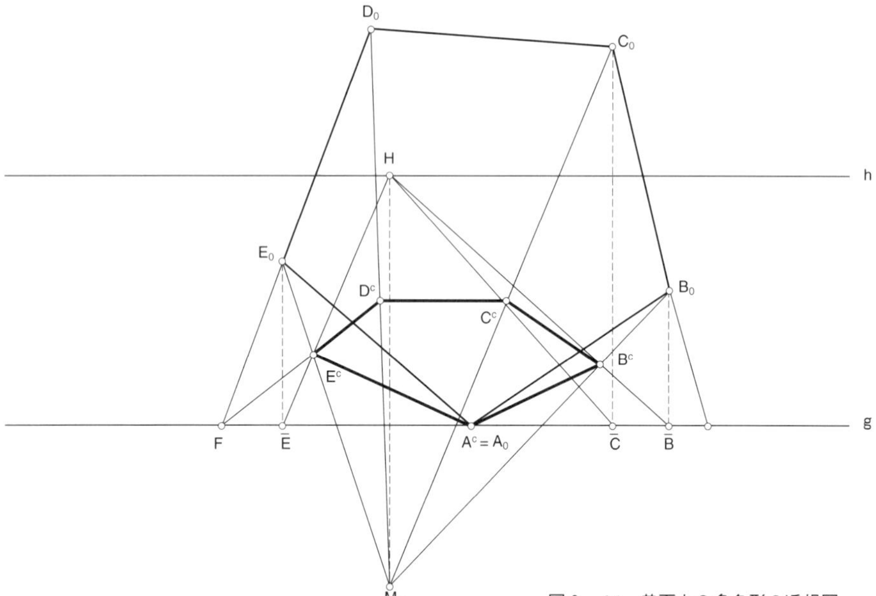

図９—24　基面上の多角形の透視図

ii)　一般的位置にある平面εの測点M_ε

基面Γ上の図形について成立した画面Π上に回転された実形図と透視図とのホモロジー対応は，一般的位置にある平面ε上の図形についても成立する。その場合，平面εの測点M_εが対応の中心となる。まず測点M_εを作図してみよう。

図**9-25**において，平面εの画面Π上の跡線e，消線e_u^c，主点H，視距離d，そして平面ε上の点Pの透視図P^cがそれぞれ所与とする。いま平面εを跡線eを軸にして回転して画面Πに重ねると，点Pは画面Π上の点P_0に重なるものとする。いま平面ε上で点Pより跡線eに垂線fを引きその足を$\bar{P}$とする。また視点Oを通り直線$P\bar{P}$に平行な視線は平面εの消線e_u^cと点F_u^cで垂直に交わる。点F_u^cは平面ε上の跡線eに垂直な直線fの消点である。回転弦PP_0の消点をM_εとすると，$PP_0 /\!/ OM_\varepsilon$。平面$(P\bar{P}P_0)\perp e$だから，平面$(OF_u^cM_\varepsilon)\perp e$。また，三角形$(P\bar{P}P_0)\backsim$三角形$(\overline{OF_u^cM_\varepsilon})$である。両方の三角形とも二等辺三角形であるから$\overline{M_\varepsilon F_u^c}=\overline{OF_u^c}$。三角形$(OHF_u^c)$は直角三角形であるから$(\overline{OF_u^c})^2=d^2+(\overline{HF_u^c})^2$，すなわち$F_u^cM_\varepsilon\perp e$，$(\overline{F_u^cM_\varepsilon})^2=d^2+(\overline{HF_u^c})^2$，すなわち$F_u^cM_\varepsilon\perp e$，$(\overline{F_u^cM_\varepsilon})^2=d^2+(HF_u^c)^2$。作図としては図**9-25b**のように平面$\varepsilon$の測点$M_\varepsilon$は求まる。

つぎに点Pの透視図P^cから回転位置P_0を求めてみよう。求める点P_0は，$P_0\in f_0[\bar{P},\perp e]$，$P^c\in f^c[\bar{P}F_u^c]$で$\boldsymbol{Ko}(f^c)=f_0$ただし$\boldsymbol{Ko}[e,\ M_\varepsilon]$である。平面配景的共線対応の射線を$p_\varepsilon$と表記すると，求める回転位置$P_0=[f_0(\bar{P})\cdot p_\varepsilon(P^c)]$である。対応の射線$p_\varepsilon(P^c)$は透視図として見れば，回転弦の全透視である。

平面上にもう一点Qの透視図Q^cが与えられ，PQを一辺とする正三角形を作図したのが図**9-25b**である。点Qの回転位置Q_0は，点Pについてと同様に求まる。一辺をP_0Q_0とする正三角形$(P_0Q_0R_0)$を作図し，点R_0について平面配景的共線対応を施せば，点R^cが求まる(この場合は，点R_0が点F_u^cに近いので，直線Q_0R_0が直線Q^cR^cに対応することに着目して，Q_0R_0と共線軸eとの交点(不動点)をSとすると，$R^c[Q^cS\cdot p_\varepsilon(R_0)]$)。

この方法によれば，平面ε上の図形について，実形と透視図の変換を容易に行なうことができる(円や球の透視図の作図にもこの方法は当然適用されるが，それについては **9-3-3** で取扱う）。上に考察した基面Γ上の図形の実形と透視図の対応は，一般的な位置にある平面εの特殊な場合であったが，それは基面Γの性格からして，透視図から平面図を作成する際に有用である。次に，平面εが基面Γに垂直なる場合を考えてみよう。

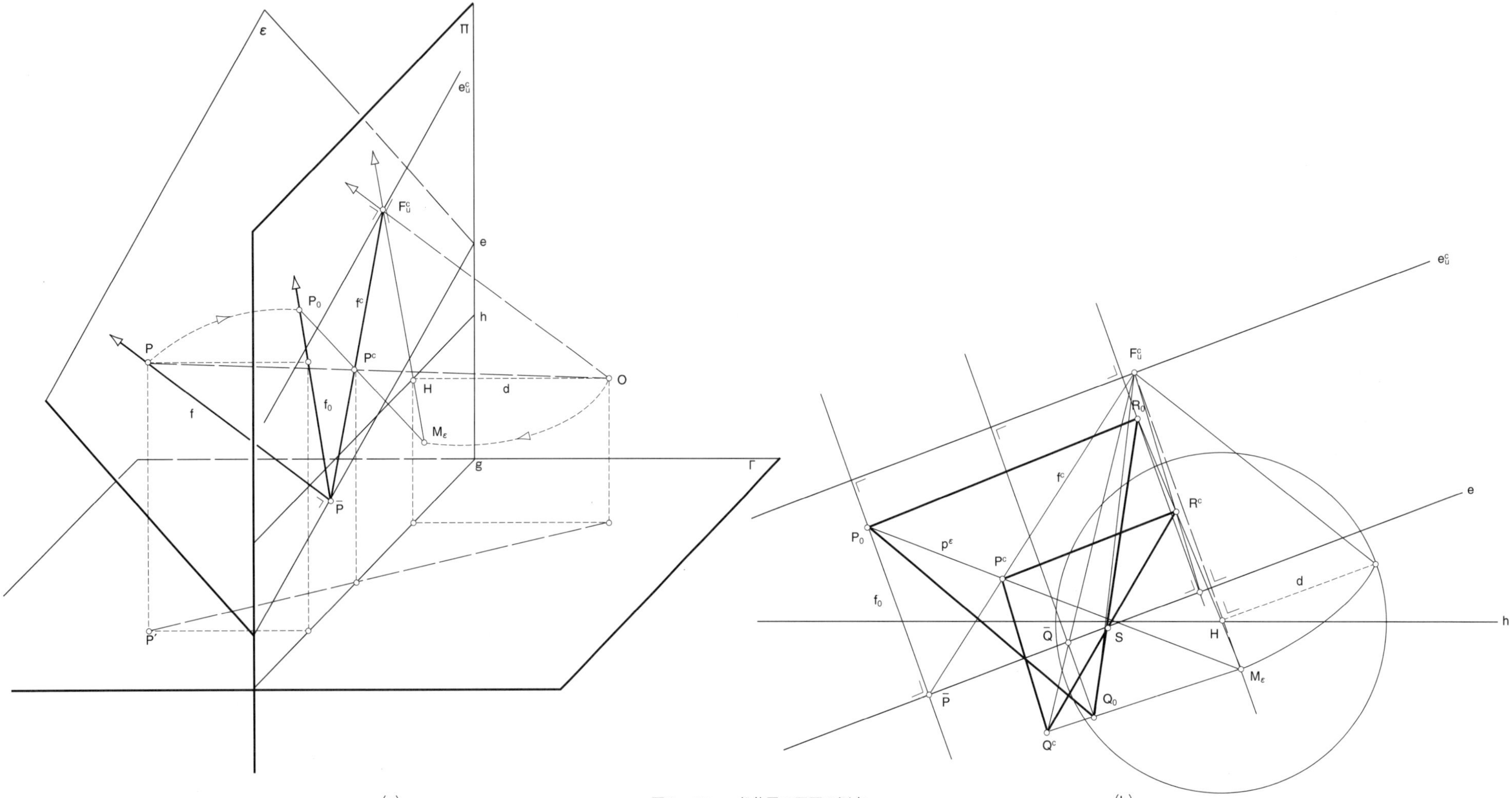

(a)　　図9－25　一般位置の平面の測点　　(b)

iii)　基面Γに垂直なる平面εの測点M_ε

前項で述べたように，平面εの測点M_εは，$F_u^cM_\varepsilon \perp e$，$(\overline{F_u^cM_\varepsilon})^2 = d^2 + (\overline{HF_u^c})^2$（H：主点，O：視点，$F_u^c$：平面ε上の画面Πとの交線$e$に垂直な直線の消点，$d$：視距離）と定義された。平面εが基面Γに垂直な場合，測点M_εは地平線h上にある。図**9-26**に示すように，この測点M_εは平面εの基面Γとの交線e_Γの測点でもある（**9-1-3**参照）。いま平面ε（e，e_u^c）（ただし$e \perp g$）上の与えられた三角形の透視図（$P^cQ^cR^c$）からその実形を求めてみよう（図**9-26**）。まず，主点Hと視距離dから測点M_εが地平線h上に求まる（点F_u^c：e_Γの消点，$(\overline{F_u^cM_\varepsilon})^2 = d^2 + (\overline{HF_u^c})^2$）。跡線$e$に垂直な平面ε上の直線を$f$とし，その透視図を$f^c$とする。画面Π上に回転された$f$を$f_0$とする。画面Π上で$f^c$と$f_0$は平面配景的共線対応 ***Ko***[$e$，$M_\varepsilon$]をなし，$f^c$，$f_0$の交点は共線軸上の不動点である。$f$(P)の透視図は$f^c(P^c)$であり，その消点は$F_u^c$である。点$\bar{P}$[$f^c(P^c)\cdot e$]とする。求める点$P_0$は直線$f_0$上にあり$f_0(\bar{P}) \perp e$である。すると，点$P^c$を通る共線対応の射線$p_\varepsilon(P^c)$[$M_\varepsilon P^c$]は，点$P_0$を通るはずであるから，点$P_0$[$f_0(\bar{P})\cdot p_\varepsilon(P^c)$]として求まる。他の二点も同様（点Qの求め方は図**9-25b**の点R^cの求め方を参考にせよ）。この方法は，逆に平面ε上の図形の

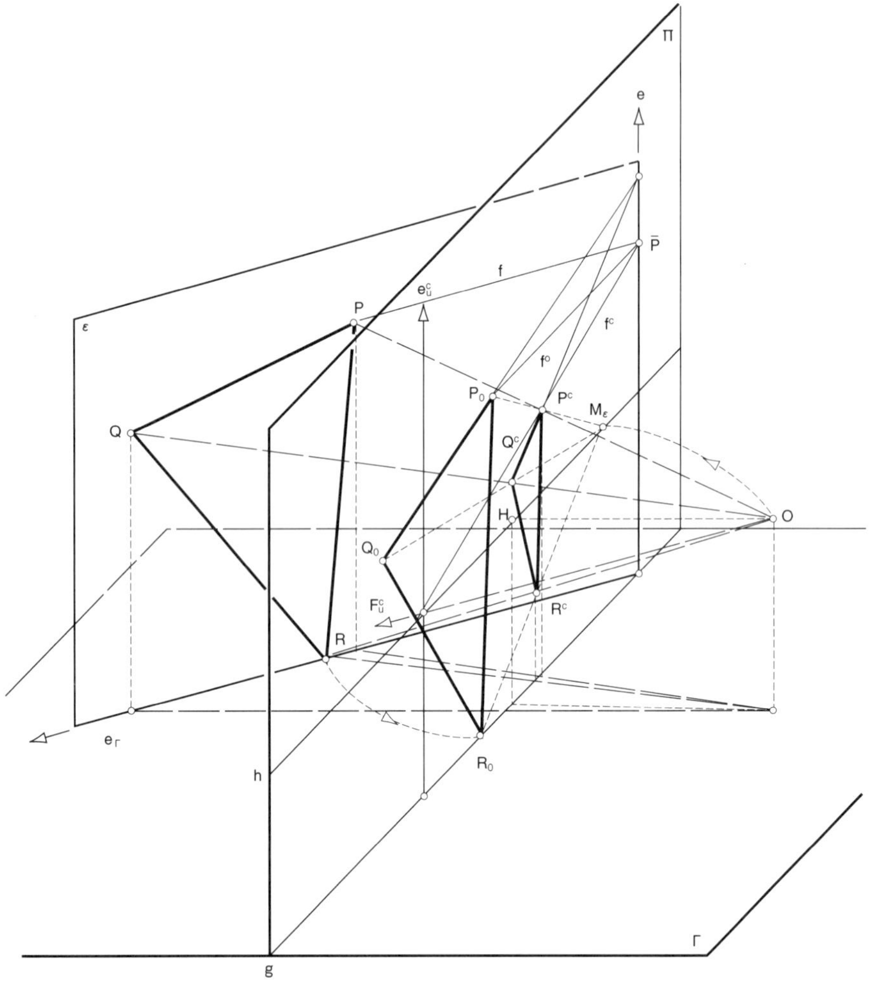

(a)

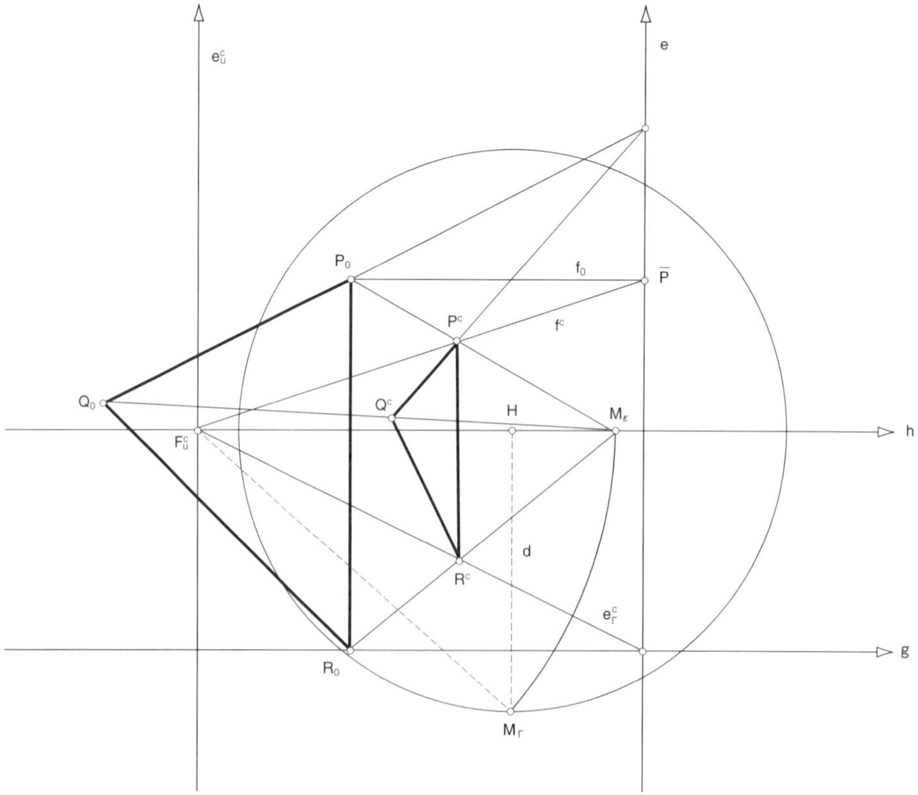

(b)

図9−26　基面に垂直な平面の測点

実形を透視図に変換する場合にも適用することができる。

上記の方法を用いて，上下方向にあおりのない建物の写真から，その立面図を作図することができる。あおりのある場合は，**9-4** で考察する傾斜画面による透視図であるがその場合も含めて，**9-5** で写真からの立面図の再構成について取扱う。

9-3-2　垂線，角度の作図

平面 ε 上の交わる二直線のなす実際の角度を透視図から求めるには，前項の方法によって，二直線の実形を作図すれば求めることができるが，実際の角度だけを知るには，二直線の乗っている平面 ε の測点 M_ε を用いてより簡単に求められる。

図 **9-27** に示すように基面 Γ 上の二直線 a，b のなす実際の角度 θ は，二直線 a，b の消点 A^c_u，B^c_u と視点 O を三頂点とする三角形（$OA^c_uB^c_u$）の項角 O であるから，この三角形（$OA^c_uB^c_u$）を基面 Γ の消線（地平線）h を回転軸として回転させ，画面 Π に重ねると，視点 O は測点 M_Γ に重なる。二直線のなす角度 $\theta = \angle(A^c_uM_\Gamma B^c_u)$ である。図 **9-27b** には，二直線 a，b の実形図 a_0，b_0 も示す。

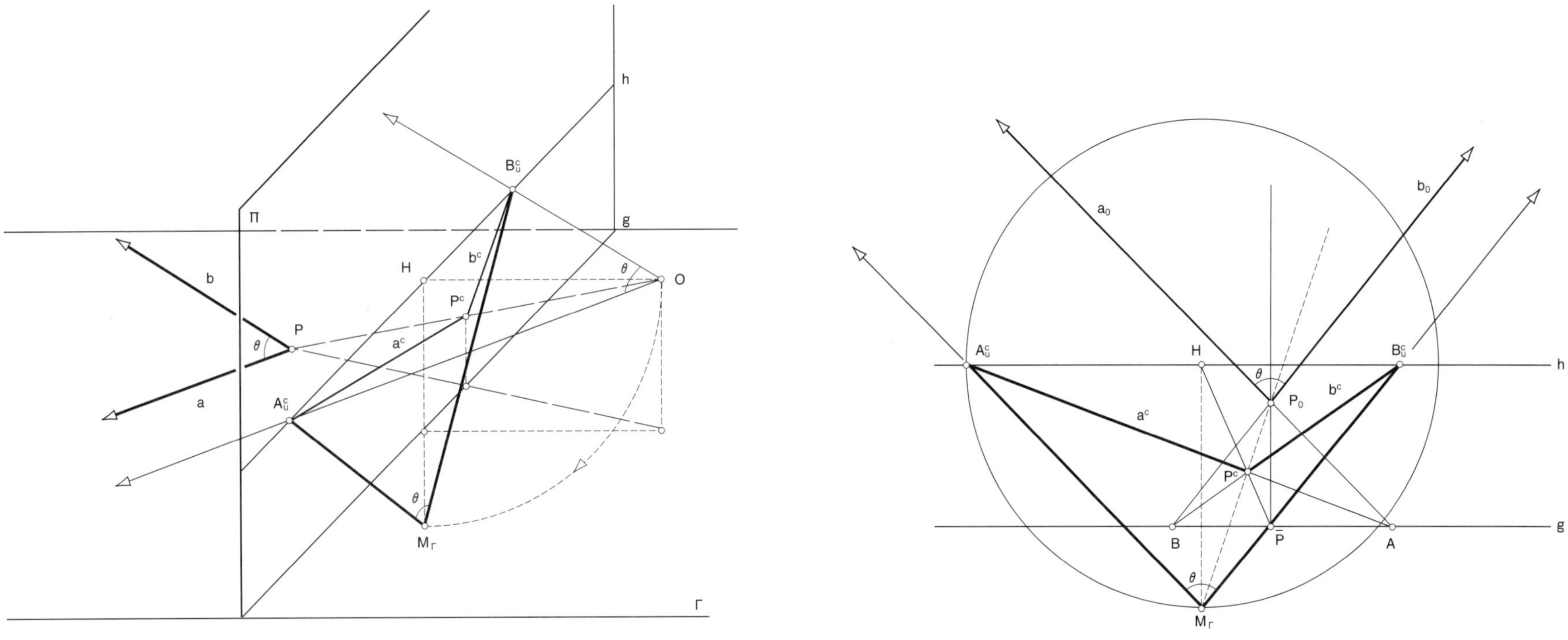

(a)　　(b)

図9－27　二直線の夾角

一般平面 ε 上の二直線 a，b の場合も，全く同様である。平面 ε の測点 M_ε の作図は **9-3-1-ii)** を参照せよ。図 **9-28** に，二直線 a，b のなす角度 θ を示す。また，実形図 a_0，b_0 を参考に示す。このとき，直線 a^c と a_0 また，b^c と b_0 は，共線軸を e，中心を M_ε とする平面配景的共線対応をなす。

二直線のなす実際の角度を求める方法を用いて，垂線や直角の透視図を作図することができる。一般平面 ε 上に直線 a が透視図 a^c と消点 A_u^c により与えられるとき，同じく平面 ε 上の点Pから垂線 b を引いてみよう。垂線 b の消点 B_u^c を決定できれば垂線の透視図が $b^c[B_u^cP^c]$ として作図でき，垂線の脚 $Q^c[a^c \cdot b^c]$ として求まる。

図 **9-29** において，平面 ε（e_u^c，e）と平面 ε の測点 M_ε および，平面 ε 上の跡線 e に垂直な直線 f の消点 F_u^c が与えられているとき，直線 a の透視図 a^c が全透視 $[AA_u^c]$ で示され，点Pが透視図 P^c で示されている。点Pを通る垂線 b の消点 B_u^c は，$\angle(A_u^cM_\varepsilon B_u^c) = \angle R$ なる点として作図できる。よって垂線 $b^c[B_u^cP^c]$，垂線の脚 $Q^c[a^c \cdot b^c]$ である。この方法は，平面 ε がいかなる特殊平面であっても，適用できる。

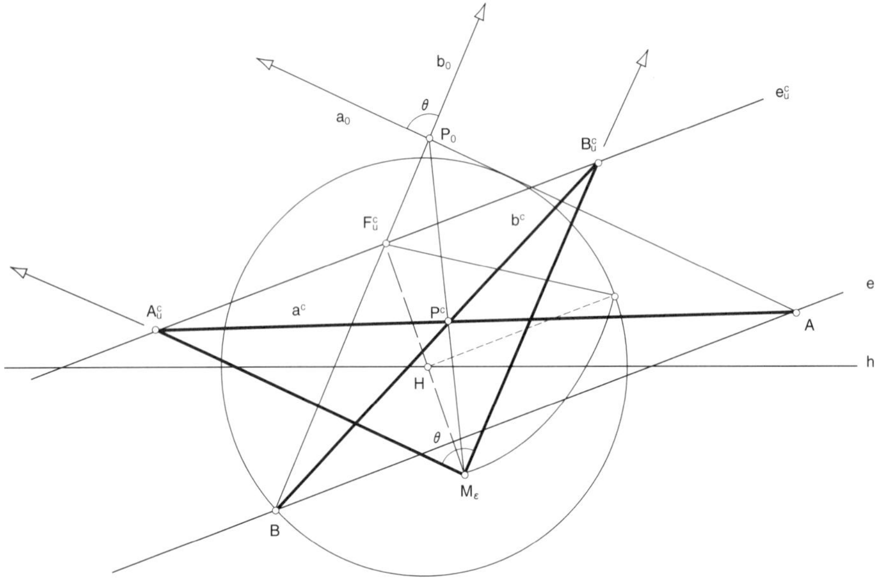

図9－28　一般位置にある平面上の二直線の夾角

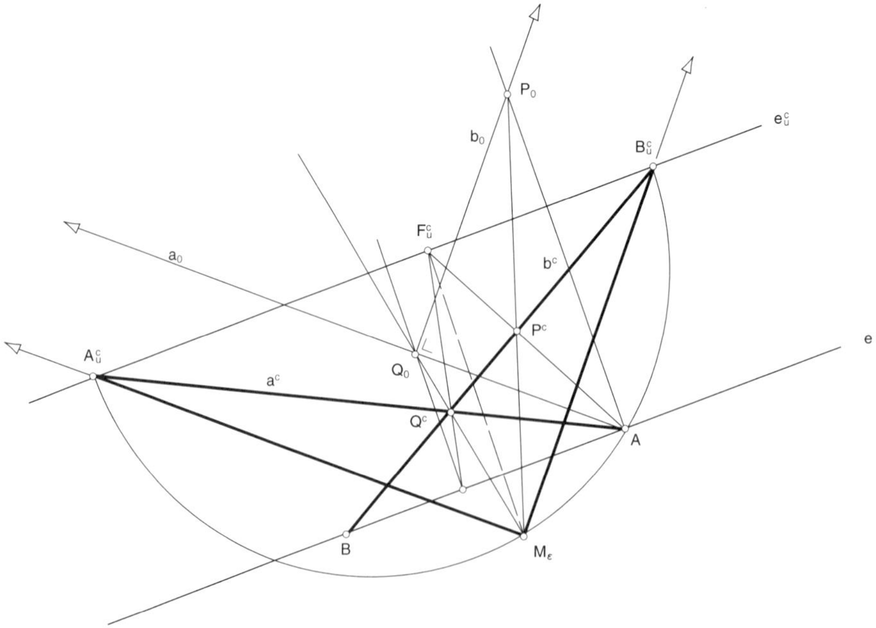

図9－29　直線への垂線

次に，平面 ε 上にない点 P (P^c, P'^c) から平面 ε (e_u^c, e_Γ^c) に垂線 PQ (但し，点 Q：垂線の脚) を作図してみよう (図 **9-30**)。作図手順は，1) 点 P を含み，平面 ε と基面 Γ に垂直な平面 μ を作図し，交線 s [$\varepsilon \cdot \mu$] を求める。2) 平面 μ 上で，点 P から交線 s に垂線を下しその脚 Q を求める，となる。

1) 平面 μ の基面との交線 m_Γ は，点 P の基面上の平面図 P′ を通り e_Γ に垂直であるから，前項の方法で m_Γ の消点 M_u^c，平面 μ の消線 m_u^c が決定される。このとき $\mathrm{E}_u^c\mathrm{M}_\Gamma \perp \mathrm{M}_u^c\mathrm{M}_\Gamma$，$m_u^c \perp h$，二平面 ε，μ の交線 s^c [$\mathrm{S}_\Gamma^c\mathrm{S}_u^c$]，ただし，$\mathrm{S}_\Gamma^c = [e_\Gamma^c \cdot m_\Gamma^c]$，$\mathrm{S}_u^c = [e_u^c \cdot m_u^c]$ である (二平面の交線の作図は **9-2-3** 参照)。

2) 1) で決定された平面 μ 上で，同じく平面 μ 上の点 P から二平面 ε，μ の交線 s (同じく平面 μ 上にある) に垂線を下す。平面 μ の測点 $\mathrm{M}_\mu \in h$，$\overline{\mathrm{M}_\Gamma\mathrm{M}_u^c} = \overline{\mathrm{M}_\mu\mathrm{M}_u^c}$ である。点 P を通って直線 s に直交する直線 r の消点 R_u^c は，$\angle(\mathrm{S}_u^c\mathrm{M}_\mu\mathrm{R}_u^c) = \angle\mathrm{R}$，$\mathrm{R}_u^c \in m_u^c$ なる点 R_u^c として求まる。よって垂線の足 Q の透視図 Q^c [$s^c \cdot r^c$]，ただし，r^c [$\mathrm{P}^c\mathrm{R}_u^c$]。なお，基面 Γ に垂直な平面 μ 上の点 P を通り直線 s に直交する直線 r は，**9-3-1** のホモロジー対応による平面 μ 上の図形の実形を得る方法でも作図できる。各自試みられたい。

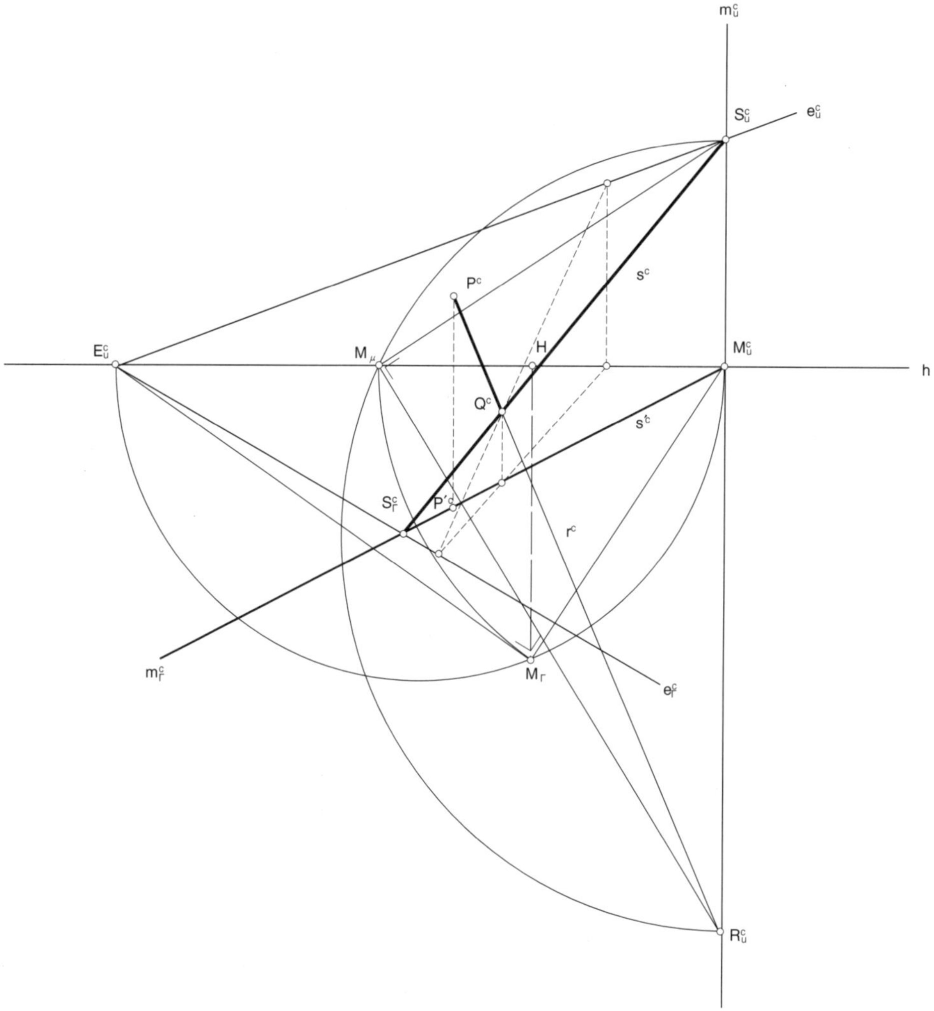

図 9－30　平面への垂線

9-3-3　円の透視図

平面 ε 上の円の透視図を描いてみよう。ところで，まず，本章冒頭で直線の透視図の円環的性質について述べたことを想起してほしい。つまり直線の消滅点の透視図は，透視図直線上の二方向の無限遠点であり，直線の消点は，直線の二方向の無限遠点の透視図であった。それでは，平面 ε 上の円と消滅平面との関係においても，直線の消滅点についてと同じようなことが生ずるであろう。

平面 ε 上の円 k が消滅平面 $\prod_v$ と，共役な二つの虚点*で，あるいは同一の実点(一致した二つの実点)で，または二つの異なる実点で，それぞれ交わるとき，円 k の透視図 k^c は，それぞれ，楕円，放物線，双曲線となる。円 k 上の点と円 k 上の点と視点Oを結んだ視線の作る視円錐の画面 $\prod$ による切断は，画面の角度によって異なった三種の円錐曲線を生むこと(**6-3-1** 参照)を想起されたい。三様の場合を順を追って考察する。

i）一般的な平面 ε 上の円の透視図を考えよう(図 **9-31**，与条件：e_u^c，e，F_u^c $(\in e_u^c)$，M_ε)。図 **9-25**における跡線 e を軸とする平面 ε の画面 $\prod$ への回転の際に，消滅平面 $\prod_v$ と平面 ε の交線(消滅線)e_v も一緒に回転させて画面 $\prod$ に重ね，それを e_{v0} とすると，図 **9-31**を得る。このとき，$\overline{\mathrm{M}_\varepsilon \mathrm{F}_u^c}$ は，跡線 e と消滅線 e_{v0} の距離に等しい。点 F_u^c(跡線 e に垂直な平面 ε 上の直線 f の消点)，平面 ε の測点 M_ε は既知とする(求め方は **9-3-1-ii** 参照)。いま，画面 $\prod$ 上に重ねられた回転位置の円 k_0 $[\mathrm{K}_0,\ r]$ が回転位置の消滅線 e_{v0} に交わらない場合の円の透視図 k^c(楕円)を作図する。楕円は共役二直径が与えられれば作図できる(**1-5** 参照)。

円 k の中心Kの透視図 K^c は，点 $\bar{\mathrm{K}}$ $(\in e)$ を $\bar{\mathrm{K}} = [f_0(\mathrm{K}_0)\cdot e]$(ただし $f_0 \perp e$)とし，円 k_0 と透視図 k^c との共線対応 ***Ko*** $[e, \mathrm{M}_\varepsilon]$ の射線を p_ε とすると，透視図 $\mathrm{K}^c = [f^c(\bar{\mathrm{K}})\cdot p_\varepsilon(\mathrm{K}_0)]$(ただし ***Ko*** $(f_0) = f^c$，つまり $f^c(\bar{\mathrm{K}})[\bar{\mathrm{K}}\,\mathrm{F}_u^c]$)である。円 k_0 上の二点 A_0，B_0 $(\mathrm{A}_0\mathrm{B}_0 \perp e,\ \mathrm{K}_0 \in \mathrm{A}_0\mathrm{B}_0)$ の透視図 A^c，B^c は，共線対応から $\mathrm{A}^c = [f^c(\bar{\mathrm{K}})\cdot p_\varepsilon(\mathrm{A}_0)]$，$\mathrm{B}^c = [f^c(\bar{\mathrm{K}})\cdot p_\varepsilon(\mathrm{B}_0)]$ である。ところで，点 A_0，B_0 における接線は共線軸 e に平行であるから，平面配景的共線対応においてもやはり同様に平行な直線に対応するから(**1-3** 参照)，点 A^c，B^c における楕円 k^c の接線は共線軸 e に平行である。つまり $\mathrm{A}^c\mathrm{B}^c$ を一直径とする楕円のもう一つの共役なる直径は共線軸 e に平行なはずである。そこで，$\mathrm{A}^c\mathrm{B}^c$ の中点を N^c とし，N^c に対する直線 f_0 $[\bar{\mathrm{K}}]$ 上の点を N_0 とする。直線 c_0 $[\mathrm{N}_0,\ /\!/ e]$ とし，点 C_0，D_0 $[c_0,\ k_0]$ とすると，二点 C_0，D_0 に共線対応する二点 C^c, D^c は，直線 c_0 $[\mathrm{N}_0,\ /\!/ e]$ に対応する c^c $[\mathrm{N}^c, /\!/ e]$ 上に，$\mathrm{C}^c = [c^c\cdot p_\varepsilon(\mathrm{C}_0)]$，$\mathrm{D}^c = [c^c\cdot p_\varepsilon(\mathrm{D}_0)]$ として求まる。よって円 k の透視図 k^c は中心を N^c，共役軸を $\mathrm{A}^c\mathrm{B}^c$，$\mathrm{C}^c\mathrm{D}^c$ とする楕円である。

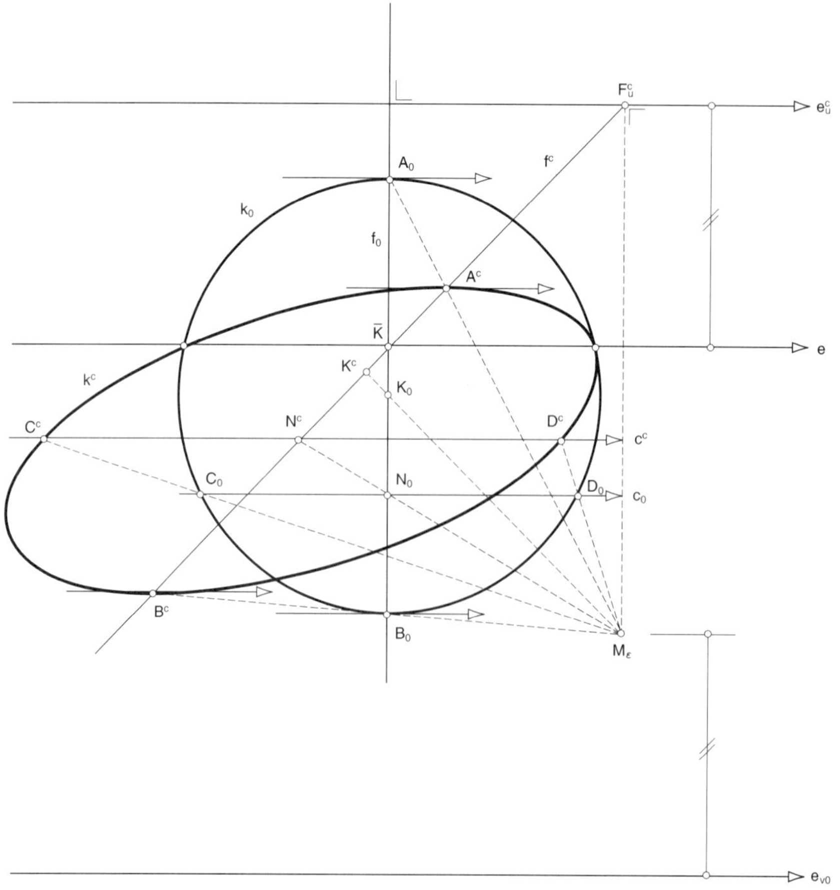

図 9－31　円の透視図(1)

* ユークリッド幾何学空間に複素数の座標が導入され，虚点あるいは虚線などを定義すると，円は常に二点で交わることになる。

ii）平面 ε 上の円 k が消滅線 e_v と一点Uで接する場合，透視図 k^c は放物線となる(図**9-32**)。上記 i)同様，e_u^c，e，e_{v0}，F_u^c($\in e_u^c$)，M_ε が与えられ，円 k の画面∏上への回転位置も円 k_0［K_0，r］で同じく与えられているものとしよう。円 k_0 は回転位置にある消滅線 e_{v0} に点 U_0 で接する。

作図手順は，1)放物線の軸と頂点を求め，2)円 k_0 上の任意の二点 A_0，B_0 とその上の接線 a_0，b_0 を共線対応 ***Ko***［e，M_ε］によって，二点 A^c，B^c，二接線 a^c，b^c を求める。放物線 k^c は，その上にある二点とその二点上の接線の交点から作図できる(図**6-19**参照)。もちろん，この方法以外に，共線対応を円 k_0 上のいくつかの点について行ないそれらを結べば放物線 k^c を描くことができる。

まず，透視図 k^c(放物線)の頂点と軸を求めよう。平面 ε の測点 M_ε と，円 k_0 が消滅線 e_{v0} と接する点 U_0 とを結ぶ直線 u_0 の無限遠点が点Uの透視図 U^c であるから，直線 $M_\varepsilon U_0$ は放物線 k^c の軸の方向を与える(画面∏上での共線対応によって，点 U_0 は放物線 k^c 上の無限遠点 U^c に対応するからである)。測点 M_ε から $M_\varepsilon U_0$ に対して垂線を引き e_{v0} との交点を V_0 とする。点 U_0 が共線対応で $M_\varepsilon U_0$ の無限遠点 U^c に対応したのと同様，点 V_0 は $M_\varepsilon V_0$ の無限遠点 V^c に対応する。点 V_0 より円 k_0 に接線 v_0 を引き，接点を S_0 とする。直線 $S_0U_0 = s_0$ とする。直線 s_0，接線 v_0，接点 S_0 は共線対応によって s^c，v^c，S^c に移され($s^c /\!/ M_\varepsilon U_0$，$v^c /\!/ M_\varepsilon V_0$)，すなわち $s^c \perp v^c$ であり，放物線 k^c の頂点は S^c である。

つぎに，円 k_0 上に任意に二点 A_0，B_0 をとり，その上に接線 a_0，b_0 を引き，その交点を C_0 とする。それらは共線対応によって A^c，B^c，a^c，b^c，C^c に移される。放物線上の二点 A^c，B^c と，その上の接線 a^c，b^c および接線の交点 C^c により，放物線 k^c が作図できる(図**6-19**参照)。

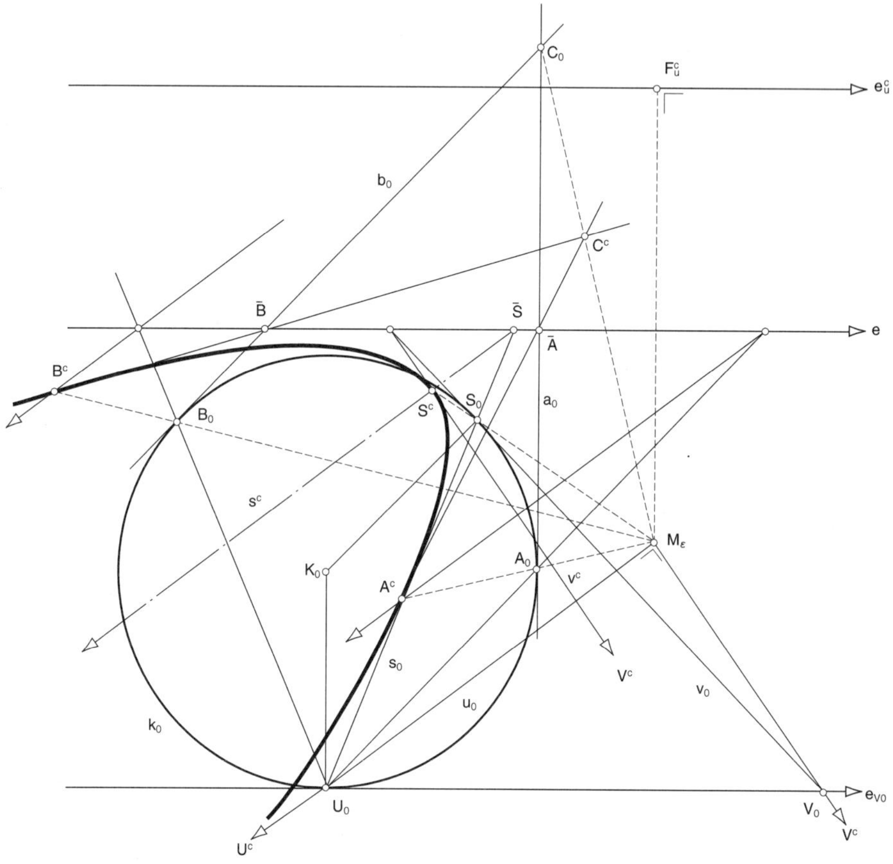

図9－32　円の透視図(2)

iii）平面 ε 上の円 k が消滅線 e_v と二つの実点で交わる場合，透視図 k^c は双曲線となる(図 **9-33**)。上記 i) ii) 同様，平面 ε（e_u^c，e，e_{v0}），$F_u^c(\in e_u^c)$，M_ε は与えられており，回転位置の円 k_0［K_0，r］も同じく与えられているものとしよう。円 k_0 は e_{v0} と二点 U_0，V_0 で交わっている。

作図手順は，1）双曲線の漸近線と軸および頂点を求め，2）k_0 上の任意の点について配景的共線対応 ***Ko***［e，M_ε］を行ない，それらを結び k^c を作図する。

まず，円 k_0 上の二点 U_0，V_0 で接線 u_0，v_0 を作り，その交点を N_0 とする。u_0，v_0 に共線対応を施すと，u^c，v^c を得，その交点が N^c である。$u^c /\!/ M_\varepsilon U_0$，$v^c /\!/ M_\varepsilon V_0$ である（共線対応によって U_0 は $M_\varepsilon U_0$ の無限遠点に，V_0 は $M_\varepsilon U_0$ の無限遠点に移る）。この u^c，v^c が双曲線 k^c の漸近線である。それらのなす角の二等分線 s^c が双曲線の軸で，共線対応により s^c は s_0 に対応する(点 $\bar{S}$［s^c・e］とすると s_0［$\bar{S}N_0$］)。S_0，T_0［s_0・k_0］とすると(この場合，点 T_0 に対応する点 T^c は，もう一方の双曲線の頂点である)，S_0 に共線対応する S^c が主軸上の頂点である。

次に，円 k_0 上の点のいくつかに対して，共線対応を行なう。その作図方法は原則的には **1-3** で触れた平面配景的共線対応を行なえばよいわけであるが，ここでは二つの方法を考えてみる。

一つは，ホモロジー対応で多用した方法で，平面 ε 上の跡線 e に垂直な直線 f を用いる方法で，点 A_0 の透視図 A^c はその方法で求めてある。他方は円 k_0 上で共線対応を行なうと無限遠点に移される点 U_0 または点 V_0 と円 k_0 上の点を結び，その直線と共線対応させる方法である。図中では点 B_0 と V_0 を結び跡線 e との交点を $\bar{B}$ とし共線対応を施すと，直線 B_0V_0 は，e 上の点 $\bar{B}$ を通って $M_\varepsilon V_0$ に平行な直線に移される。それと対応射線 $M_\varepsilon B_0$ との交点が透視図 B^c である。

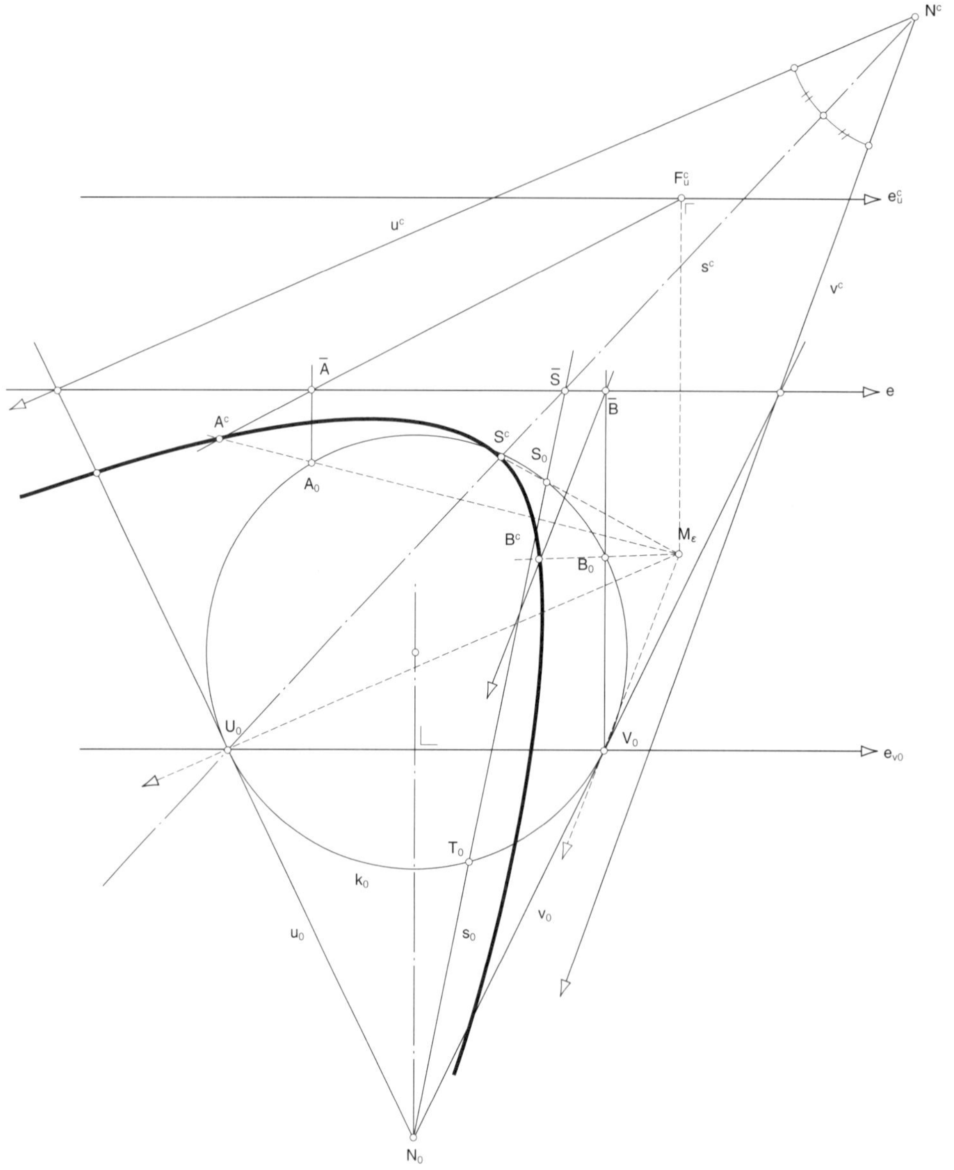

図9－33　円の透視図(3)

9-3-4　球の透視図

球$\Sigma[\mathrm{K},r]$の透視図u^cとは，視点Oを頂点とし球Σに外接する円錐Λの，画面Πによる切断線u^cであるから，視円錐Λの球Σへの外接円kと消滅平面Π_vとの位置の関係から，前項と同様に三様の透視図(楕円，放物線，双曲線）が考えられる。ここでは楕円の場合のみを取り上げよう(図**9-34**)。

球$\Sigma[\mathrm{K},r]$の中心点K (K^c, K'^c)が与えられている。基面Γの測点をM_Γとすると，基面Γを画面Πに重ねたときのK'の回転位置は，**9-3-1**のホモロジー対応によってK_0'である。K_0'から基線gに下した垂線の脚を$\bar{\mathrm{K}}$とする。すなわち球Σの中心Kは画面Πから$\overline{\mathrm{K}_0'\bar{\mathrm{K}}}$の距離にある。いま視点O，主点H，球$\Sigma$の中心Kを含む平面$\varepsilon$を考える($\varepsilon\perp\Pi$)。画面$\Pi$上の平面$\varepsilon$の跡線$e$は$[\mathrm{K}^c\mathrm{H}]$である。平面$\varepsilon$の測点を$\mathrm{M}_\varepsilon$とすると，$\mathrm{M}_\varepsilon\mathrm{H}\perp e$，$\overline{\mathrm{M}_\varepsilon\mathrm{H}}=\overline{\mathrm{M}_\Gamma\mathrm{H}}=d$(視距離)。平面$\varepsilon$上の点Kの実際の位置$\mathrm{K}_0$は，平面$\varepsilon$を跡線$e$を軸に回転して画面$\Pi$に重ねたとき，$\mathrm{M}_\varepsilon\mathrm{K}^c$上にある。点Kの画面からの距離は上で求めた$\overline{\mathrm{K}_0'\bar{\mathrm{K}}}$であることから$\mathrm{K}_0$が求まる*。

つぎに、平面ε上の球Σの大円$k_0[\mathrm{K}_0,r]$をつくり，測点M_εから円k_0に接線を引き跡線eとの交点をA，Bとし，直線$f[\mathrm{K}_0,\perp e]$とし，点F_{10}，$\mathrm{F}_{20}=[f\cdot k_0]$とすると，**6-2-1**および**6-3-1**の円錐に内接するダンデリンの球の性質より，ABは求める球の透視図楕円u^cの長軸を与え，$\mathrm{M}_\varepsilon\mathrm{F}_{10}$，$\mathrm{M}_\varepsilon\mathrm{F}_{20}$と跡線$e$との交点$\mathrm{F}_1$，$\mathrm{F}_2$は，楕円$u^c$の二焦点を与える。ABの中点をUとし，Uを通りABに垂直な短軸をつくる。楕円u^cの短軸半径を$\overline{\mathrm{UC}}$とすると，三角形($\mathrm{UF_1C}$)の一辺$\overline{\mathrm{F_1C}}=\overline{\mathrm{AB}}/2=\overline{\mathrm{UA}}$であるから*2 短軸半径UCが求まり，**1-5**の楕円の作図法により，u^cは作図される。

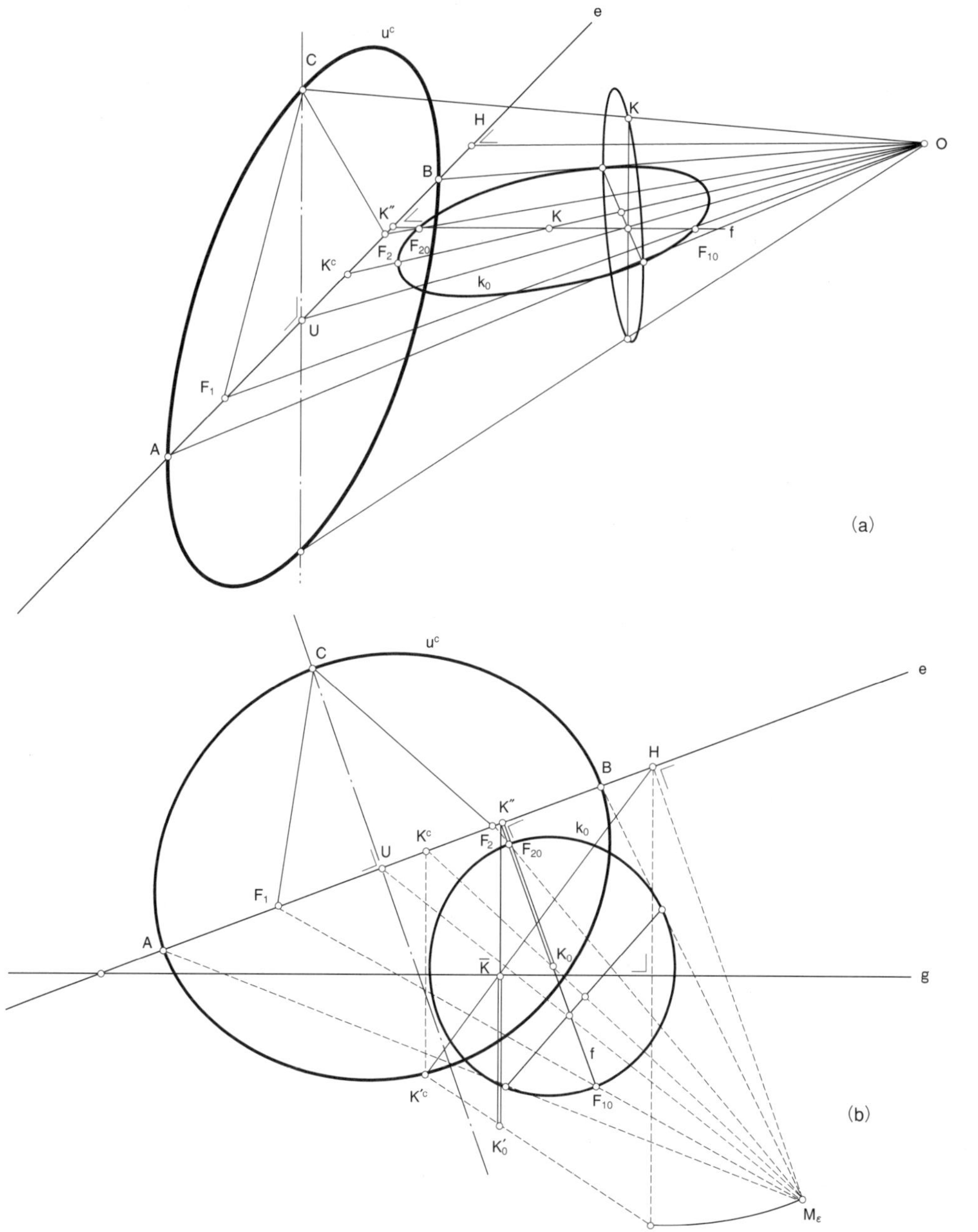

図9－34　球の透視図

*　点K_0から跡線eに垂線を下し，その脚をK″とすると，K_0'，$\bar{\mathrm{K}}$，K″は基線gに垂直な対応線上に並ぶ。すなわち，K″は点Kの立面図である(**9-1-2**参照)。また，跡線eを副基線x_{23}と考えてもよい。

*2　上巻図**2-15**において$\triangle \mathrm{O^s FP^s}$の辺$\overline{\mathrm{FP^s}}=\overline{\mathrm{O^s S^s}}$である。

9-4　傾斜画面の透視図法

本項では，画面Πが基面Γに直立していない場合の透視図法を考察する。この場合，主点Hは地平線h上になく，主点Hが地平線hより上方にあるときを（主視線が上向き），**仰観透視図**と呼び，下方にあるとき（主視線が下向き），**俯瞰（鳥瞰）透視図**と呼ぶが，幾何学的には同じことであるので，以下の記述においては，一方の考察は簡略に記すことにする。

9-4-1　組　　立　　法

組立法とは空間中の点Pの基面Γ上への平面図P′と，点Pの基面からの距離（高さ）P′Pを知って，まず，平面図P′の透視平面図P'^cを求め，その上に高さPP′の透視図を組み立てて点Pの透視図対（P^c, P'^c）を得る方法である。

基面Γを基線gを軸に回転して画面Πに重ね，P′の回転位置P'_0を得，その回転弦$P'P'_0$の消点M_Γ（視点Oを地平線hを軸に回転して画面Π上に重ねて得られる。**基面Γの測点**と呼ぶ。**9-1-2**参照）を求めると，画面Π上で，P'_0とP'^cはM_Γを中心とし基線gを共線軸とする平面配景的共線対応をなすから，点Pの透視平面図P'^cが求まる。ここまでは**9-1-2**の直立画面の組立法と同様である。次に，その上に高さを組み立てるわけだが，傾斜画面の場合，高さ方向の直線の透視図は一つの消点Z^c_uに収斂するので，基面上の図形の透視図を得るのに測点M_Γを利用したような工夫を要する。詳しくは図についてみて見よう。

図**9-35**において基面Γの測点M_Γの求め方は，**9-3-1-ii**）で考察した一般的位置にある平面εの測点M_εの求め方と同じである。つまり，$(\overline{M_\Gamma F^c_u})^2=(\overline{OF^c_u})^2=d^2+(\overline{HF^c_u})^2$，$M_\Gamma F^c_u \perp h$（$F^c_u$：基面$\Gamma$上の基線$g$の垂線$f$の消点）。$P'_0$を与件とし，$\bar{P}[f_0(P'_0)\cdot g]$（$f_0$：$f$の回転位置，$f_0\perp g$，$f^c$：$f$の透視図）とすると，$P'^c[f^c(\bar{P})\cdot p_\Gamma(P'_0)]$（ただし，$p_\Gamma(P'_0)[M_\Gamma P'_0]$は$M_\Gamma$を中心とする共線対応の射線，$f^c(\bar{P})[\bar{P}F^c_u]$ は$f(\bar{P})$ の全透視）。

次にP'^cの上に高さP'^cP^cを組み立ててみよう*。いまPP′と画面Πとの交点をNとする。点Nを中心にして点P′および点Pを画面Πに垂直な平面上を回転させて画面Πに重ね，それぞれP'_{00}, P_0を得るとする。P'_{00}, P_0はともに$f_0(\bar{P})$上にある。いま回転弦$P'P'_{00}$の消点を求めてみよう。点P′を画面Π上の点$P'_{00}(\in f_0)$に回転して重ねる操作は，直線PP′を含み基面Γに垂直な平面σを，画面Πとの交線s［$N\in s$, $s /\!/ g$］を軸にして回転し画面Πに重ねることである。平面σ上の交線sに垂直な直線（つまりz軸方向）の消点は，視線p_0［O, $\perp\Gamma$］と画面Πとの交点$Z^c_u[p_0\cdot\Pi]$である。このZ^c_uは平面σの消線s^c_u上にあり，いまs^c_uを軸にして視点Oを回転させて画面Πに重ねた点M_σ（$\in F^c_uZ^c_u$, $F^c_uZ^c_u\perp h$, g，同じく$M_\Gamma\in F^c_uZ^c_u$）が，平面σの画面Πへの回転による回転弦の消点，すなわち平面σの測点M_σである。

回転位置の点P'_{00}, P_0はそれぞれその透視図P'^c, P^cと画面Π上で共線対応***Ko***$[s, M_\sigma]$するから，

$$P'_{00}=[p_\sigma(P'^c)\cdot f_0(\bar{P})]$$

　ただし，

　$p_\sigma(P'^c)$：P'^cを通りM_σを中心とする共線対応の射線，$M_\sigma P'_{00}$は回転弦の全透視。

　$f_0(P)$：点Pを通る平面σ上のz軸方向の直線f_σの回転位置。

　P'^c, $f_0(\bar{P})$：既知

$f_0(\bar{P})$上に$\overline{P'_{00}P_0}=\overline{P'P}$なる$P_0$をとると，

$$P^c=[p_\sigma(P_0)\cdot P'^cZ^c_u]$$

　ただし，

　$p_\sigma(P_0)$：（$=M_\sigma P_0$）P_0を通る共線対応射線，また，回転弦PP_0の全透視。

　$P'^cZ^c_u$：点Pを含む基面Γへの垂線f_σの全透視。

　　また，$N\in P'^cZ^c_u$

*　この方法は，F. Hohenberg, *Konstructive Geometrie in der Technik,* 1956, Wien, p.115～（邦訳『技術における構成幾何学』上巻p.133～）による。

こうして平面図P′と基面からの距離$\overline{PP'}$で与えられた点Pの透視図対(P'^c, P^c)が求まる。図 **9-35b** には点Qの透視図の作図も示される。点Q'_0が$Z^c_u F^c_u$の近くにある場合，共線対応の射線p_Γ, p_σとf^c, f_0との交点が作図しにくくなる。そこでQ'_0を，hやgに沿って任意の位置まで平行移動させて，R'_0とし，その点Rに対して点Qの高さ$\overline{Q'_{00}Q_0}$(=$\overline{R'_{00}R_0}$)を組み立てて，R'^cとR^cを求め，また元に平行移動させることにより，透視図Q'^cとQ^cを得る。

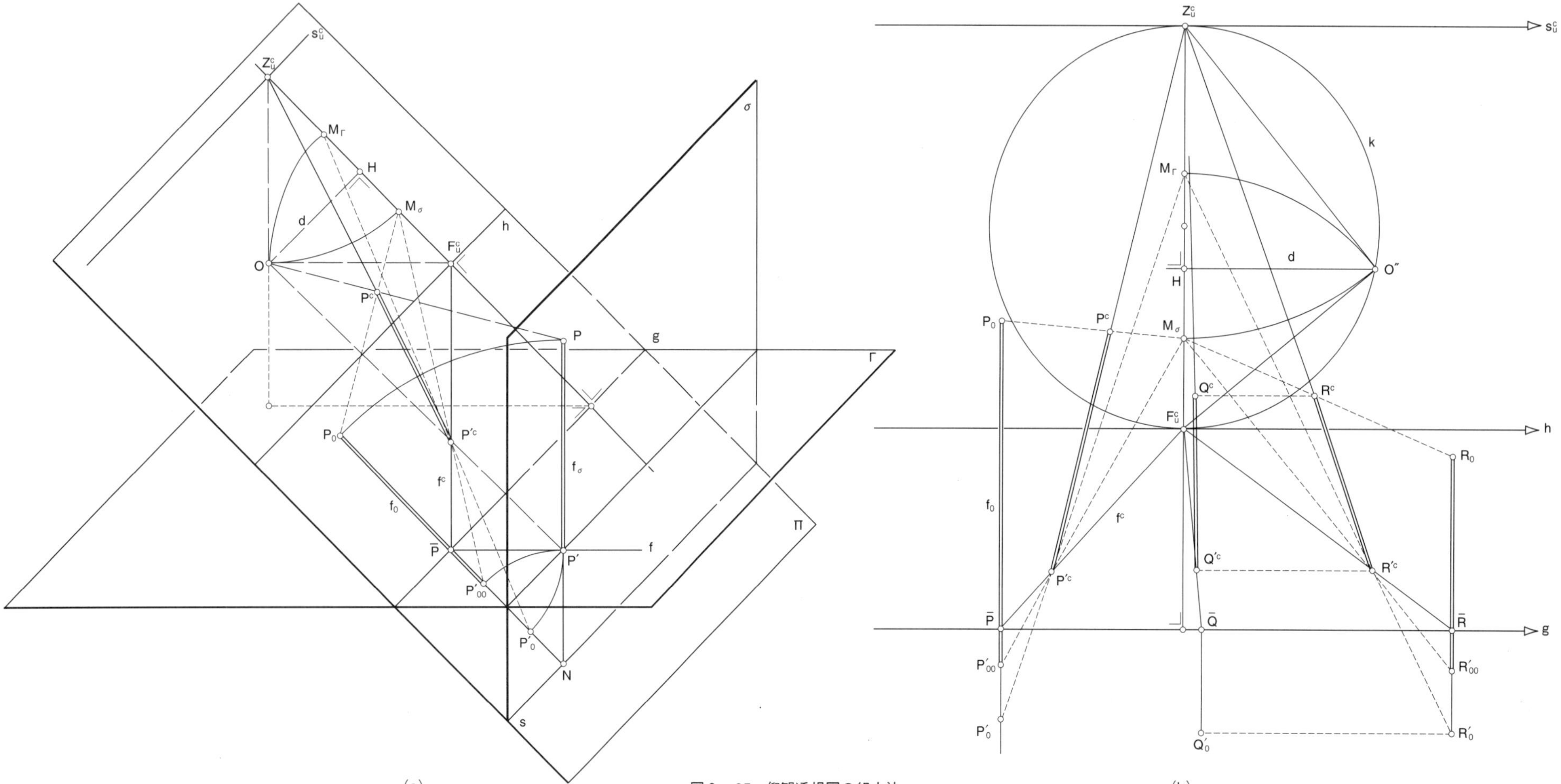

図9−35　仰観透視図の組立法

図 **9-36** は俯瞰透視図の場合の組立法を示すが，説明内容は上記仰観透視図と全く同様であるので，再び本文をたどっていただきたい。

図 **9-37** および図 **9-38** は，組立法により高さ h が別に与えられた五角柱の仰観および俯瞰透視図を作図したものである。これからも理解されるように，組立法は，後述する直交三軸の傾斜画面による透視図とは違って，直交座標系に乗せにくい図形を平面図にもつ立体の透視図を作図するのに効果的である。

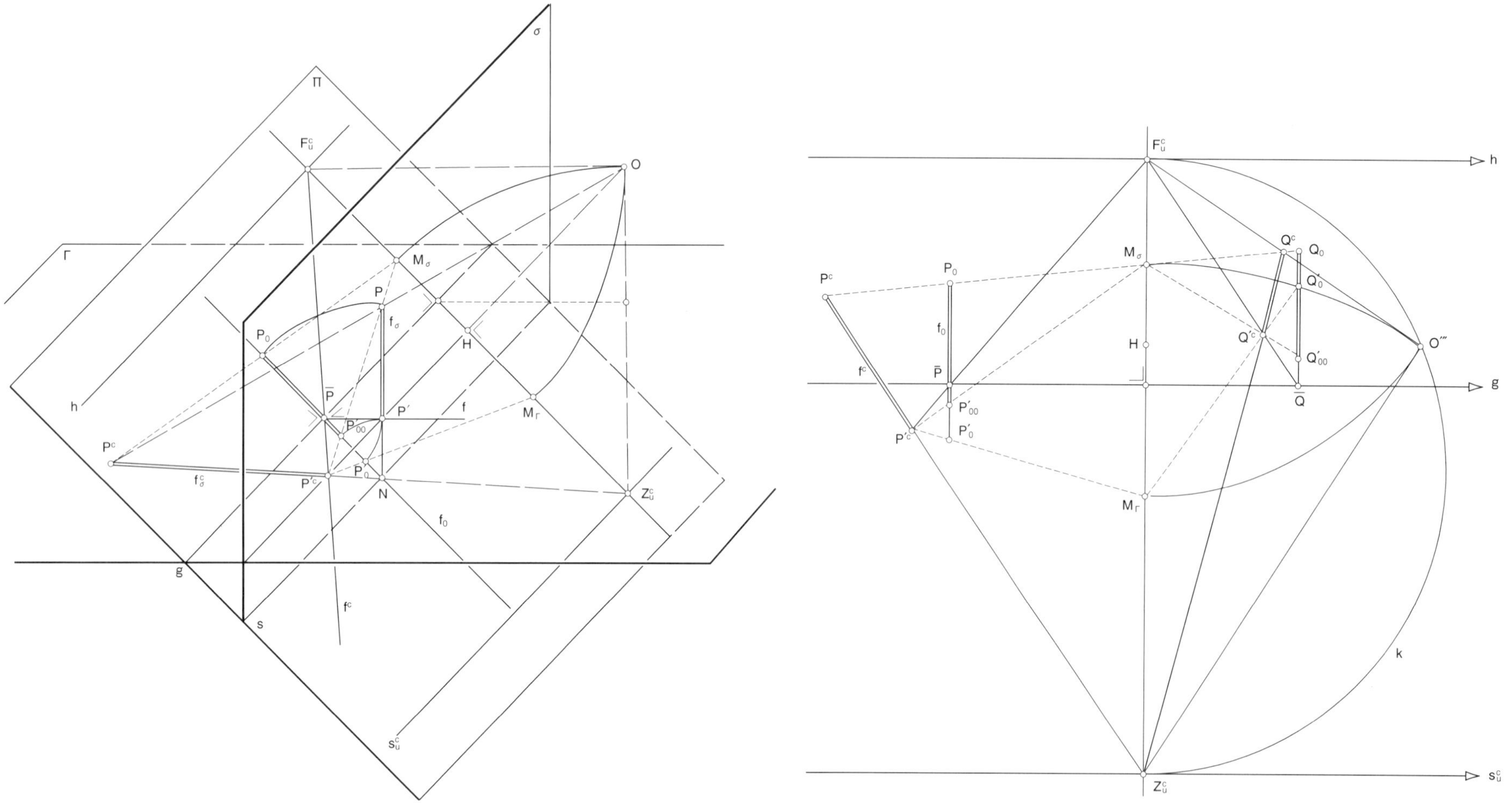

(a)　　　　図 9－36　俯瞰透視図の組立法　　　　(b)

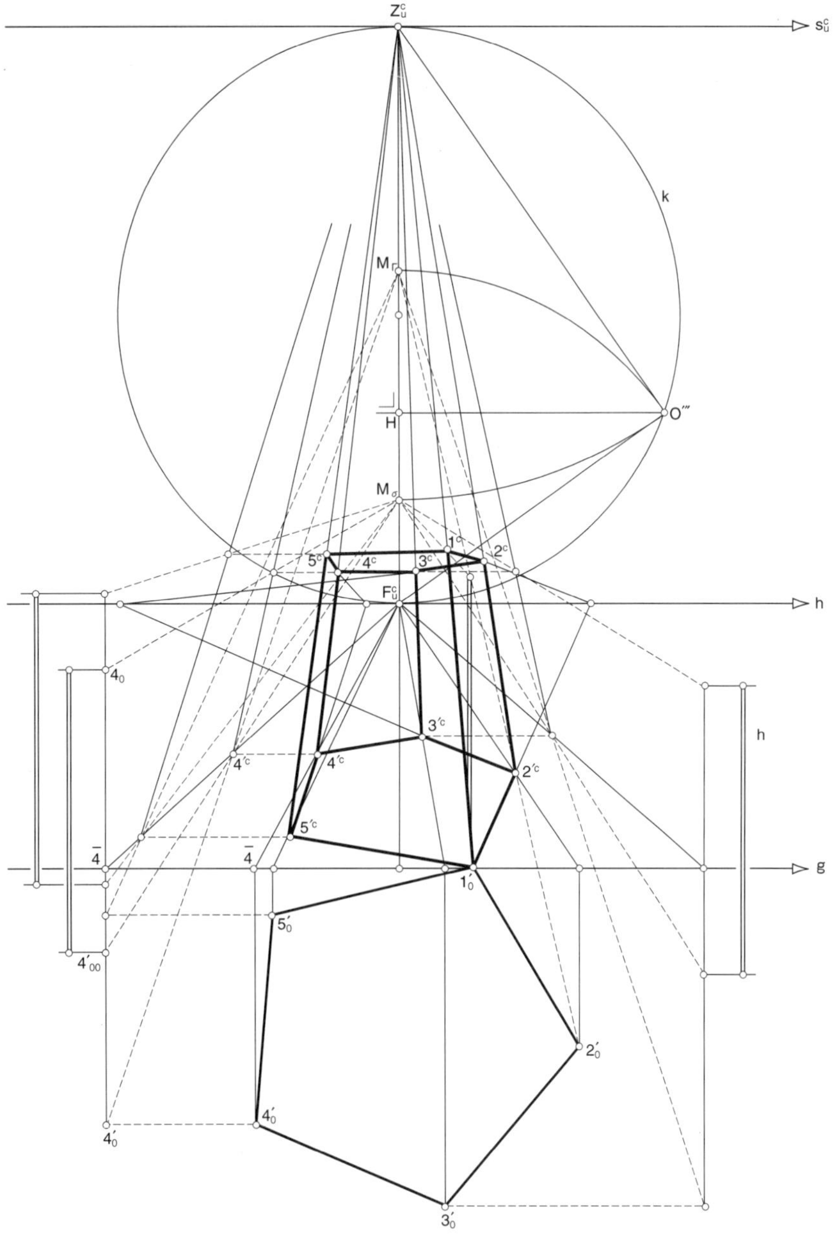

図9－37　正五角柱の仰観透視図

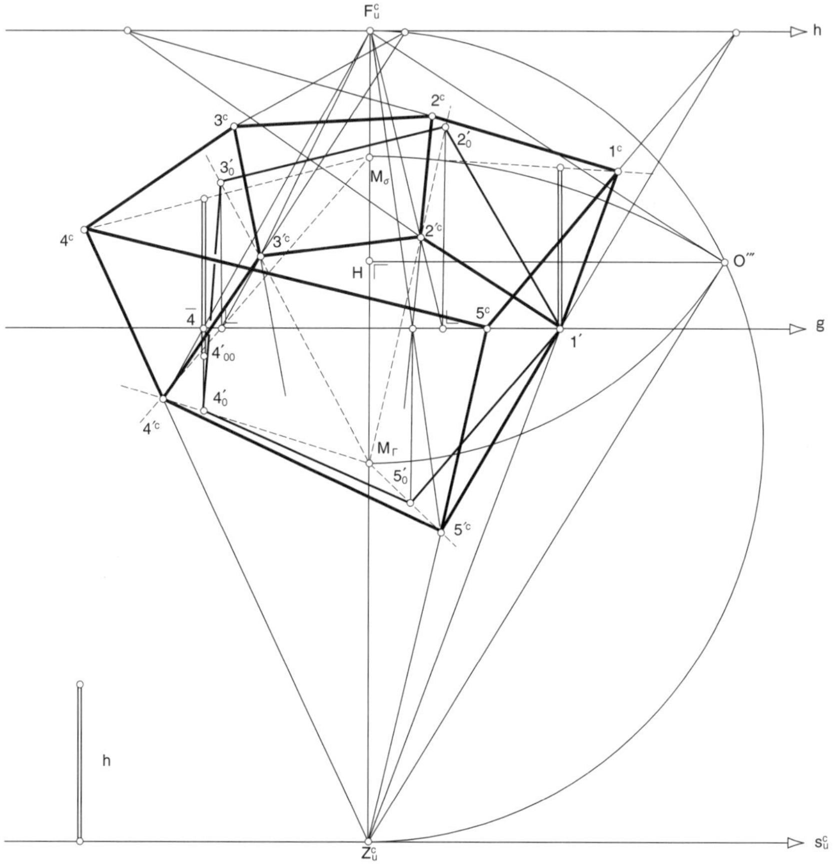

図9－38　正五角柱の俯瞰透視図

9-4-2　測点法（1）

透視図を描こうとする対象が，直交三軸 U(xyz)を主要なる稜としている場合，この直交三軸の透視図を描いておくと作図しやすい。それぞれの軸の測点を作れば，測線上に実長をとることにより，容易に軸上にその透視図を得ることができるからである(**9-1-3** 参照)。この作図も一種の軸測投象(軸に沿って計るの意)である。

いま，画面∏上に直交三軸 U(xyz)の消点 X^c_u, Y^c_u, Z^c_u と原点の透視図 U^c を決める(図 **9-39**)。三消点を結んでできる三角形を**消点三角形**という。この三角形の各辺は，主軸面[xy]，[yz]，[zx]の消線 $e^c_{xy\cdot u}$，$e^c_{yz\cdot u}$，$e^c_{zx\cdot u}$ である。そのうち消線 $e^c_{xy\cdot u}$ は基面 Γ を主軸面[xy]としたときの消線，すなわち地平線 h である。このとき主点 H は，視点 O より画面∏へ下ろした垂線の脚であり，その長さ d は視距離であるが，図 **9-39a** において主点 H は軸測投象の章で既に見たように(**2-2-1** 参照)，消点三角形の垂心である。また主軸面の消線はその跡線と平行($e_{xy} /\!/ e^c_{xy\cdot u}$)である。直交軸の消点と主点 H を結ぶ消点三角形(X^c_u Y^c_u Z^c_u)の垂線の脚(例えば Z^c_uH と e^c_{xy} 上の脚)を $F^c_{xy\cdot u}$ のように示す。点 $F^c_{xy\cdot u}$ は，跡 e_{xy} に垂直で[xy]上にある直線の消点である。

$F^c_{xy\cdot u}$，$F^c_{yz\cdot u}$ についても同様に作図できる。

z 軸の測点 M_z を例にして，主軸の測点の作図を考えてみよう。**9-1-3** で見たように，直線の測点とは，直線を含む平面上で直線をその跡点を中心に回転させて跡線に重ねたときの回転弦の消点であった。この z 軸の場合についていえば，z 軸を主軸面[zx]または[yz]上(図では[zx]上と考える)を跡点 Z を中心に回転させて，[zx]の跡線 ZX(＝ e_{zx})に重ねるとき，その回転弦の消点 M_z が測点であるから，M_z は消線 $e^c_{zx\cdot u}$ 上にある。主軸面[zx]と三角形($OX^c_uZ^c_u$)上で視点 O を消点 Z^c_u を中心に回転させて消線 $e^c_{zx\cdot u}$ に重なる位置が測点 M_z である。図 **9-39b** では，三角形($OX^c_uZ^c_u$)を消線 $e^c_{zx\cdot u}$ を軸に回転させ

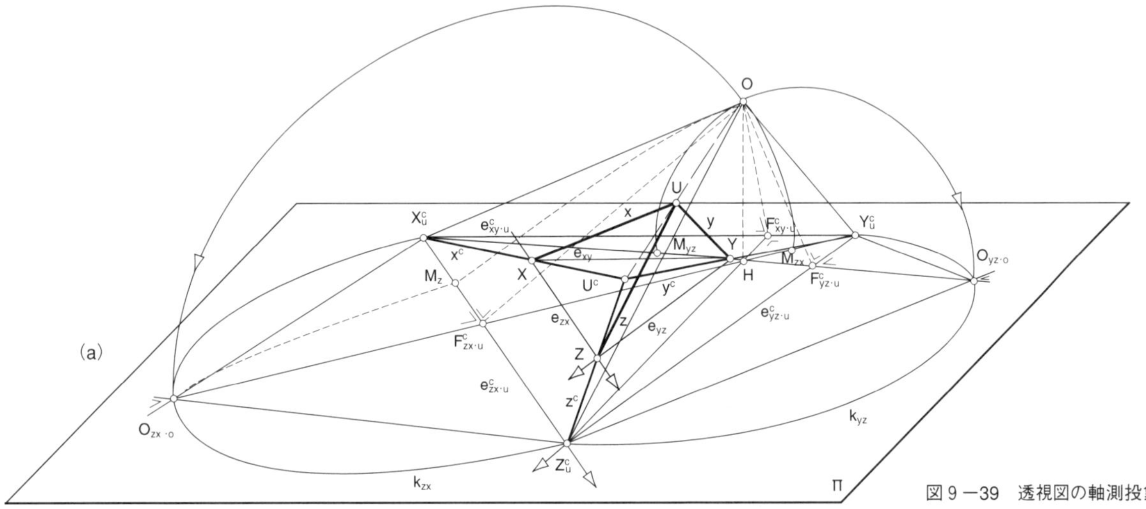

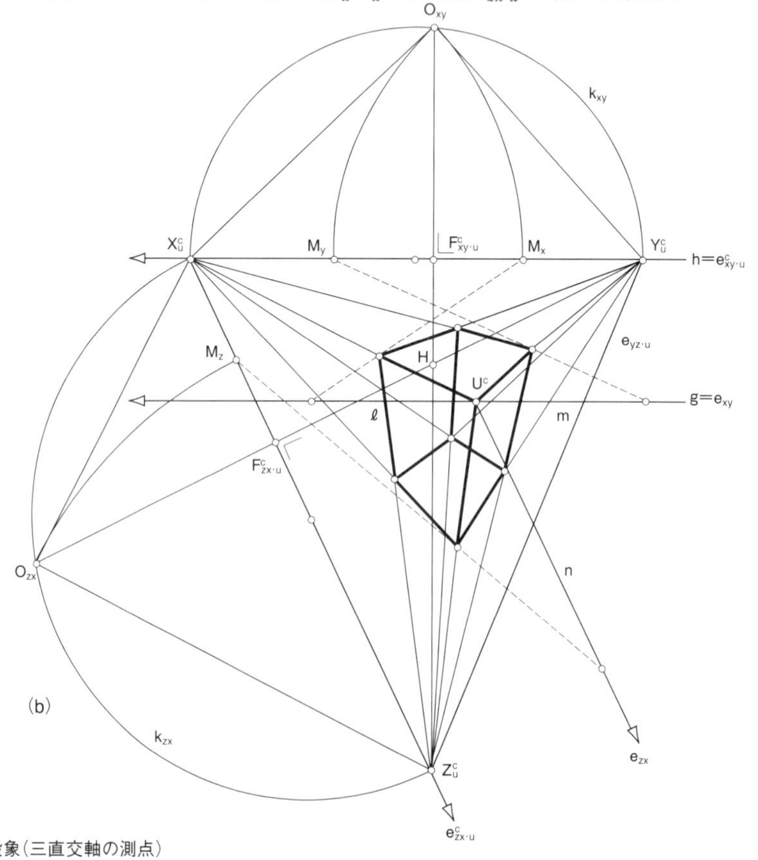

図 9－39　透視図の軸測投象(三直交軸の測点)

て画面Πに重ね，三角形($O_{zx}X_u^cZ_u^c$)を作り，測点M_zを$\overline{O_{zx}Z_u^c}=\overline{Z_u^cM_z}$として$e_{zx\cdot u}^c$上に求めている。また図は，煩雑さを避けるため原点Uが画面Π上にある場合を示している。そのとき，主軸面の三測線 l, m, n, は一点U^cで会することになる。例えば測点M_zに対し測線nは主軸面[zx]の跡線e_{zx}[U^c, // $e_{zx\cdot u}^c$]である。

全く同様にして，x軸，y軸についての測点M_x，M_yを消線$e_{xy\cdot u}^c$上に上記の要領で作図し，測線を主軸面[xy]の跡線e_{xy}(＝g)とする。x，y，z軸上にそれぞれ原点Uに対し，測線l，m，n上に一定の長さの点をとり直方体の透視図を作図したものが図**9-39b**である(z軸は下向にとってある)。

9-4-3　測点法（2）—透視図の射線交会法

前項の方法により，空間座標を知って点の透視図を容易に得ることができるわけであるが，直交三稜により構成される立体の側面上に曲線などの複雑な図形の透視図を描く際は煩雑さを免れない。その場合，その曲線または複雑な図形の実形を描き，それを画面上の共線対応により透視図に変換する方法が有効であり，**9-3-1**で考察した方法が適用できる。

図**9-40**において，消点三角形($X_u^cY_u^cZ_u^c$)，直交三主軸の原点の透視図U^c，主軸面[xy]の跡線e_{xy}(＝g)が与えられているものとする。[xy]上の図形U(AB)を跡線e_{xy}を軸に図面Π上に回転した位置をU_0(A_0B_0)とすると，透視図U^c(A^cB^c)とU_0(A_0B_0)とはΠ上で共線対応***Ko***[e_{xy}, M_{xy}]の関係にある。[xy]の測点M_{xy}とは，図**9-39a**において，[xy]に平行な視平面上の直角三角形($OX_u^cY_u^c$)を消線$e_{xy\cdot u}^c$を軸に回転して画面Πに重ねるとき，視点Oの画面Π上への回転位置M_{xy}である。M_{xy}は$X_u^cY_u^c$を直径とする円k_{xy}上にあり(図**9-40**)，かつ消点三角形($X_u^cY_u^cZ_u^c$)の垂線$Z_u^cF_{xy\cdot u}^c$上にもある。点$F_{xy\cdot u}^c$＝[$Z_u^cH\cdot e_{xy\cdot u}^c$]とすると，$F_{xy\cdot u}^c$とは主軸面[$xy$]上の跡線$e_{xy}$に対する垂線の消点である。したがって***Ko***(U_0-A_0B_0)＝U^c-A^cB^c，ただし***Ko***[g, M_{xy}]である。

さて，[xy]上に図形U(AB)を乗せたまま，[xy](＝g)をz軸方向に平行移動させ跡線がe_{xy1}になるところまで下げた場合を考えてみよう。図形U(AB)が視点Oから遠ざかっただけ透視図U_1^c($A_1^cB_1^c$)は小さくなる。つまり

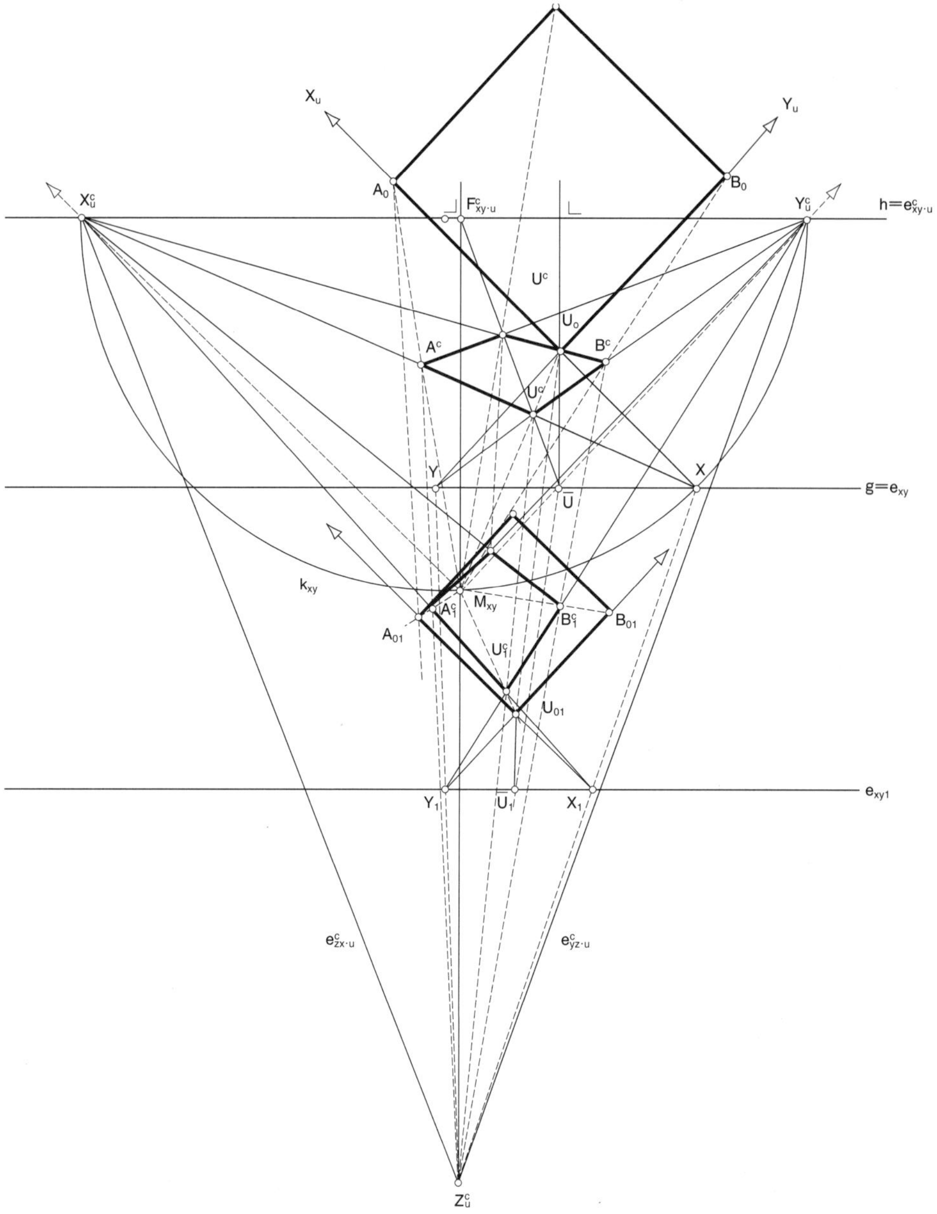

図9—40　主軸面上の図形とその透視図とのホモロジー対応（配景的共線対応）

透視図 $\mathrm{U}^c(\mathrm{A}^c\mathrm{B}^c)$ と $\mathrm{U}_1^c(\mathrm{A}_1^c\mathrm{B}_1^c)$ とは，z 軸の消点 Z_u^c を中心とし，$e_{xy\cdot u}^c$ を共線軸とする配景的共線対応をなす。$[xy](=g)$ と $[x_1y_1](=e_{xy1})$ は平行であるから，消線 $e_{xy\cdot u}^c$ と z 軸方向の消点 Z_u^c を共有するからである*。

この方法により作図されたのが図 **9-41**（立体Φの仰観透視図）である。主軸面 $[zx]$ の測点を M_{zx} とし，跡線を $e_{zx}[/\!/ e_{zx\cdot u}^c]$，三直交主軸の原点Uが跡線 e_{zx} 上にあるものとする。まず，直交二軸 U(AC) の回転位置（軸：e_{zx} とする $[zx]$ の画面Πへの回転）$\mathrm{U}_0(\mathrm{A}_0\mathrm{C}_0)$（但し，$\mathrm{U}_0=\mathrm{U}=\mathrm{U}^c$，$\mathrm{U}_0\mathrm{X}_u /\!/ \mathrm{M}_{zx}\mathrm{X}_u^c$，$\mathrm{U}_0\mathrm{Z}_u /\!/ \mathrm{M}_{zx}\mathrm{Z}_u^c$）を求める。直交二軸 $\mathrm{U}_0(\mathrm{X}_u\mathrm{Z}_u)$ 座標系に，透視図を描こうとする図形Φの立面図 $\Phi''[\mathrm{U}_0(\mathrm{A}_0\mathrm{C}_0)]$ を描き，配景的共線対応 $\boldsymbol{Ko}_{zx}[e_{zx}, \mathrm{M}_{zx}]$ により透視立面図 Φ''^c を得る（円 k_{zx} の楕円 k_{zx}^c への共線対応は **9-3-3** 参照）。

さらに，この立面図 Φ'' を平面 $\mathrm{B}(\mathrm{X}_u\mathrm{Z}_u)[/\!/ \mathrm{U}(\mathrm{X}_u\mathrm{Z}_u)]$ 上に平行に移してえられる透視立面図 $\Phi_{\mathrm{B}}''^c$ は，Φ''^c との間で図 **9-40** で見たように配景的共線対応 $\boldsymbol{Ko}_Y[e_{zx\cdot u}^c, \mathrm{Y}_u^c]$ をなす。この対応において，楕円の共役直径は同じく共役直径に移される（**1-3** 参照）から，$\Phi_{\mathrm{B}}''^c$ の楕円の共役直径を求め，**1-5** の方法で楕円は作図される。図 **9-41b** に Φ'' から円 k_{zx} のみを取りあげ，k_{zx} と k_{zx}^c との共線対応 $\boldsymbol{Ko}_{zx}[e_{zx}, \mathrm{M}_{zx}]$ と，k_{zx}^c と $k_{zx\cdot\mathrm{B}}^c$ との共線対応 $\boldsymbol{Ko}_Y[e_{zx\cdot u}^c, \mathrm{Y}_u^c]$ とを示す。

全く同様にして，立体Φの側面図 Φ'''（$\in[yz]$）を，平面 $[yz]$ の測点 M_{yz}（$\in \mathrm{X}_u^c\mathrm{F}_{yz\cdot u}^c$）を求めた上で，直交二軸 U(BC) の回転位置 $\mathrm{U}_0(\mathrm{B}_0\mathrm{C}_0)$ 座標系に描く。Φ''' を共線対応 $\boldsymbol{Ko}_{yz}[e_{yz}, \mathrm{M}_{yz}]$ により移し，透視側面図 Φ'''^c をえる。この透視側面図 Φ'''^c はそれを平面 $\mathrm{A}(\mathrm{Y}_u\mathrm{Z}_u)[/\!/ \mathrm{U}(\mathrm{Y}_u\mathrm{Z}_u)]$ 上に移してえられる透視図 $\Phi_{\mathrm{A}}'''^c$ と共線対応 $\boldsymbol{Ko}_X[e_{yz\cdot u}^c, \mathrm{X}_u^c]$ をなす。

＊　＊　＊

上に考察した立体Φの立面図 Φ''，側面図 Φ''' と透視図 Φ''^c，Φ'''^c とのホモロジー対応の二対が，立体Φの透視図を構成しているのであるが，今度は，一つの点 P(P′, P″) について，同様に二対のホモロジー対応を考えてみよう。

図 **9-42** において，消点三角形 $(\mathrm{X}_u^c\mathrm{Y}_u^c\mathrm{Z}_u^c)$，原点Uの透視図 U^c，基線 g（$=e_{xy}$）が与えられているとしよう。主軸面 $[xy]$ の測点を M_{xy}，主軸面 $[zx]$ の測点を M_{zx} とする。いま，主軸面 $[xy]$ 上の直交二軸 $\mathrm{U}(\mathrm{X}_u\mathrm{Y}_u)$ の回転位置を $\mathrm{U}_0(\mathrm{X}_u\mathrm{Y}_u)$（ただし，回転の軸：$e_{xy}$，$\mathrm{U}_0\mathrm{X}_u /\!/ \mathrm{M}_{xy}\mathrm{X}_u^c$，$\mathrm{U}_0\mathrm{Y}_u /\!/ \mathrm{M}_{xy}\mathrm{Y}_u^c$）とすると，直交二軸 $\mathrm{U}(\mathrm{X}_u\mathrm{Y}_u)$ の透視図 $\mathrm{U}^c(\mathrm{X}_u^c\mathrm{Y}_u^c)$ と $\mathrm{U}_0(\mathrm{X}_u\mathrm{Y}_u)$ とは，画面Π上で共線対応 $\boldsymbol{Ko}_{xy}[e_{xy}, \mathrm{M}_{xy}]$ をなす。同様に，主軸面 $[zx]$ 上の直交二軸 $\mathrm{U}(\mathrm{Z}_u\mathrm{X}_u)$ の回転位置を $\mathrm{U}_0(\mathrm{Z}_u\mathrm{X}_u)$（ただし，回転軸：$e_{zx}$，$\mathrm{U}_0\mathrm{Z}_u /\!/ \mathrm{M}_{zx}\mathrm{Z}_u^c$，$\mathrm{U}_0\mathrm{X}_u /\!/ \mathrm{M}_{zx}\mathrm{X}_u^c$）とすると，透視図 $\mathrm{U}^c(\mathrm{Z}_u^c\mathrm{X}_u^c)$ と $\mathrm{U}_0(\mathrm{Z}_u\mathrm{X}_u)$ とは画面Π上で共線対応 $\boldsymbol{Ko}_{zx}[e_{zx}, \mathrm{M}_{zx}]$ をなす（図中，z 軸は下向きにとっている）。

上に定めた直交三主軸の座標系で，点 P(P′, P″, P‴) の透視図 P^c を求めてみよう。まず，平面図 P′ を，主軸面 $[xy]$ の回転位置 $\mathrm{U}_0(\mathrm{X}_u\mathrm{Y}_u)$ 座標系に P_0' の位置にとる。共線対応 $\boldsymbol{Ko}_{xy}$ により透視平面図 P'^c が求まる。つまり，$\mathrm{P}'^c=[p_{xy}(\mathrm{P}_0')\cdot f^c(\mathrm{P}_0')]$，ただし，$p_{xy}(\mathrm{P}_0')$：$\mathrm{P}_0'$ を通る共線対応の射線，$f^c(\mathrm{P}_0')$：P_0' を通る跡線 e_{xy} の垂線 $f_0(\mathrm{P}_0')$ の透視図，$\bar{\mathrm{P}}'=[f_0(\mathrm{P}_0')\cdot e_{xy}]$ とすると，$f^c(\mathrm{P}_0')=\bar{\mathrm{P}}'\mathrm{F}_{xy\cdot u}^c$。同じ仕方で，透視立面図 P''^c も求まる*。

求める点Pの透視図 P^c は，$\mathrm{P}'^c\mathrm{Z}_u^c$（P′ を含む z 軸の透視図）と $\mathrm{P}''^c\mathrm{Y}_u^c$（P″ を含む y 軸の透視図）との交点として求まる。$\mathrm{P}'^c\mathrm{Z}_u^c$，$\mathrm{P}''^c\mathrm{Y}_u^c$ を一種の射線（Z_u^c，Y_u^c は射線の中心）と考えれば，この作図方法は，**2-4-2** や **2-4-4** で考察した軸測投象における**射線交会法**を，中心投象にまで拡張した広義の軸測投象における射線交会法といえる。平行投象における射線交会法と，中心投象におけるそれのそれぞれの特質をよく検討されたい。

＊　透視図 $\mathrm{U}_1^c(\mathrm{A}_1^c\mathrm{B}_1^c)$ を共線対応 $\boldsymbol{Ko}[e_{zx1}, \mathrm{M}_{xy}]$ させてえられる図形 $\mathrm{U}_{01}(\mathrm{A}_{01}\mathrm{B}_{01})$ は，$\mathrm{U}_{01}\mathrm{A}_{01} /\!/ \mathrm{U}_0\mathrm{A}_0$，$\mathrm{U}_{01}\mathrm{B}_{01} /\!/ \mathrm{U}_0\mathrm{B}_0$ で，画面Πの無限遠直線を共線軸とし対応の中心を Z_u^c とする共線対応あるいはホモロジー対応（つまり相似変換）を，図形 $\mathrm{U}_0(\mathrm{A}_0\mathrm{B}_0)$ との間に成立させる。

＊　図 **9-42** に示していないが，点Pの透視側面図 P'''^c は主軸面 $[yz]$ についてのホモロジー対応（測点 M_{yz} を中心，跡線 e_{yz} を共線軸とする）により求めることができるが，少なくとも二つの二次透視図から点の透視図が作図される。

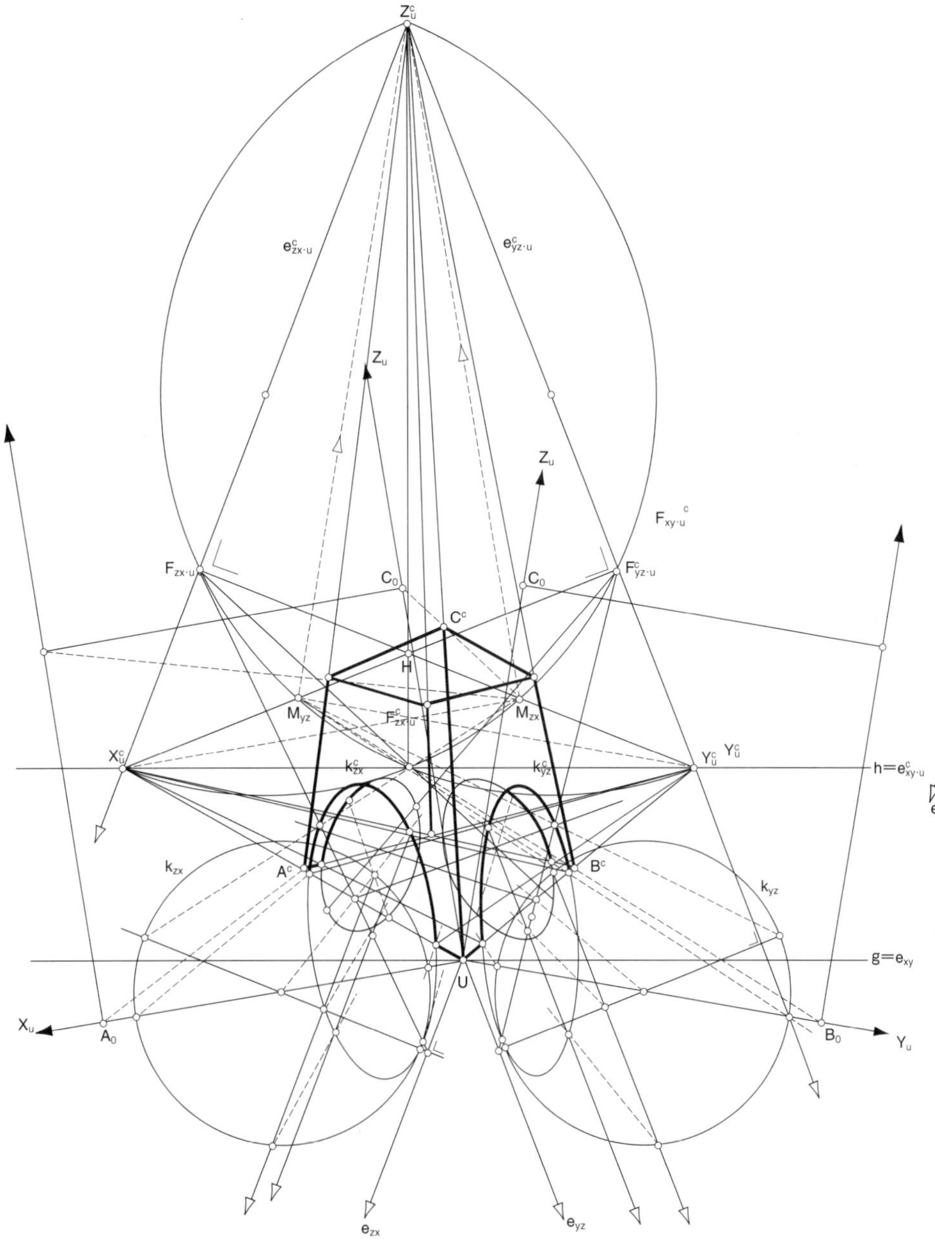

図9－41 a　主軸面上にある図形のホモロジー対応の応用例

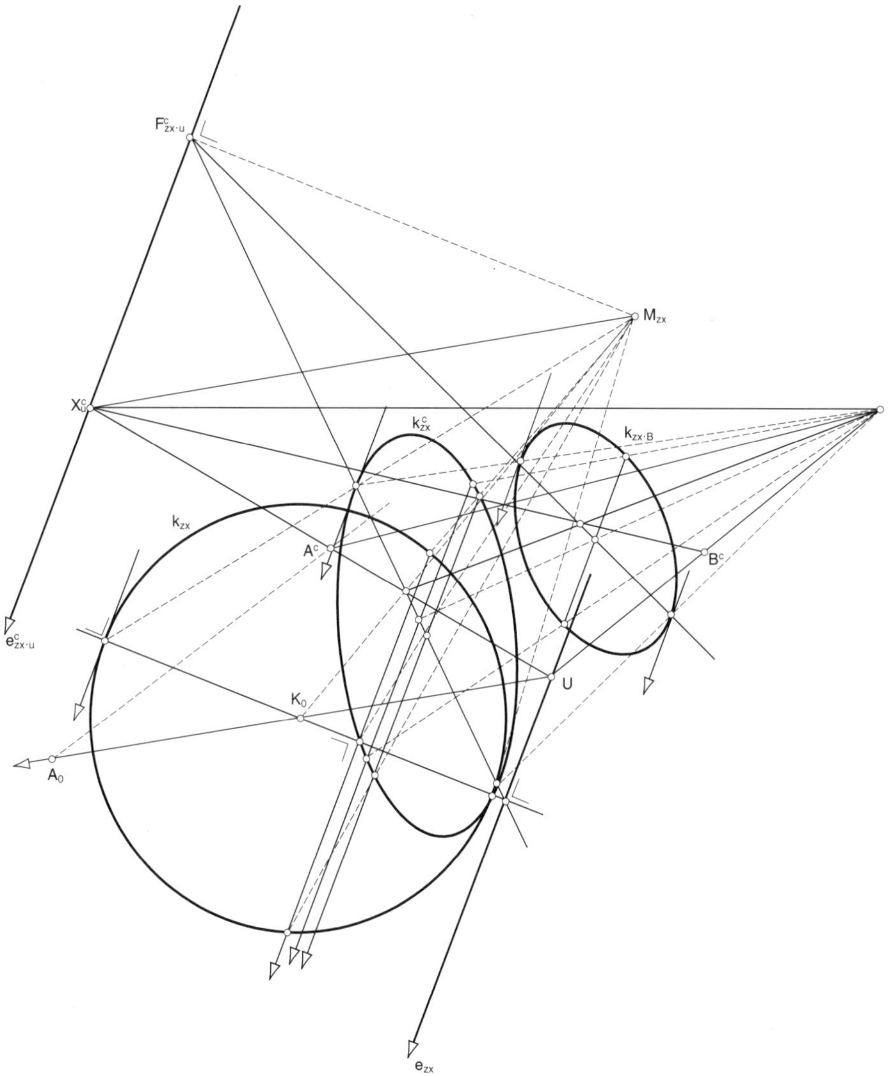

図9－41 b　左図中の円と楕円,楕円と楕円の平面配景共線対応

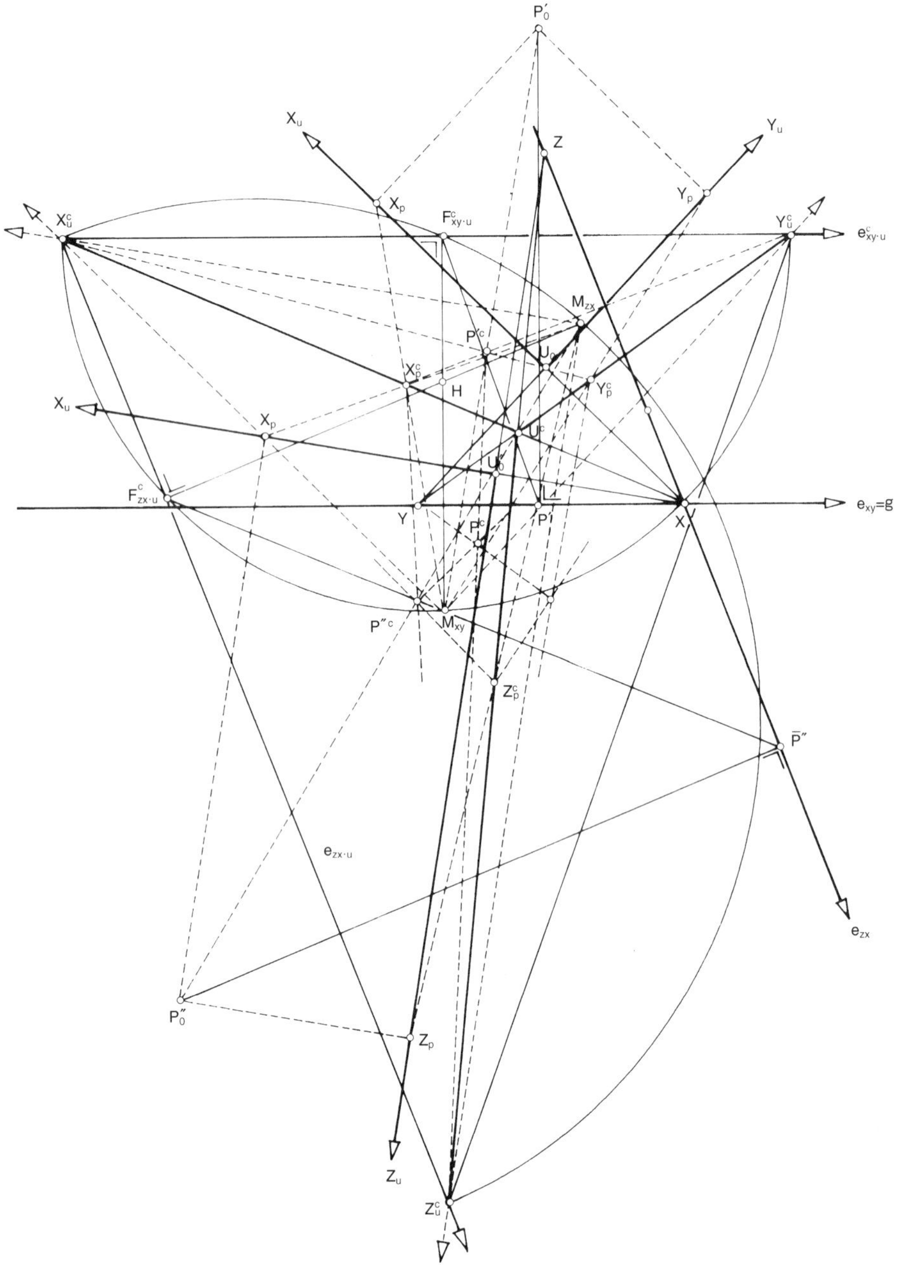

図９－42　透視図の射線交会法

9-5　透視図からの計量的性質の再構成

前節までの透視図法の考察には暗黙の前提があった。すなわち，透視図を描こうとする図形の計量的性質を正投象図や実形図という形で既に知っているとき，ある視点と画面が与えられれば透視図はいかに描かれうるか，といった作業過程が暗黙のうちに前提されていたわけである。しかし，図形の実形と，ある視点とある画面についてのその図形の透視図との二つの図形の間の関係は，幾何学的には本来同等であるから，上記の作業過程に対して全く逆の場合も考えられる。すなわち，透視図がまず与えられて，そこから計量的性質を平面図や立平面などの形で取り出すという場合である(簡単な場合は演習問題**9-7**参照)。

一般に実用的かつ日常的に広く流布し利用されている透視図とは，例えば写真である。しかし，一葉の写真だけでは，被写体とカメラとの位置関係は意味的には無論明々白々ではあっても，計量的には明らかにならない。つまり透視図が作成された舞台装置の計量的情報が全く不明である。ただ明らかなのは，画面上の図形要素のいくつかの情報(平行直線の消点，直交三軸の消点のうちの一つか二つ)だけである*。このままでは写真は計量不能な別世界の単なる一光景に終わってしまう。そこで被写世界の計量的情報を必要最低限度導入しなければならない。具体的には，被写体の一部の正確な計量的情報を与えれば充分である。

本節では，写真から被写体の立面図を取り出す方法に限って考察するが，その理論的根拠は，**9-3-1**で考察したホモロジー対応である。被写体を構成する垂直面のホモロジー対応による実形図(立面図)の取り出しは，当然被写体の他の平面についても適用されえるわけであるから，写真から平面図を合成することも可能である。それについては各自試みられたい(**9-3-2**参照)。

*　トリミングしていない写真の場合，主点H(フィルムに垂直な直線群の消点)は写真中央にある。

9-5-1　立面図の再構成（直立画面）

まず，図**9-43**に与えられた簡単な平面 ε の透視図を考えてみよう。平面 ε には開口部(ABCD)があり，その正確な大きさが既に知られているものとする。平面 ε 上の直線LN(L∈Π)が基面Γに平行であることが同じく知られていれば，直線LN(l とする)の消点 X_u^c [$L^cN^c \cdot L'^cN'^c$]，地平線 h [$X_u^c, \perp N^cN'^c$]，平面 ε の消線 e_u^c [$X_u^c, \perp h$]の順に作図できる。画面Π上のホモロジー対応により，平面 ε 上の図形(LNN′L′)の立面画(ある縮尺における)を得るためには，平面 ε の測点 M_ε (∈ h)および，平面 ε の跡線 e が作図されなくてはならない。

まず測点 M_ε を求めよう。視点Oの位置，視距離 d は不明である(主点Hも不明としよう)。開口部(ABCD)の対角線BDの消点F(∈ e_u^c)は，透視図中で容易に求められる。ところで，**9-3-2**で考察したように，透視図中の直線のなす実際の角度は，直線の乗っている平面の測点を利用して作図することができた。ここでは，∠(ADB)＝ α がすでに知られているから，逆に測点 M_ε が作図できるであろう。すなわち，図**9-43a**において，BDに平行な視線OFと消線 e_u^c となす角度が α である。三角形(OFX_u^c)を e_u^c を軸に回転して画面Πへと重ねるとき，視点Oは測点 M_ε に重なるから，画面Π上で三角形(F$X_u^c M_\varepsilon$)は∠(M_ε FX_u^c)＝ α として作図可能である。測点 M_ε は求められた。

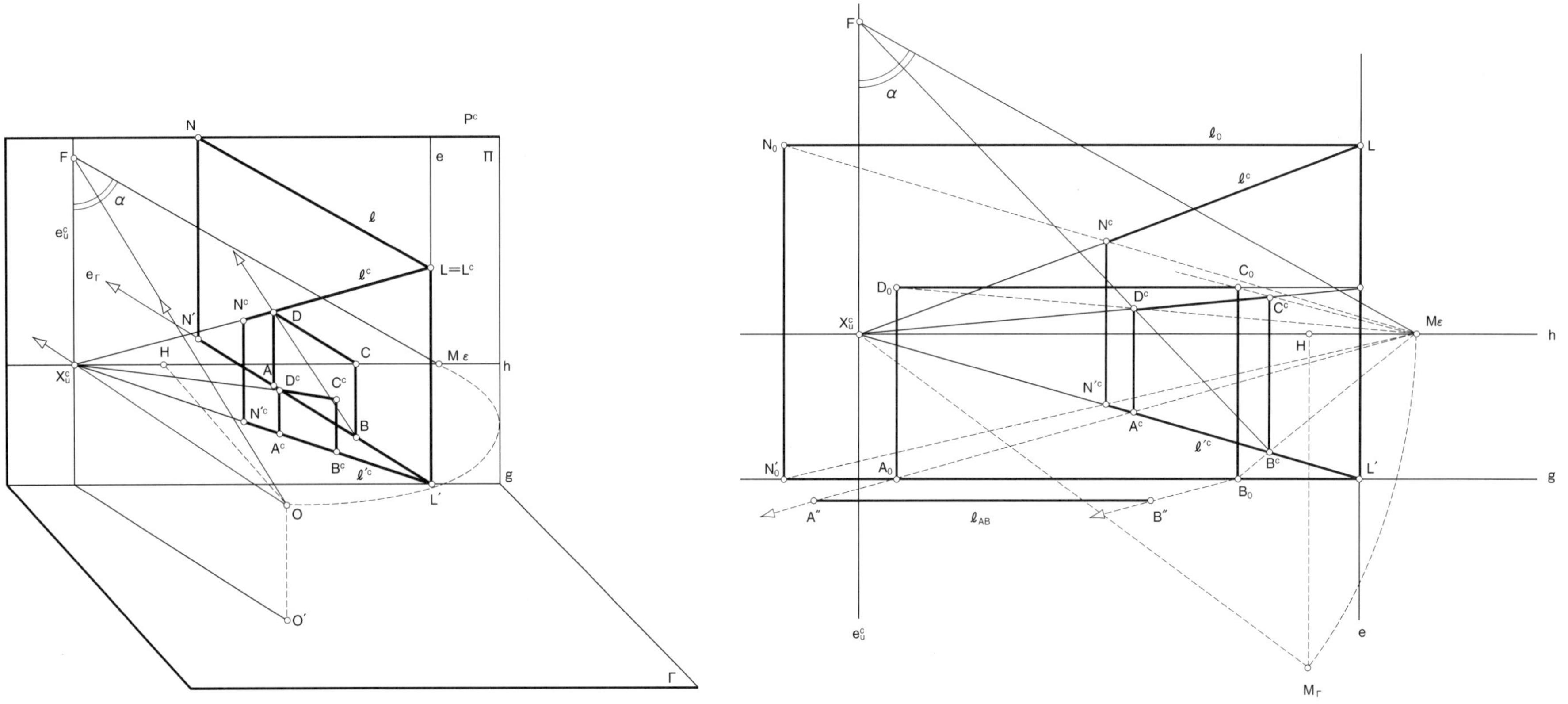

(a)　図9－43 直立画面における透視図からの立面図の再構成の原理　(b)

次に，平面 ε の跡線 e を求めよう。平面 ε の測点 M_ε は直線 l'^c（＝$L'^c N'^c$）の測点でもある。直線 l' の測線は基線 g であり，$L'=[g\cdot l']$ とすれば，跡線 e [$L', \perp h$]である。基線 g の位置はまだ不明であるが，地平線 h に平行に，共線対応の射線 $p_\varepsilon(A^c)$ と $p_\varepsilon(B^c)$ とで夾まれる線分 A_0B_0 が，透視図 A^cB^c で示される線分の実長を示すはずであり，A_0B_0 は基線 g 上にある。$\overline{A_0B_0}$ を適当な縮尺で既知の $\overline{A''B''}$（＝l_{AB}）に合わせるには，$p_\varepsilon(A^c)$ 上の任意の位置に基点 A″をとり，地平線 h に平行に A″B″を置く。A″B″を $p_\varepsilon(A^c)$ に沿って平行移動させ点 B″ が $p_\varepsilon(B^c)$ 上に重なる位置が A_0B_0 である。こうして基線 g の位置が確定し，点 L′ が決まり，跡線 e が作図される。

平面 ε 上の図形 LNN′L′ の立面図は，透視図 $L^cN^cN'^cL'^c$ に共線対応 ***Ko*** [e, M_ε]させて求めることができる。例えば点 $N_0[p_\varepsilon(N^c)\cdot l_0(L)]$（但し，$l_0$：$l^c$ に共線対応する直線，L：直線 l の跡点）である。

実例を次に示そう。図 **9-44**の写真に示される建物の透視図から，その立面図を取り出すために，立面の一部の正確な寸法が現場で採寸され，図中（右下）に示されている。写真では入口の石塀により隠されている部分の柱間，階高寸法である。これにより測点 M_ε が求まり，基線 g，跡線 e を決定できる（図中では基線 g は記入されていない，また，ここでは跡線 e を用いずに作図しているが，点 U^c を z 軸方向に下に移動して正確な位置を求めている）。また，この場合窓面 ε_1 が立面の奥に後退しているので，平面 ε_1 についても平面 ε についてと同じ操作をくりかえせばよい。

9-5-2　立面図の再構成（傾斜画面）

高さ方向の直線群が一点に収斂するように見える写真は仰観透視図である。一般に，近い距離から撮影された建物の写真は，仰観透視図にならざるをえない。図 **9-45**に示される直方体 Φ の一側面の仰観透視図を例に，Φ の側面図 Φ‴ を再構成してみよう。前項と同様，側面図 Φ‴ のうちの一部（U‴A‴B‴C‴）の正確な寸法が知られているものとする。**9-4-3**で考察したように，直交三主軸の透視図 $U^c(X^c_u Y^c_u Z^c_u)$ が与えられた場合，平面[yz]上の図形 Φ‴ の画面∏上への回転位置 Φ'''_0 と透視図 Φ'''^c は，平面[yz]の測点 M_{yz} を中心とし[yz]の跡線 e_{yz} を軸とする配景的共線対応をなす。与えられた透視図からは消点三角形（$X^c_u Y^c_u Z^c_u$）が通常は求められない場合が多いから，前項同様，Φ‴ の一部（U‴A‴B‴C‴）の実形から測点 M_{yz} を求めてみよう。

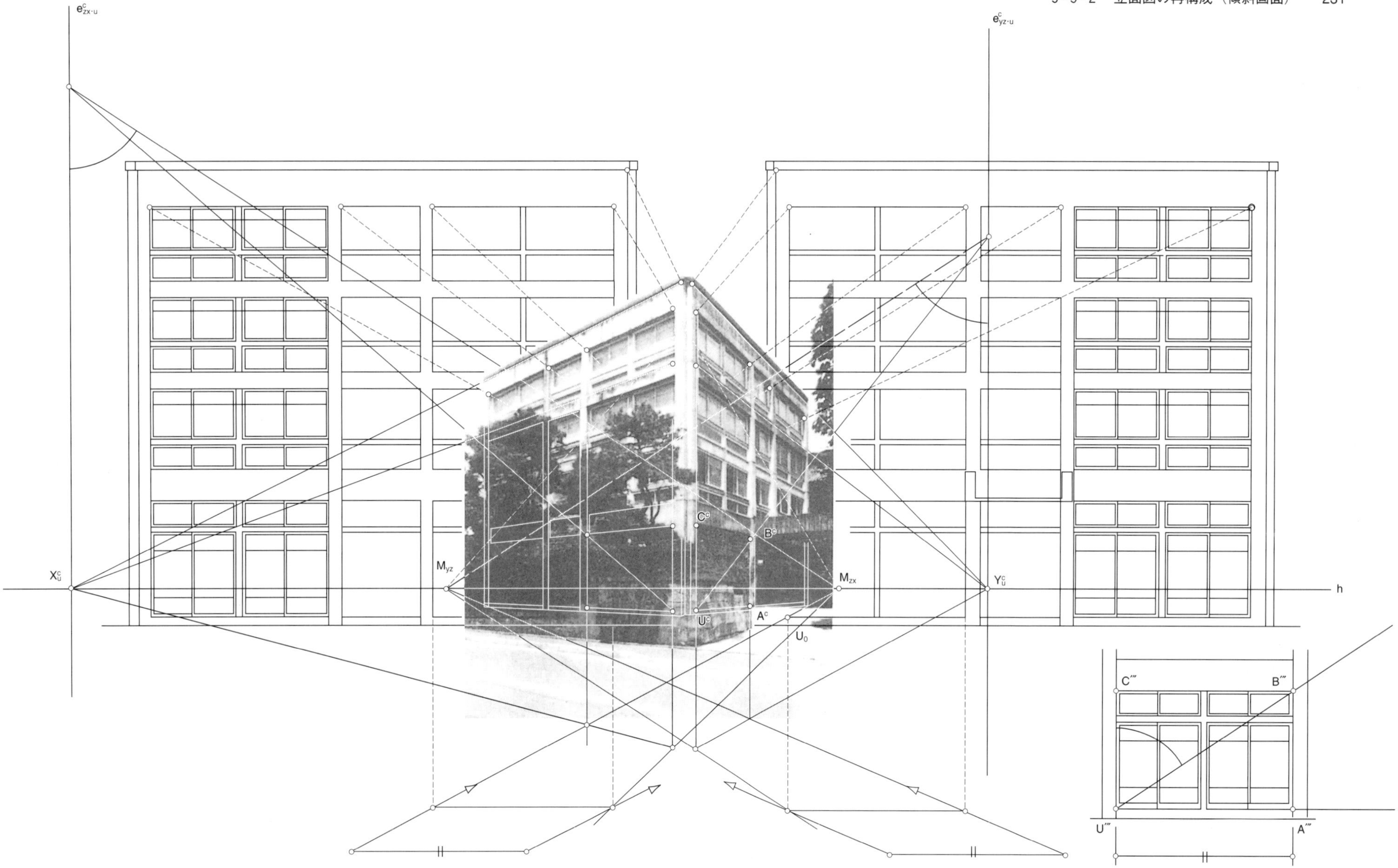

図９－44　建物の写真からの立面図の再構成(1)　京都大学旧近衛ホール

図形(UABC)の対角線UBの消点Fは[yz]の消線 $e^c_{yz\cdot u}$ 上にある。測点M_{yz}は、**9-4-3**でみたように，視平面の三角形($OY^c_u Z^c_u$)を消線 $e^c_{yz\cdot u}$ を軸に回転して画面Πに重ねる場合，視点Oが移る位置にあるから，図中の $Y^c_u Z^c_u$ を直径とする円 k_{yz} 上にある。

また，側面Φ‴上で寸法の知られている図形(UABC)の∠(BUC) = α とすると，**9-3-2**で見たように，透視図における∠($B^cU^cC^c$)の実際の角度は∠($FM_{yz}Z^c_u$) = α として作図できるのであるから，測点M_{yz}はFZ^c_uを弦とし，円周角($FM_{yz}Z^c_u$) = α とする円 k_f 上にもある。円 k_f は点F上で消線 $e^c_{yz\cdot u}$ と角度 α (既知)をなす接線を作るような円である。こうして，測点M_{xy}が二円の交点[$k_{yz}\cdot k_f$]として作図された。

さて立面Φ‴上の図形(UABC)の回転位置($U_0A_0B_0C_0$)と透視図($U^cA^cB^cC^c$)は，M_{yz}を中心とし跡線e_{yz}を軸にして共線対応するわけであるが，
U_0A_0は共線対応の射線$p_{yz}(U^c)$と$p_{yz}(A^c)$にはさまれ，かつU_0A_0 // $M_{yz}Y^c_u$である。いま，既知の図形($U'''A'''B'''C'''$)のプロポーションを守って，適当にU_0A_0(// $M_{yz}Y^c_u$)を決めれば，図形($U'''A'''B'''C'''$)の縮尺とは異なるが，ある縮尺で透視図($U^cA^cB^cC^c$)の実形を決めたことになる。図形($U'''A'''B'''C'''$)と同一の縮尺で立面図Φ‴を得ようとすれば，$p_{yz}(U^c)$上に点U'''_0を適当な位置にとり，$U'''_0A'''_0$ // $M_{yz}Y^c_u$，$\overline{U'''_0A'''_0} = \overline{U'''A'''}$ なる点A'''_0をとる。点A'''_0から$p_{yz}(U^c)$に平行線を引き$p_{yz}(A^c)$との交点が点A_0であり，点U_0も求まる。U_0A_0が作図され，図形($U_0A_0B_0C_0$)は($U'''A'''B'''C'''$)と同一縮尺で描かれた。ここで，($U_0A_0B_0C_0$)と($U^cA^cB^cC^c$)との対応する二辺の交点として，少なくとも不動点をひとつ求めれば，共線対応の軸e_{yz}[// $e^c_{yz\cdot u}$]が決定する(**1-3**参照)。対応の中心と軸が作図され共線対応が決定されたので，立面図Φ‴の全体は透視図$Φ^c$を共線対応させて求めることができる。

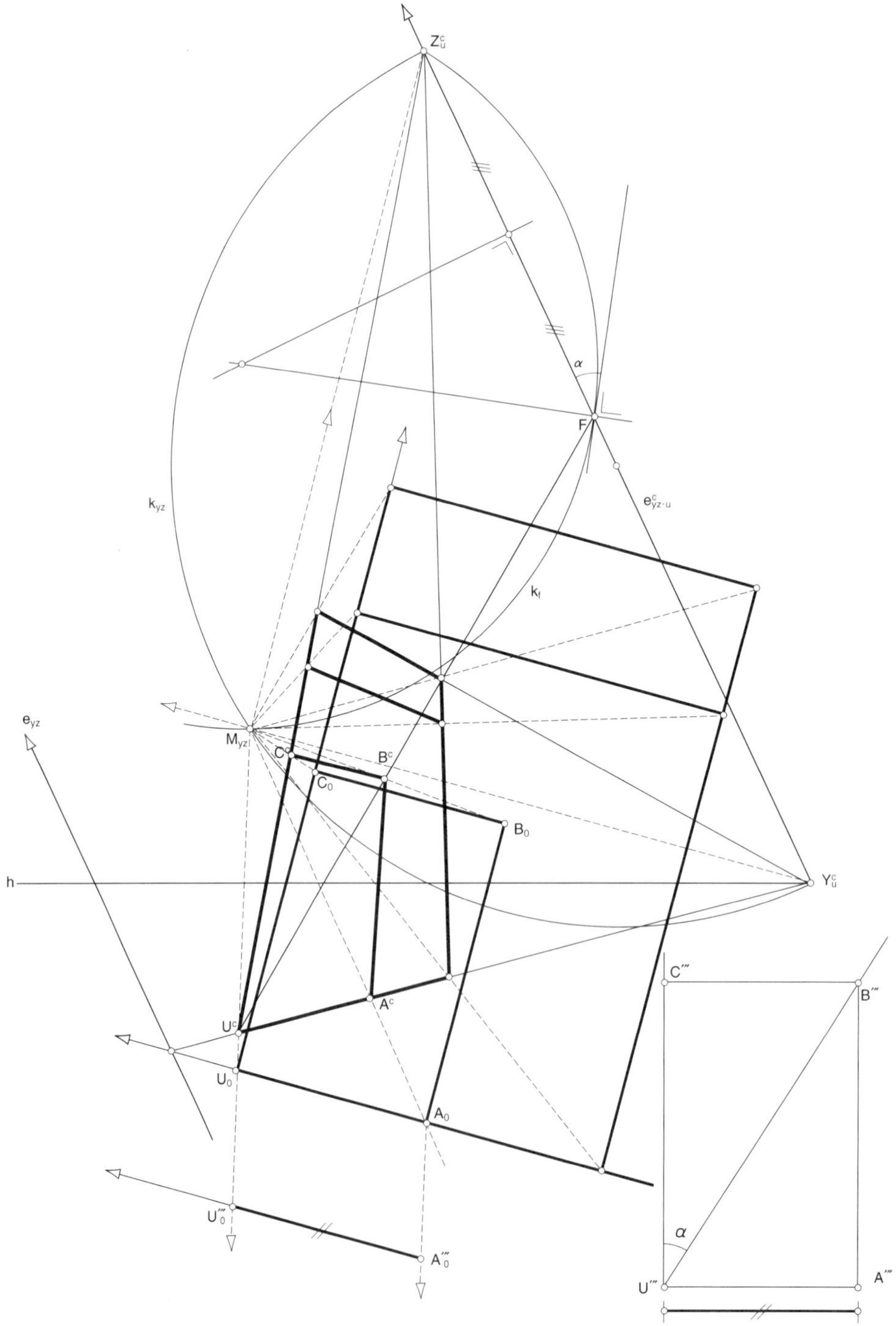

図9－45　傾斜画面における透視図からの立面図の再構成の原理

実例を図**9-46**に示す。この建物の一階部分の壁柱の柱間寸法と一階床と二階梁下端の内法寸法が実測されて，側面図($U'''A'''B'''C'''$)として示されている。($UABC$)を含む平面εは庇と両端壁によりできる平面ε_1より奥にあることを注意されたい。$\angle(B'''U'''C''')$を知って，図**9-45**の方法により，測点M_{yz}を求め，次に，透視図の部分($U^cA^cB^cC^c$)と共線対応するように側面図の部分($U_0A_0B_0C_0$)を求める。この際，透視図U^cA^cはU_0A_0($/\!/ M_{yz}Y^c_u$)に対応する。またU^cC^cはU_0C_0($/\!/ M_{yz}Z^c_u$)に対応する。こうして立面の主要部分は共線対応により再構成されるが，窓面や庇面についても同じ操作をくりかえし立面図を完成させればよい。図形$U^cA^cB^cC^c$の隣の柱間については，庇上端と両端壁によりできる平面ε_1上の図形の共線対応により，壁の見付幅，高さ，および庇の成を求めて，隣の柱間の手摺部分の立面図と合わせて上に示す立面図を得る(窓の割り付けの求め方は省略)。

以上二項の立面図の再構成は，図面のない建築物の立面図が，ごく一部分の正確な採寸のみにより，写真上で再構成できることを示唆するものである。各自，実用に供せられたい。

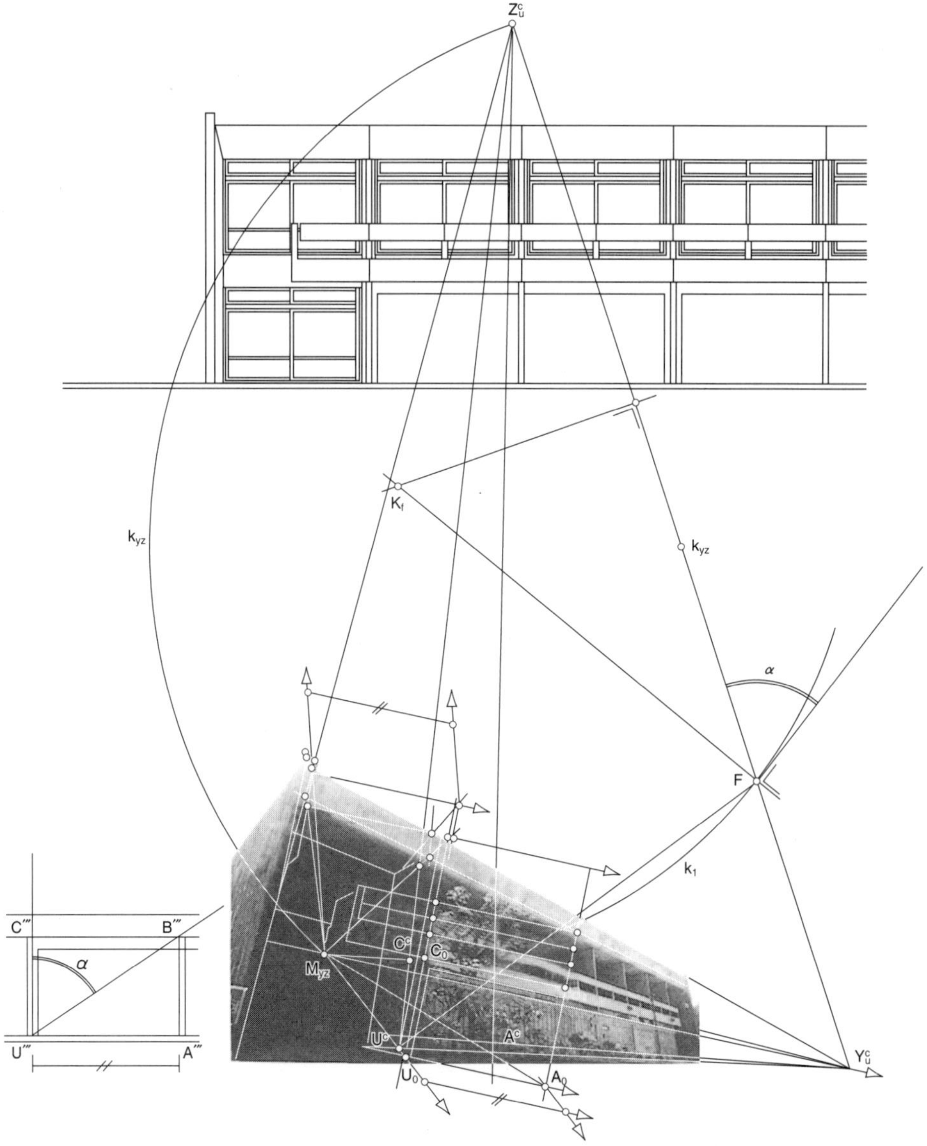

図9－46　建物の写真からの立面図の再構成(2)　旧京都市保健会館

参　考　文　献

Alberti, Leon Batista 1950 ***Della Pittura***, Luigi Mallé (ed.), Sansoni, Firenze　（三輪福松訳　1992 『絵画論』中央公論美術出版）
Aubert, Jean 1982 ***Cours de dessin d'architecture à partir de la géométrie descriptive***, editions de la Villette
粟田稔　1974 『現代幾何学』 筑摩書房
Bosse, Abraham 1648 ***Manière universelle de Mr Desargues pour pratiquer la perspective par petit-pied comme le géométral***, Paris
Bosse, Abraham 1663 ***La pratique du trait à preuves de M. Desargues Lyonnois, pour la coupe des pierres en l'architecture***, Paris
Booker, Peter Jeffrey 1963 ***A History of Engineering Drawing***, Chatto & Windus, London.（原正敏訳　1967 『製図の歴史』 みすず書房）
Brauner, Heinrich 1986 ***Lehrbuch der Konstruktiven Geometrie***, Springer, Wien, New York.
Critchlow, Keith 1971 ***Order in Space***, Thames & Hudson, London
Coxeter, H.S.M. 銀林浩訳　1965 『幾何学入門』 明治図書
De la Grenerie, Jules 1898 ***Traité de perspective linéaire***, Gauthier-Villars, Paris
De la Grenerie, Jules 1910 ***Traité de géométrie descriptive***, Gauthier-Villars, Paris
Dürer, Albrecht 1525 ***Unterweisung der Messung***, Reproduction: 1972 Verlag Walter Uhl, Unterschneidheim
Dürer, Albrecht 1969 ***Schriftlicher Nachlass***, Hans Rupplich (ed), Deutschere Verlag für Kunstwissenschaft, Berlin
福永節夫（編）1978 『図学概説』（改訂版）培風館
グーリエビッチ　山内・井関訳　1962 『射影幾何学』 上下巻　東京図書
Gromort, Georges 1967(1944) ***Introduction à l'étude de la perspective***, Vincent Fréal & Cie
Haack, Wolfgang 1971 ***Darstellende Geometrie*** Band I, II, III, Walter de Gruyter & Co., Berlin
一松信　1983 『正多面体を解く』 東海大学出版会
Hohenberg, Fritz 1966 ***Konstruktive Geometrie in der Technik***, Dritte, ergänzte Auflage, Springer, Wien, New York （増田祥三訳　1963 『技術における構成幾何学』 上下巻　日本評論社）
池田総一郎　1950 『図学演習』 ナカニシヤ出版
磯田浩・広部達也　1976 『図学教程』 東京大学出版会　東京大学出版会
小山清男　1996 『幻影としての空間』 東信堂
前川道郎・宮崎興二　1979 『図形と投象』 朝倉書店
前川道郎・王腰芳夫　1977 『図学ノート』 ナカニシヤ出版
宮崎興二　1983 『かたちと空間』 朝倉書店
Monge, Gaspard 1799 ***Géométrie Descriptive***, Editions Jacques Gabay, Paris, 1989 （山内一次訳　1990 『画法幾何学』＜底本：ロシヤ語訳本＞山内一時遺稿刊行会）
Monteverdi, Mario　佐々木英也訳　1977 『イタリアの美術』 ブック・オブ・アート２　講談社
Müller, Emil and Kruppa, Erwin 1948 ***Lehrbuch der Darstellenden Geometrie***, Springer, Wien
小高司郎　1979 『現代図学』 森北出版
長野正　1968 『曲面の数学』 培風館
Olmer, Pierre 1942 ***Perspective artistique***, 3vols, Librairie Plon
Pál, Imre 1965 ***Descriptive Geometry with Three-Dimensional Figures***, Hungarian Technical Publishers, Budapest
Pare, E.G. et al. 1971 ***Descriptive Geometry***, Fourth Edition, The Macmillan Company, New York
Rehbock, Fritz 1979 ***Geometirische Perspektive***, 2nd ed., Springer, Berlin
Roubaudi, C. and Thybault, A. 1925 ***Traité de Géométrie Descripitive: à l'usage des élèves des classes de Mathématiques spéciales et des candidats aux Grandes Ecoles scientifiques***, 2ème ed., 1961, Masson, Paris
Scheffers, Georg 1919 ***Lehrbuch der Darstellende Geometrie***, Springer
Strubecker, Karl 1967 ***Vorlesungen über Darstellende Geometrie***, Band XII Studia Mathematica, Vandenhoeck & Ruprecht, Göttingen
瀧澤精二　1969 『幾何学入門』 朝倉書店
王腰芳夫・長江貞彦　1982 『基礎図学』 共立出版
Taton, René 1951 ***L'Œuvre scientifique de Monge***, PUF, Paris
Taton, René (ed.) 1988 ***L'Œuvre mathematique de G. Desargues***, 2ème ed., Science-Histoire-Philosophie: Publication de l'Institut interdisciplinaire d'études épistémologiques,Vrin, Paris
Wunderlich,Walter 1966 ***Darstellende Geometrie I***, Hochschultaschenbücher Band 96, Bibliographisches Institut AG. Mannheim
山田幸一・宮崎興二　1972 『図学精義』 工業調査会
弥永昌吉・正野鉄太郎　1959 『射影幾何学』 朝倉書店

索　　引

事 項 索 引

（上巻，下巻の索引を統合した。
原語表記は原則として独語，仏語，英語の順に示す）

あ行

アフィン対応（一般）　allgemeine Affinität
17，69
アフィン軸　Affinitätsachse, axe d'affinité, axis of a perspective affinity
15，23，102
アフィン射線　Affinitätsstrahlen, projetante, projector
15，102
アフィン変換　perspektive affine Verwandtschaft, transformation d'affinité, affine transformation
16
アフィン方向　Affinitätsrichtung, direction d'affinité, direction of affinity
15，67
配景的アフィン対応　perspektive Affinität, en affinité
15，69，89，**101-102**，136-137
平面配景的アフィン対応　ebene perspektive Affinität
15，23，49，65，68，**102**，184-185，187，205
アルキメデスの多面体　Archimedean solids
123
緯円　horizontaler Kleinkreis,
160
石切術　Stereotomie，stéréotomie，stereotomy
8
位置の作図　Lagenaufgabe
52
一致直線　Deckgerade einer Ebene , droite du second bissecteur
44，132，136
一致点　Deckpunkt, point commun aux deux projections
41
一致平面　Deckebene, second bissecteur
40
一般点　regulärer Punkt
131
一般方向から見る
92
陰　Eigenschatten, ombres propres, shades
137
陰影　Schatten, ombres, shades and shadows
137
陰影（一般回転面）
158
陰影（円錐）
147，172
陰影（円柱）
137，166
陰影（ニッチ）
174
陰線　Eigenschattengrenze, séparatrice (ligne d'ombre propre), shade line
137，**147**，158-159，166，174
陰面　Eigenschatten, ombre, shade
137
インターバル　Intervall, intervalle, interval
177
ヴィヴィアニの窓　Vivianische Linie
173
エウドクソズの馬枷
173
円環（トーラス）　Torus, tore, torus
156
円弧の直延
139，148
円錐　Kreiskegel, cône, circular cone
95，100，**140**，147，172
円錐曲線　Kegelschnitt, conique, conic sections
140，144，216-8
円錐曲線の簡易図法
142，144
円錐の頂点　Kegelspitze, sommet du cône, vertex of cone
140
斜円錐　Schiefer Kegel, cône oblique, oblique circular cone
105，168
斜円錐の切断
105，188
斜円錐の展開
148
斜円錐の輪郭母線
188
直円錐　Drehkegel, cône de révolution, right circular cone
140
直円錐の陰影
147，172
直円錐の展開
148
円柱　Zylinder, cylindre, cylinder
95，100，108，**135**，137，163，167
円柱（面）
135
斜円柱　schiefer Kreiszylinder, cylindre oblique, oblique circular cylinder
95，100，108，**137**，163，167
斜円柱の陰影
137，167
斜円柱の切断
108
斜円柱の相貫
163
直円柱　Drehzylinder, cylindre de révolution, right circular cylinder
135，164
直円柱の切断
135-6
直円柱の相貫
164
直円柱の展開
138
円のアフィン変換（対応）
16，68
円の斜軸測投象図
25
円の直軸測投象図
36
円の透視図　Zentralriβ eines Kreises
216-8
円のラバットメント
88
オイラーの多面体の定理　Eulerscher Polyedersatz, Euler's theorem on polyhedra
115
凹多面体　polyèdre concave, concave polyhedron
113
オルトシェーマ　orthoscheme
115

か行

絵画術としての透視図法　Perspectiva artificialis
194
開曲面　open surface
129，155
外接円錐　Berührkegel, cône circonscrit, circumscribing cone
158
外接球　Berührkugel, sphère circonscrite, circumscribing sphere
116，156
回転軸　Drehachse, axe de révolution, axis of revolution
83，130，151，155，**158**
回転法（一般的）　Drehung, méthode de rotation, rotation
83-85
回転面（曲面参照）Drehfläche, surface de révolution, revolutional surface
130，150，155，158
二次曲面（円錐曲線回転面）　Drehflächen zweiter Ordnung, quadriques, quadric surfaces
150
一般回転面　allgemeine Drehfläche, general surface of revolution
129，**158**
カヴァリエ透視図（軸測投象）
Kavalierperspektive, perspective cavalière, frontal axonometry (cavalier axonometry)
30，51
角錐　Pyramide, pyramide, pyramid
95，103，168
角錐の切断　ebener Schnitt, section plane
106
角錐の相貫　Durchdringung, intersection
168
角柱　Prisma, prisme, prism
95，107，189
角柱の切断　ebener Schnitt, section plane
108，189
影　Schlagschatten, ombre portée, shadow
137，147，159，167，172，174
影線　Schlagschattengrenze, ligne d'ombre portée, shadow line
137，147，158，166，172，174
影面　Schlagschatten, ombre portée, shadow
137

影の作図（直線の他の直線への）
166，172
可展面　abwickelbare Fläche, developable surface
138
画法幾何学　Darstellende Geometrie, géométrie descriptive, descriptive geometry
7
画面　Bildebene, plans de projection, projection planes
10，195
基準光線　Diagonalbeleuchtung, 45°-Beleuchtung
137，174
基準光線による陰影　Schatten bei —
137，159，172，174
基線　Rißachse, ligne de terre, folding line
37，196
規則的な曲面　reguläre Fläche，regular surface
129
基本単体（＝オルトシェーマ）
115
基面　Grundebene, plan du sol (plan horizontal de bout), ground plane
195-196
基面に垂直なる平面の測点
212
基面の測点
198
球　Kugel, sphère, sphere
129-130
球の陰影
147
球の斜投象図　axonometrischer Umriß einer Kugel
24，31
球の切断
132
球の接平面
131
球の透視図
219
球の輪郭線
130
球面三角形　sphärisches Dreieck, spherical triangle
134
球面三角形の正弦定理　Sinussatz der sphärischen Trigonometrie, sine theorem of spherical triangle
135
球面三角形の側面の余弦定理　Seiten-Kosinussatz
135
夾角　Neigungswinkel, angle
80
二直線の夾角
85，214
仰観透視図　Froschperspektive, vue perspective plafonnante, oblique perspective viewed from below
220
共線対応　Kollineation, homologie, collineation, homology
共線軸　Kollineationachse, axe d'homologie, axis of perspective collineation
14-15，**101**，147，209-213，216
共線対応の中心（＝共線中心）
14，**101**，209-，216
共線中心　Kollineationszentrum, centre d'homologie, center of perspective
14，147
配景的共線対応　perspektive Kollineation, homologie, perspective collineation
14，56，**101**，147，209-，216
平面配景的共線対応　ebene perspektive Kollineation, correspondance homologique
14，**102**，105，189，209
共通垂線　Gemeinlot, normale commune
94
共通接平面　plan tangent commun, common tangent plane
137，172
共役軸（楕円）　konjugierten Durchmessern, diamètres conjugués, pair of conjugate diameters
17
共役二直径（＝楕円共役二軸）　konjugierte Durchmessern, diamètres conjugués, pair of conjugate diameters
17-19，25-27
曲面　Fläche, surface curve, curved surface
129
代数曲面　algebraische Flächen
129
二次曲面　Drehfläche zweiter Ordnung, surface du second ordre, double cunved surface
150
曲率円　Krümmungskreis, circle of curvature
148
曲率半径　Krümmungsradius, radius of curvature
138，148
虚点　komplexe Punkte, imaginary point
216
距離（直線への）
93
距離円　Distanzkreis, distance circle
200
距離線　Tiefenlinie
200
距離点　Distanzpunkt, point de distance, distance point
200
切取り法面(標高投象)　Einschnitt, talus de déblai, cutting
190
切取り線（標高投象）
191
近似画法　näherungsweise Rektifikation, approximate drawing
139
区間　Intervall, intervalle, interval
177
組立法（透視図法）　Aufbauverfahren
198
仰観透視図の組立法
221
俯観透視図の組立法
222
クラインの４群　Klein's quaternion group
115
傾角　Neigungswinkel, inclinaison, inclination
80，177
水平傾角　Neigungswinkel gegen die Grundrißebene
80，84，134，177
直立傾角　Neigungswinkel gegen die Aufrißebene
80，84
経線（子午線）　Meridian, méridienne, meridian
160
結点　Knotenpunkt
43，54
元像　inverse image
130
建築家配置法　Architektenanordnung
197
喉円　Kehlkreis, cercle de gorge, gorge circle
150
交会法　Einschneideverfahren, cutting ray method
50，226
構成的　konstruktiv
7
構成的問題
78
交切状態
99
交線　Schnittgerade, intersection
56，60
平面の交線
60
二平面の交線
181
光線錐　Lichtstrahlenkegels, cône d'ombre, cone of ray
147
光線柱　Lichtstrahlenzylinder, cylindre d'ombre, cylinder of ray
137，166，172，174
合同変換　congruent transformation
138
合同直線（＝一致直線）
44
合同平面（＝一致平面）
40
勾配（標高投象）　Böschung, pente, slope
177，179
勾配円錐　Böschungskegel, declivity cone
182
指定された勾配　prescribed slope
182
平面の勾配　Böschung der Ebene, slope of plane
179
勾配尺　Böschungsmaßstab, échelle de pente, scale of slope (line of fall)
179-180，**182**，186，189，191，193
平面の勾配尺　Böschungsmaßstab der Ebene, échelle de pente, line of fall
179，189，191
光面　beleuchtete Fläche, illuminated face
137

さ行

最高点
132
最低点
132
差掛平面　Pultebene
48
三角錐　Tetraeder, tétraèdre, tetrahedron
98，168
視円　Sehkreis
197
視覚論　Perspectiva naturalis
194

視距離，視高　Distanz, distance
196，229
視錐　Sehkegel, visual cone
9，195
視線　Sehstrahl, projetante (rayon perspectif), visual ray
9-10，195
視点　Augpunkt, point de vue, view point
10，195
視平面　Sehebene, plan principal de vision (plan d'horizon)
196
子午線　Meridian, méridienne, meridian,
160
軸測投象　Axonometrie, projection axonometrique, axonometric projection
20，52，65，95
軸測軸　Parallelriβ der Koordinatenachsen
21，23，32-33，49
軸測二次投象　axonometrisches Nebenbild
52
軸測二次投象図　axonometrisches Nebenbild
21，52
軸測比　Verzerrungsverhältnis
21
軸測平面図　axonometrischer Grundriβ
21，52
軸測立面図　axonometrischer Aufriβ
21
軸測側面図　axonometrischer Kreuzriβ
21
斜軸測投象　schiefe Axonometrie, axonométrie oblique, oblique axonometry
7，**20**
斜軸測投象の補助平面図　Hilfsgrundriβ
49
三軸測投象　trimetrische Projektion, trimetric projection
21
直軸測投象（＝正軸測投象）　normale Axonometrie, orthogonal axonometry
7，20，**32**
等軸測投象　isometrisches Bild, isometric drawing
21，30，33
二軸測投象　dimetrische Projektion, dimetric projection
21
実長　wahre Länge, true length
80，83
射影　Projektion, projection, projection
7
射影空間　projektiver Raum
11
射影直線　projektive Gerade
11
射影平面　projektive Ebene
11
斜円錐（「円錐」の項参照）
斜円柱（「円柱」の項参照）
斜三角錐
103，106，168
斜三角錐の切断
104，106
斜三角柱
99，108
斜三角柱の切断
107，189
斜投象　schiefe Projektion, projection oblique, oblique projection
7，12
斜投象図　Schrägriβ, projection oblique, oblique projection
12，21，23
写真から被写体の立面画を取り出す方法
228
射線（＝投射線）　Sehstrahlen, projetantes (rayons perspectifs), visual rays (projecting lines)
14-15
射線交会法　Einschneideverfahren, cutting ray method
50，226
透視図の射線交会法
225
写像
7，10
自由透視図法　freie Perspektive
205
縮比（＝縮率）
33
縮率　Verkürzungsverhältnis, ratio of axonometry
21
三軸測軸の縮率
34
縮率三角形　Verkürzungsdreieck
34
主軸　Koordinatenachse, coordinate axis (principal axis)
主軸の測点（透視図法）
224
主軸面　Koordinatenebenen (Hauptebene), coordinate plane (axial plane)
21，224
主軸面三角形（斜軸側投象）
23
主軸面直角三角形（直軸側投象）
32
主軸面の測点（透視図法）
226
主視線　Hauptsehstrahl, rayon visuel principal, principal line of vision
196, 220
主対角線　principal diagonal
113，121-122
主直線　Hauptlinie, principal line
47
第 1 主直線　erste Hauptlinie, droite horizontale, first principal line
47
第 2 主直線　zweite Hauptlinie, droite de front (frontale), second principal line
47
主点（透視図法）　Hauptpunkt, point de fuite principal, center of vision (principal point)
196, 229
主平面
48，54，61
第 1 主平面　zur Grundriβebene paralleler Ebene, plan horizontal
54
第 2 主平面　zur Aufriβ ebene paralleler Ebene, plan de front,
54
主方向（楕円）　Hauptachsen der Ellipse
27
シュレーフリの記号　Schläfli symbol
113
準線　Leitgerade, directrice, directrix
140
準正多面体　semiregular polyhedron (Archimedian solid)
123
準正多面体の双対多面体
125
象限　Quadrant, quadrant, quadrant
37
消失点（＝消点）
11
消線　Fluchtlinie, ligne de fuite, vanishing line
11，**196**，202，207，224
消点　Fluchtpunkt, point de fuite, vanishing point
11，195
焦点　Brennpunkt, foyer, focus
27，31，140，142
消(点)三角形　Fluchtdreieck
224
消滅線　Verschwindungslinie
11，195-196，216
消滅点　Verschwindungspunkt
10，195，216
消滅平面　Verschwindungsebene
10，195，216
正面視図（＝立面図）　Aufriβ, vue frontale, frontal view
39
シンメトリー平面　Symmetrieebene, premier bissecteur
40
水平距離（標高投象）　horizontaler Abstand, distance
176
水平投象面（第 1 投象面）　Grundriβebene, plan horizontal de projection, horizontal plane of projection
37
垂線　Normale, normale (perpendiculaire)
72，91，186，215
直線への垂線
93，214
平面への垂線
73，91，215
垂直二等分平面
91
錐(状)面　konoidale Flächen, conoïde, conoid
129，140
錐体　Kegel, cône, cone
95
錐体の相貫線作図
169
錐面（＝錐体）
129，140
錐面の相貫
168
図学（＝図法幾何学）
7
図形の量の問題　Maβaufgabe, problèmes métriques
85
図法幾何学（＝図学）　Darstellende Geometrie, géométrie descriptive, descriptive geometry
7

スケール　Verzerrungsmaβstab, échelle, scale
176
正射投影　normale Projektion, projection orthogonale
12
正則写像　regular mapping (transformation)
10
正多面体　reguläres Polyeder, polyèdre régulier, regular polyhedron
113
正４面体　reguläres Tetraeder, tetraèdre régulier, regular tetrahedron
116
正６面体　reguläres Hexaeder, cube
118
正８面体　reguläres Oktaeder, octaèdre régulier, regular octahedron
118
正 12 面体　reguläres Dodekaeder, dodécaèdre régulier, regular dodecahedron
120
正20面体　reguläres Ikosaeder, icosaèdre régulier, regular icosahedron
120
正投象　zugeordneter Normalriβ, Zweitafelverfahren, méthode de la double projection, Monge's representation
7，37
正投象図　Grund- und Aufriβ, épure, orthographic projection
跡垂線　Spurnormale, droite de pente, grade line
44，82，87
水平跡垂線　Erst spurnormale, first grade line
44，132
直立跡垂線　Zweitespurnormale, second grade line
44
跡線　Spur, trace, trace line
22，43，53，195，202，207，224
第１跡線　erste Spur, trace horizontale, first trace line
43
第２跡線　zweite Spur, trace verticale, second trace line
43
水平跡線（＝第１跡線）
43
直立跡線（＝第２跡線）
43
跡線三角形　Spurendreieck, Bildspurdreieck
22，32，54，65，224
跡点　Spur punkt, trace, point of trace
52，195
第１跡点　Erstspurpunkt, trace horizontale, first point of trace
41
第２跡点　Zweitspurpunkt, trace vertical, second point of trace
41
水平跡点（＝第１跡点）
41
直立跡点（＝第２跡点）
41
跡平行線　Spurparallelen
87
第１跡平行線　erste Spurparallelen, horizontale du plan, first principal line
43
第２跡平行線　zweite Spurparallelen, frontale du plan, second principal line
43
水平跡平行線（＝第１跡平行線）
43
直立跡平行線（＝第２跡平行線）
43
接円錐法　Kegelverfahren, méthode du cône circonscrit
158
接球法　Kugelverfahren, méthode de la sphère inscrite
159
接触　Berühren, circonscrire, inscrire,
135
接触円　Berührkreis, cercle de contact
135，140，159
接触球（＝内接球）　berührende Hilfskugel, sphère inscrite
135，152，159
接触線
135，147
接線　Tangente, tangente, tangent
17，25，108，142，147，158，161，172，216
接点　Berührungspunkt, point de contact, point of contact
135，144，151，158，162
接平面　Tangentialebene, plan tangent, tangent plane
131，142，147，157
接平面法　Methode der Tangentenebene, méthode des plans tangents
161-162，168
切断　ebener Schnitt, section plane, plane section
98，103，106-107，132，188
切断三角形　Schnittdreieck
106
切断図形
101，107
切断線
104，105，108，132
切断平面
132
切断法（透視図法）　Durchschnittverfahren
196
切断面
101，132
切頭４面体　truncated tetrahedron
124
切頭８面体　truncated octahedron
124
切頭 12 面体　truncated dodecahedron
124
切頭 12・20 面体　truncated icosidodecahedron
124
切頭 20 面体　truncated icosahedron
124
切頭立方体　truncated cube
124
切頭立方８面体　truncated cuboctahedron
124
漸近錐　Asymptotenkegel, cône asymptote, asymptotic cone
151
漸近線　Asymptote, asymptote rectiligne, asymptotic line
142，146，151
線織面　Regelfläche, surface réglée, ruled surface
129，154
全単射　bijection
10
全透視　total perspective, ligne fuyante
195
像　Bild
10
相貫　Durchdringung, intersection, intersection
161-162
相貫（一般回転面）
175
相貫（直円柱と球）
173
相貫線　Durchdringungskurve, curve d'intersection, intersecting line
161-162，164，168，172，187
相貫線の接線
161，173
相似的関係（ホモロジー対応の特殊な場合）　homothétique
226 注記
双曲線　Hyperbel, hyperbole, hyperbola
140，218
双曲線の簡易図法
145
双曲線の漸近線
142，146
双曲線の配景的アフィン変換
145
双曲線柱　hyperbolischer Zylinder
150
双曲線的放物線面　hyperbolisches Paraboloid, paraboloïde hyperbolique, hyperbolic paraboloid
130
双曲放物線面　hyperbolisches Paraboloid, paraboloïde hyperbolique, hyperbolic paraboloid
129，**154**
単（一葉）双曲線面（＝単双曲線回転面）
129，**150-152**
複（二葉）双曲線面
129，**150**
単双曲線回転面　Drehhyperboloid, einschaliges Hyperboloid, hyperboloïde à une nappe, hyperboloid of one sheet
129，**150-152**
単双曲線回転面の近似的展開図
153
複双曲線回転面　zweischaliges Hyperboloid, hyperboloïde à deux nappes, hyperboloid of two sheets
129，**150**
双対　dual
115
自己双対　Selbstdual
115
双対的関係　Dualität
115，120
走向
179
走向角
179
測線　Meβlinie, ligne d'égale résection, measuring line
200，203，204，225

測地線　ligne géodésique, geodesic
134，138，148
測点　Meβpunkt, point de fuite des lignes d'égale résection, measuring point
200，209，224
基面の側点
198，209
直線の測点
202
平面の測点
210，214，229
側面視図　Kreuzriβ, vue de profil, side view
39
側面図　Kreuzriβ, vue de profil, side view
38

た行

ターレス円　Thales'circle (Thales' theorem)
17，26
第 1 角法（正投象）　first-angle projection
39
第 3 角法（正投象）　third-angle projection
39
対応射線　Sehstrahlen, projetante, projector
14，101
対応線（正投象）（＝配列線）　Ordner, ligne de rappel, projection line (ordinate)
40
帯環
160
楕円　Ellipse, ellipse, ellipse
16-18，25-27，31，88-89，132，139，144
楕円回転面　Ellipsoid, ellipsoïde
155
楕円柱　elliptischer Zylinder
150
楕円の共役軸　konjugierte Durchmessern, diamètres conjugués
17，19，**26**，**68**，76，132
楕円の共役二直（半）径　konjugierten Durchmessern, diamètres conjugués, pair of conjugate diameters
26，76-77，89，105，108，216
楕円の焦点　Brennpunkt, foyer, focus
27，31，135
楕円放物面　elliptisches Paraboloid, paraboloïde elliptique, elliptic paraboloid
129，**154**
楕円面　Ellipsoid, ellipsoïde, ellipsoid
129–130，**155**
目盛楕円は同項参照
輪郭楕円は同項参照
楕球　Drehellipsoid, ellipsoïde de révolution, ellipsoid of revolution
129-130
（短）楕球　oblate spheroid
155
（長）楕球　prolate spheroid
155
多面角　polyhedral angle
113
多面体　Polyeder, polyèdre, polyhedron
113
多面体の対角線　Diagonal
113
多面体の面　Seitenfläche, face, face
113
多面体の稜　Konte, arête, edge
113
12・20 面体　icosidodecahedron
124
準正多面体　semi-regular polyhedron
123-124
切頭多面体　truncated polyhedron
124
ねじれ多面体　snub polyhedron
124
単曲面　single curved surface
129
単面投象
7，20
ダンデリンの球　Dandelinsche Berührkugel
135，**140**，142，145，219
ダンデリンの定理　Satz von Dandelin, théorème de Dandelin
142
地形曲面　Geländefläche, land surface
190
地平線　Horizont, ligne d'horizon (horizontale principale), horizon line
196
中心配景的位置　zentralperspektive Lage, en perspective
14
中心投象　Zentralprojektion, projection centrale (projection conique), central projection
7，**10**，14，195
柱体（＝柱面）
95
柱面　Zylinder, cylindre, cylinder
129，135
柱面の相貫
162
柱状面　Zylindroid, cylindroïde, cylindroid (cylindrical surface)
129
鳥瞰図（＝俯瞰図＝俯瞰透視図）
鳥瞰・俯瞰（「カヴァリエ透視」の意味で）
30
頂点　Ecke, sommet, vertex
113，140，168
頂点接触放物線面　oskulierendes Scheitelparaboloid
129
頂面視図　top view
39
直投象　normale Projektion, projection orthogonale, orthographic projection
7，**12**，32，37
直投象図　Normalriβ，projection orthogonale, orthogonal projection
12
直立跡（＝第 2 跡）　zweite Spur, trace verticale, second trace
直立跡垂線　Zweitespurnormale, ligne de pente, first grade line
44
直立跡線　zweite Spur, trace verticale, second trace line
43
直立跡点　Zweitespurpunkt, trace verticale, second point of trace
41
直立跡平行線　Zweitespurparallelen, droite frontal du plan, second principal line
43
直立投象面（第 2 投象面）　Aufriβebene, plan vertical, frontal plane
37
直角対（楕円）　Hauptachsen (der Ellipse)
16，27
直交三脚（＝直交三軸）　rechtwinklig Dreibein, coordinate axis
23，32，224
直交等長三脚　rechtwinklig-gleichschenkliges Dreibein
24，26，28，31
直交等長二脚（著者の造語）
24，29
直交三軸の透視図
224
底面　base
101
底面と切断面の配景的共線対応
103-106
底面と切断面の配景的アフィン対応
107-109
デザルグの一般定理（配景的共線対応）
allgemeiner Satz von Desargues, théorème général de Desargues
14，56，101
デザルグの定理（配景的アフィン対応）
15，102
展開　Abwicklung, développement, development
138
展開可能面（＝可展面）
138
展開図
138，148，152，160
導円
140
導曲線　Leitkurve, directrice, directrix
129
導線　Leitkurve, directrice, directrix
129
導面　Richtebene, plan directeur
129
等高線　Schichtenlinie, horizontale de cote, contour line
178，180
主等高線　Hauptschichtenlinie, horizontale de cote, coutour line
179
等高線の走向
179，182
等高平面　Hauptschichtenebene, plan horizontal de cote, level plane
176，178
等軸測投象　isometrische Projektion, isometric projection
21，30，33
等測図　isometrisches Bild, isometric drawing
33
等測的斜軸測投象　isometrische schiefe Axonometrie, isometric oblique axonometry
30
等長変換（合同変換）
138
透視図対　Bildpaar
195，198，**205**
透視図対の平面配景的アフィン対応
205

透視図法　Perspektive, perspective, central perspective
7，9，**10**，**194-195**
透視平面図　perspektiver Grundriβ
198，205
投影（＝投象）　Projektion, projection, projection
7
投射角　Neigungswinkel der Sehrstrafen, inclinaison des projetantes
21，27
投射線　Projektionsstrahlen, projetante, projector
7，**10**，27，31，39
投射線の方向　Projektionsrichtung, direction de projetante, direction of projector
31
投射直線（斜投象の場合は下記の第１・第２投射直線とは異なる意味をもつ）　projizierende Gerade, projection line
45
第１投射直線　erstprojizierende Gerade, verticale, first projection line
45，54
第２投射直線　zweitprojizierende Gerade, droite de bout, second projection line
45，54
投射中心　Projektionszentrum, centre de projection, center of projection
10，195
投射的（斜投象の場合は下記の第１・第２投射的とは異なる意味をもつ）　projizierend, projecting
41
第１投射的 erstprojizierend, vertical, first projecting
41
第２投射的　zweitprojizierend, de bout, second projecting
41
投射平面（斜投象の場合は下記の第１・第２投射平面とは異なる意味をもつ）　projizierende Ebene, projection plane
25，46，54
第１投射平面　erstprojizierende Ebene, plan vertical, first projection plane
41，46，54
第２投射平面　zweitprojizierend Ebene, plan de bout, second projection plane
41，46，54
重投射平面
46
投象　Projektion, projection, projection
7，10，14
投象図　Bild, projection, view
7，10-12
投象図楕円の二焦点
31
投象図の計量性（量の作図）　Maβaufgabe
7，65，78
投象図の直観性
7
投象対応線（＝対応線、配列線）
40，78
投象面　Bildebene, plan de projection, picture plane
7，**10**，**20**，**37**，78
水平（第１）投象面　erste Bildebene, plan horizontal, first (horizontal) image plane
37
直立（第２）投象面　zweite Bildebene, plan vertical, second (vertical) image plane
37
トーラス（円環）　Kreisringfläche, tore, torus
155
特殊点
188
凸多面体　polyèdre convexe, convex polyhedron
113
土盛線
191-193

な行

内接球　Berührungskugel, sphère inscrite, inscribing sphere
135，**140**，152，159，175
二軸測投象　dimetrische Projektion, dimetric projection
21
二次曲面（「回転面」参照）
二重接平面
157
二面角　dihedral angle
86
ねじれ12・20面体　snub icosidodecahedron
124
ねじれの位置　windschief, gauche, skew
58，94
ねじれの位置にある二直線　windschiefe Geraden, droites gauches, skew lines
58，94，151，206
ねじれ菱形立方８面体　snub rhombicuboctahedron
125
ねじれ面　windschiefe Regelfläche, surface gauche, warped surface
129
ねじれ立方８面体　snub cuboctahedron
124
法面（のりめん）　Böschungsfläche, talus, banking slope
191
造成法面（「切断面」，「盛土面」参照）
191

は行

配景的　perspektive, perspective, perspective
空間的配景的アフィン対応　räumliche perspektive Affinität, affinity in space
102，137
配景的アフィン対応　perspektive Affinität, en affinité, affinity
15，69，89，**101**，136–137
配景的アフィン変換　perspektive-affine Verwandtschaft, transformation d'affinité, perspective affine transformation
144
配景的位置（＝中心配景的位置）　perspektive Lage, en perspective, homologique, in perspective
14
配景的共線軸（＝共線軸）　Kollineationsachse, axe d'homologie, collineation axis
14，101
配景的共線対応　perspektive Kollineation (Zentralkollineation), homologie, perspective collineation
14，56，**101**，**209**
配景的共線対応の中心　Kollineationszentrum, centre d'homologie, vertex of perspectivity
14，101
配景的性質　perspective Eigenschaften, propriété projective, propriété homologique, perspectivity
110
平面配景的アフィン対応　ebene-perspektive Affinität, affinité, correspondance homologique
15，23，49，65，68，**102**，184-185，187，**205**
平面配景的共線対応　ebene-perspektive Kollineation, correspondance homologique, perspective collineation
14，**101**，105，189，209
平面配景的性質
110
配列線（＝対応線）　Ordner, ligne de rappel, ordinate
40，78
半円周の直延
139
非可展面　nicht abwickelbare Regelfläche, non-developable surface
138
非幾何学的曲面　nicht geometrische Fläche
190
菱形12・20面体　rhombicosidodecahedron
124
菱形立方８面体　rhombicuboctahedron
124
標高　Kote, cote numérique, index
176
標高主点　Hauptpunkt, point à cote ronde, point on a level plane
176
標高投象　kotierte Projektion, projections cotées, plan projection
7，20，**176-**
描出的な曲面　graphische Fläche
129
俯瞰（鳥瞰）透視図　Vogelperspektive, vision plongeante, bird's eye view
220
副基線　neue Riβachse, nouvelle ligne de terre, new axis
38，78
副水平跡線　neue Horizontalspur, nouvelle trace horizontale, new first trace line
81
副水平投象面　zweitprojizierende Seitenriβebene, nouveau plan horizontal, second projecting new plane of projection
78
副跡線　Seitenriβspur, dritte Spur, nouvelle trace, new trace line
81
副直立跡線　neue Vertikalspur, nouvelle trace verticale, new second trace line
81
副直立投象面　erstprojizierende Seitenriβebene, nouveau plan vertical, first projecting new plane of projection
78
副投象　Seitenriβ, changement de plan (de projection), auxiliary view
78，85，92

副投象図　Seitenriβ, projection auxiliaire, auxiliary view
78
副投象面　Seitenriβebene, nouveau plan de projection, plane of projection for the secondary auxiliary view (third image plane)
78
副平面図　Seitenriβ, projection horizontale auxiliaire, new top view
78
副立面図　Seitenriβ, projection verticale auxiliaire, new front view
78
複曲面　Drehfläche zweiter Ordnung, quadrique, surface du second ordre, double curved surface (skew surface)
129，155
開複曲面　open curved surface
129，158
閉複曲面　closed curved surface
129，155
複比　Doppelverhältnis
12
複面投象　double projection, multiview drawing
7
部分比　Teilverhältnis
12
閉曲面　closed surface
155
平行光線（による陰影）
137
平行投象　Parallelprojektion, projection parallèle (projection cylindrique), parallel projection
7，10，12
平行二直線
53，58，206
平行配景的位置（＝配景的アフィン対応） parallelperspective Lage
15
平面角　plane angle
113
平面格子（透視図）
204
平面三脚　ebenes Dreibein
24，26，28
平面図　Grundriβ, projection horizontale (plan), top view
37
平面配景的性質（「配景的」の項参照）
平面への垂線
73，91，215
Perspectiva artificialis（絵画術としての透視図法）
194
Perspectiva naturalis（視覚論）
194
変換　Verwandtschaft, transformation, transformation
10
中心相似変換　zentrische Ähnlichkeit, transformation homothétique
172
法線　Bahnnormale, normale, normal
161，164，172，175
曲面法線　Flächennormale
152，161
法線法　Normalenmethode
161，164，172，175
法面　Normalebene, normal plane
161
放物線　Parabel, parabole, parabola
142，217
放物線回転面　Drehparaboloid, paraboloïde de révolution, paraboloid of revolution
129-130，154
放物線柱　parabolischer Zylinder
150
放物線的柱面　paraborischer Zylinder
130
放物線面　paraboloid, paraboloïde, paraboloid
129
双曲放物線面　hyperbolisches Paraboloid, parabolïde hyperbolique, hyperbolic paraboloid
130，154
楕円放物（線）面　elliptisches Paraboloid, paraboloïde elliptique, elliptic paraboloid
129，154
包絡線　Hüllkurve, envelope
144，151
ポールケの定理　Satz von Pohlke, théorème de Pohlke, Principle of Pohlke
24，28
母曲線　erzeugende Kurve, génératrice, generatrix
129
母線，母直線　Erzeugende, Mantellinie génératrice, generatrix
129, 140
補助球　Hilfskugel
174-175
補助平面　Hilfsebene
62，98，100，182
補助面　Hilfsebene
161
ホモロジー対応　perspektive Kollineation, homologie, homology
14，184，**198**，208-209

ま行

交わる二直線
53，58，206
まちがった作図
95，110
三日月形
160
ミリタリー透視図(軸測投象)　Militärperspektive, perspective militaire, bird's eye view (aerial perspective)
30，51
無限遠直線　Ferngerade, droite à l'infini, line at infinity
11
無限遠点　Fernpunkt, point à l'infini, point at infinity
11，195
無限遠平面　Fernebene, plan à l'infini, plane at infinity
11
無限遠要素　Fernelemente, éléments à l'infini, elements at infinity
11
無土工（曲）線（標高投象）　Nullinie, neutral line
193
無土工線
190
目盛楕円（著者の造語）
68
目盛りをつける(直線に)(標高投象)　Graduiren, graduer, calibration
176
面素　Erzeugende, génératrice, generatrix
95，129，140
盛土（面）　Auftrag, talus de remblai, fill (banking)
190
モンジュの回転法　Drehkonstruktion von Monge, méthode de rotation, rotation
83，90-91，148

や行

歪み四辺形　quadrilatère gauche, gauche-quadrilateral
152
捩面（ねじれ面）　windschiefe Regelfläche, surface gauche, warped surface
129

ら行

螺旋面　Schraubfläche, hélicoïde, helicoid
129-130
ラバットメント　Umklappung einer Ebene, méthode de rabattement, revolution of a plane into an image plane
75，**87**，90，134，184
離心率　Abstandverhältnis, Exzentrizität, eccentricity
136，**140**，142
立体の切断
101
リッツの軸作図　Rytzsche Achsenkonstruktion
19
立方８面体　Kuboktaeder, cuboctahedron
124
立面図　Aufriβ, projection verticale (élévation), front view
37
立面図の再構成（傾斜画面）
230
立面図の再構成（直立画面）
229
輪郭線　Umriβ, contour, outline
130，132，142，155，164
真の輪郭線　wahrer Umriβ, Meridian der Drehfläche, contour propre (séparatrice de vision)
130，151-152，156
見えの輪郭線　scheinbarer Umriβ, Kontur, contour apparent
130，151-152，156
輪郭大円（陰線）
25-27
輪郭楕円（影線としての楕円）
27，68-69
類似捩面（トルセ）　Torse
129-130
レンの定理（1669）　Satz von Wren, theorem of Wren
151

人名索引

あ行

アポロニウス　Appolonius (B. C. 262-190)
142
アルキメデス　Archimedes (287？-212B. C.)
123
アルベルティ　Alberti, Leone Battista (1404-1472)
9，194，196
ヴァイスバッハ　Weisbach, J.
35
ウィトルウィウス　Vitruvius, Marcus (ca. 25 B. C.)
194
ヴィヴィアーニ　Viviani, Vincenzo (1622-1703)
173
エウクレイデス（ユークリッド）　Euclid (ca. 300 B. C.)
194
エウドクソズ（ユードクソズ）　Eudoxus (408–355B. C.)
173

か行

グーリエヴィッチ　Гуревич, Г.Ъ.
110
クザーヌス　Cusanus, Nicolaus (1401-1464)
139
クルッパ　Kruppa, Erwin (1885-
24
コカンスキー　Kochansky, Adam Amandus (1631–1700)
139
コクセター　Coxeter,Harold Scott Macdonald (1907-)
113

さ行

シュヴァルツ　Schwarz, Hermann Amandus (1843–1951)
28
シュネル　Snell, van Royen Willebrord (1580-1626)
139
シュレエミルヒ　Schlömilch, Otto
35
シュレーフリー　Schläfli, Ludwig (1814-1895)
113

た行

ダンデリン　Dandelin, Germinal Pierre (1794-1847)
135，140，142，145
チェトヴェルヒン　Tschetweruchin, N. F.
110
デカルト　Descartes, René (1596-1650)
194
デザルグ　Désargues, Girard (1593-1662)
8，194
デューラー　Dürer, Albrecht (1471-1528)
8，194，196

は行

パスカル　Pascal, Blaise (1623-1662)
194
一松　信
113
フランチェスカ　Francesca, Piero della (ca. 1416-1492)
9，194
ブルネレスキ　Brunelleschi, Filippo (1377-1446)
194
フレジェ　Frezier, Amédée François (1682-1773)
123
ホーエンベルグ　Hohenberg, Fritz
24，220
ポールケ　Pohlke, Karlo Wilhelm (1810-1876)
28
ボス　Bosse, Abraham (1602-1676)
8，194
ポンスレ　Poncelet, Jean Victor (1788-1867)
9，194

ま行

マグヌス　Magnus, Ludwig Immanuel (1790-1818)
14
増田祥三
24
マロロワ　Marolois, Samuel
9
宮崎興二
113
ミュラー　Müller, Emil (1861-1927)
24
モンジュ　Monge, Gaspard (1746-1818)
7，37，194

ら行

ラムベルト　Lambert, Johann Heinrich (1728-1777)
15
リッツ　Rytz, David (1801-1868)
19
レン　Wren, Chirstopher (1632-1723)
151

著者略歴
玉腰芳夫（たまこし　よしお）
1938年生，1984年没
京都大学工学部建築学科卒業，同大学院博士課程修了，工学博士。
専攻：　　図学，日本建築空間論，建築論
主要著書：『図学ノート』（共著，前川道郎）ナカニシヤ出版，1978年
『基礎図学』（共著，長江貞彦）共立出版，1979年
『古代日本のすまい』ナカニシヤ出版，1980年
『玉腰芳夫遺稿集：浄土教建築の建築論的研究』（私家本）1984年
伊従　勉（いより　つとむ）
1949年生，京都大学工学部建築学科卒，同大学院博士課程修了，フランス国立建築大学パリ・ヴィルマン校CEAA学位，京都大学大学院人間・環境学研究科教授。
専攻：　　図学，空間人類学，建築論・都市論
主要著作：『旧琉球王国首里王城祭祀、久高島祭祀祭場についての空間論的研究』
（単著、京都大学大学院人間・環境学研究科）1999年
『エコロジーと人間環境』共著、リエージュ大学，ベルギー，1999年
『都市空間の景観』グルー・イヨリ編，インーシツ出版，フランス，1998年
『都市の克服』共著，ベルク編，国立社会科学高等研究院，フランス，1994年
URL.:http://www.users.kudpc.kyoto-u.ac.jp/~k54315/iyori/iyori.html

図　学　下　巻

1984年4月10日　初版第1刷発行
2023年9月20日　増補改訂版
　　　　　　　　第4刷発行
著　者　玉腰芳夫
　　　　伊従　勉
発行者　中西　良
発行所　株式会社ナカニシヤ出版
〒606-8161　京都市左京区一乗寺木ノ本町15番地
telephone　075-723-0111
facsimile　075-723-0095
郵便振替　01030-0-13128
URL http://www.nakanishiya.co.jp/
E-mail iihon-ippai@nakanishiya.co.jp

ISBN978-4-88848-597-5 C3050
Printed in Japan

演　習

図6-1　球Σ_1，Σ_2に交わる直線ℓ，gとの交点を求めよ。

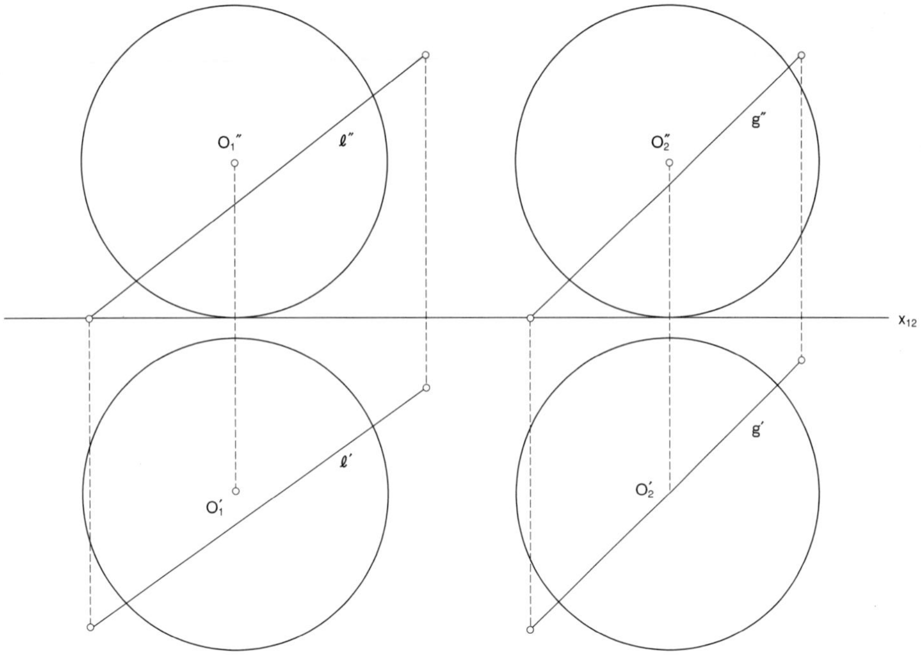

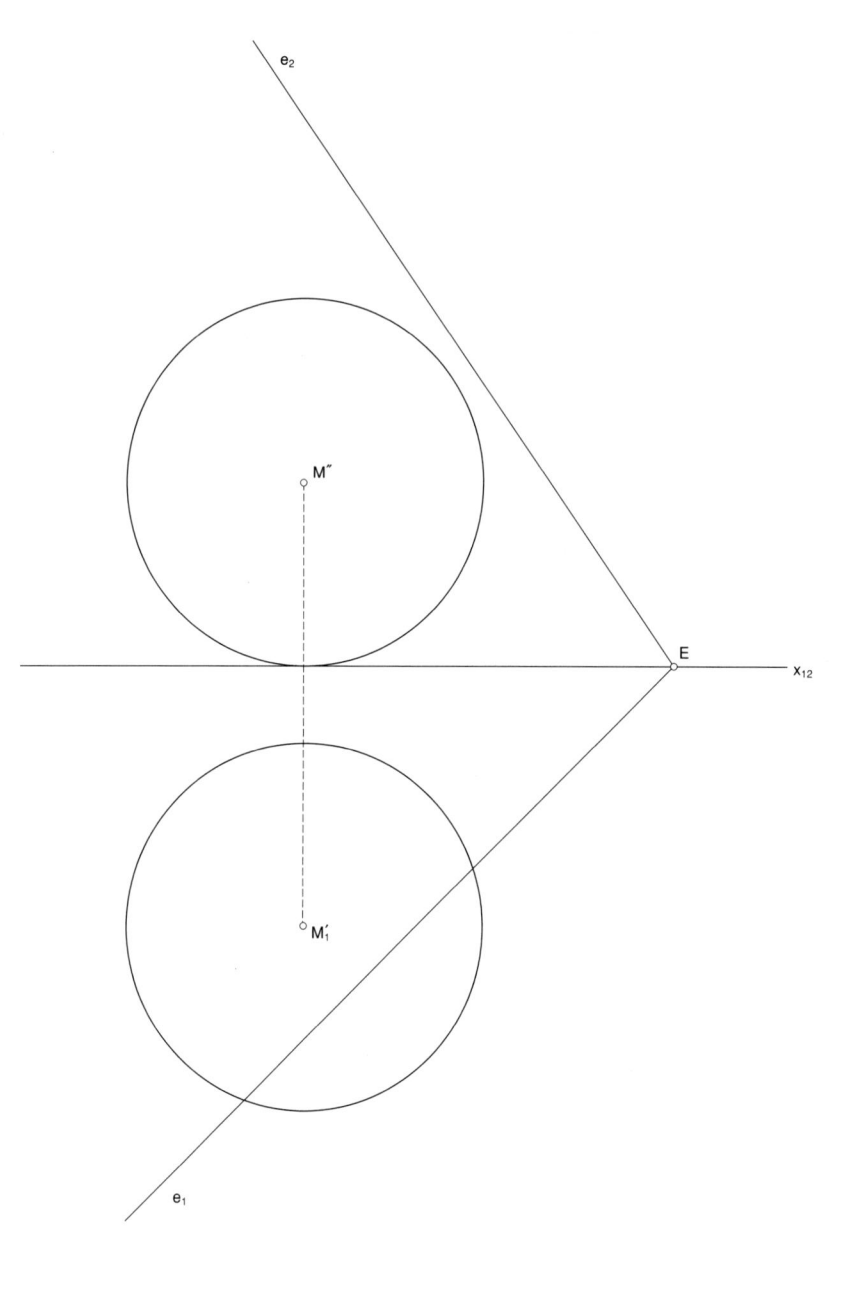

図6-2　切断平面ε（$\perp \Pi_2$）による球Σの切断面の投象図を求めよ。

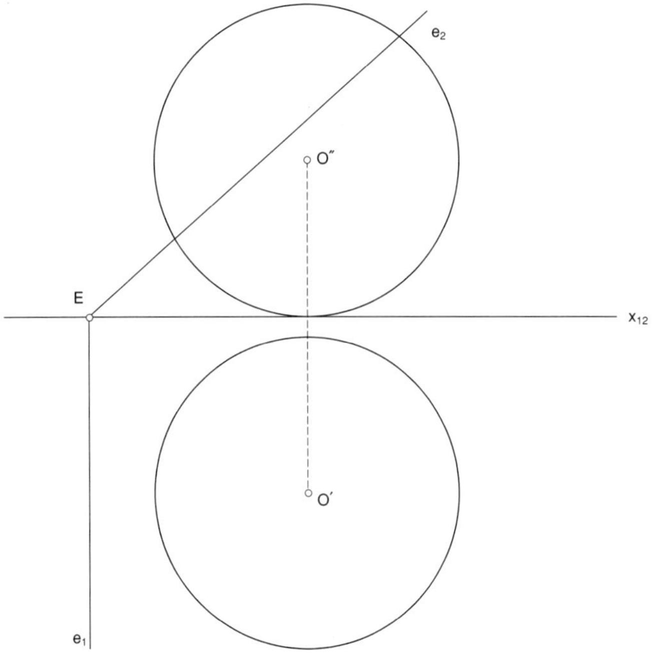

図6-3　切断平面εによる球Σの切断面を求めよ。

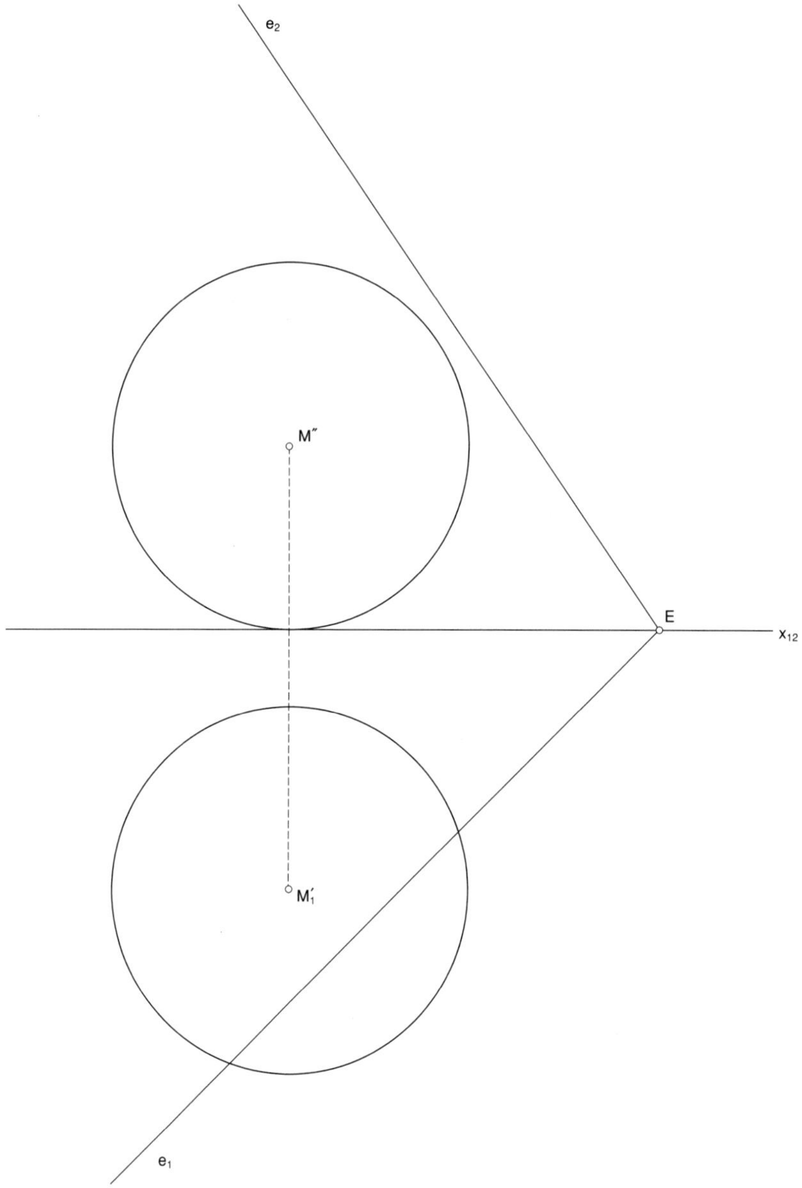

図 6-4　球Σ上の点Pにおける球の接平面を求めよ。

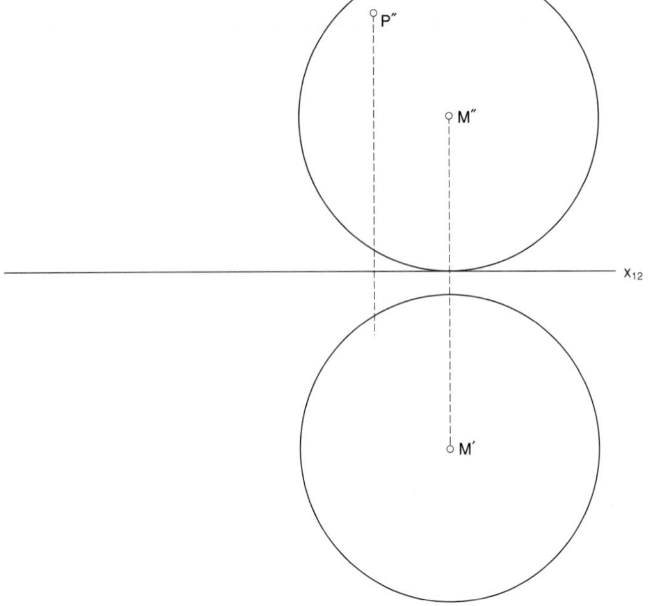

図 6-5　球$Σ_1$上の点Pにおいて外接し，同時に水平投象面$Π_1$と接する球$Σ_2$を求めよ。

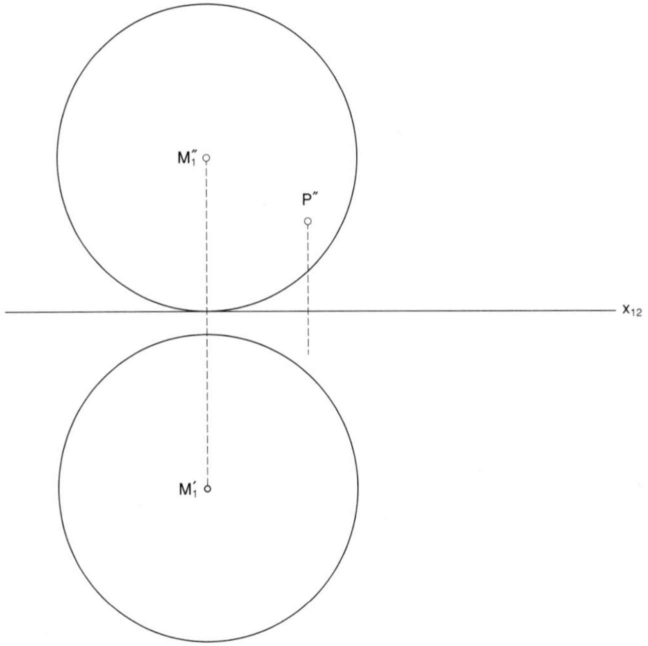

図 6-6　球面三角形ABCの中心角 a，b，c が与えられた場合の内角α，β，γを求めよ。但し a=45°，b=30°，c=60°とする。

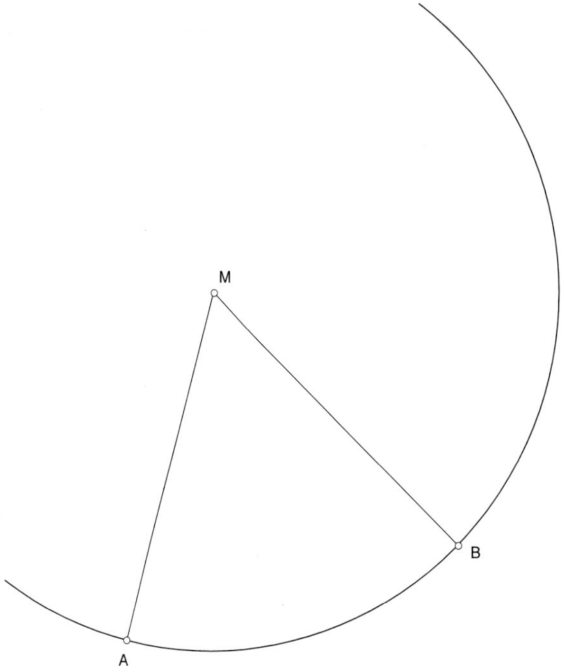

図 6-7　平面εによる直円柱Φの切断線k（楕円）の焦点を求めよ。また，切断線 k の実形を求めよ。

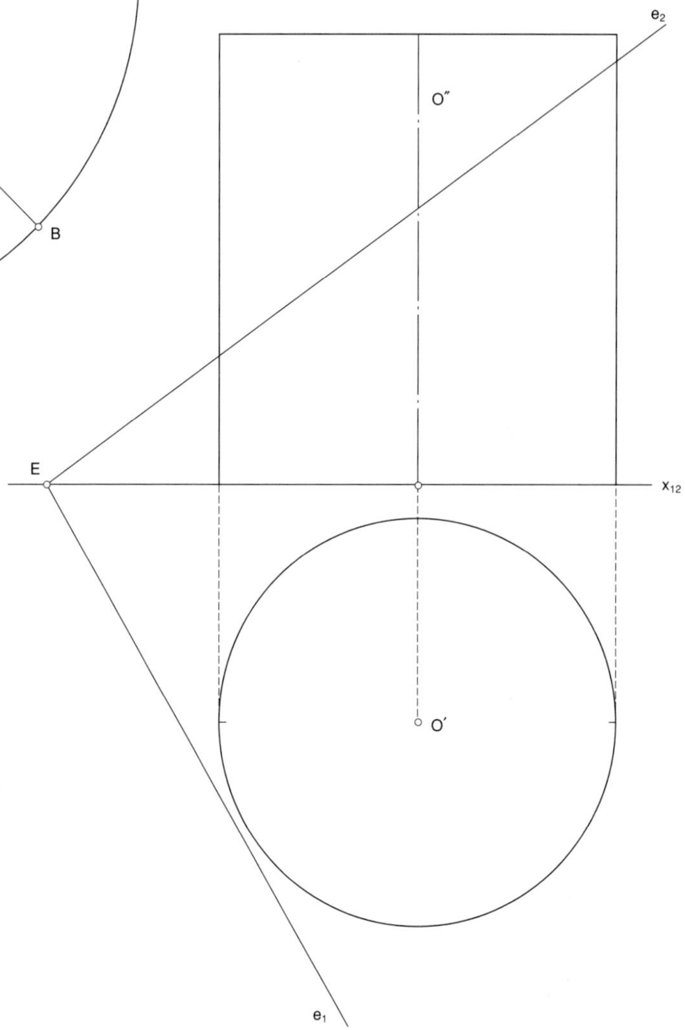

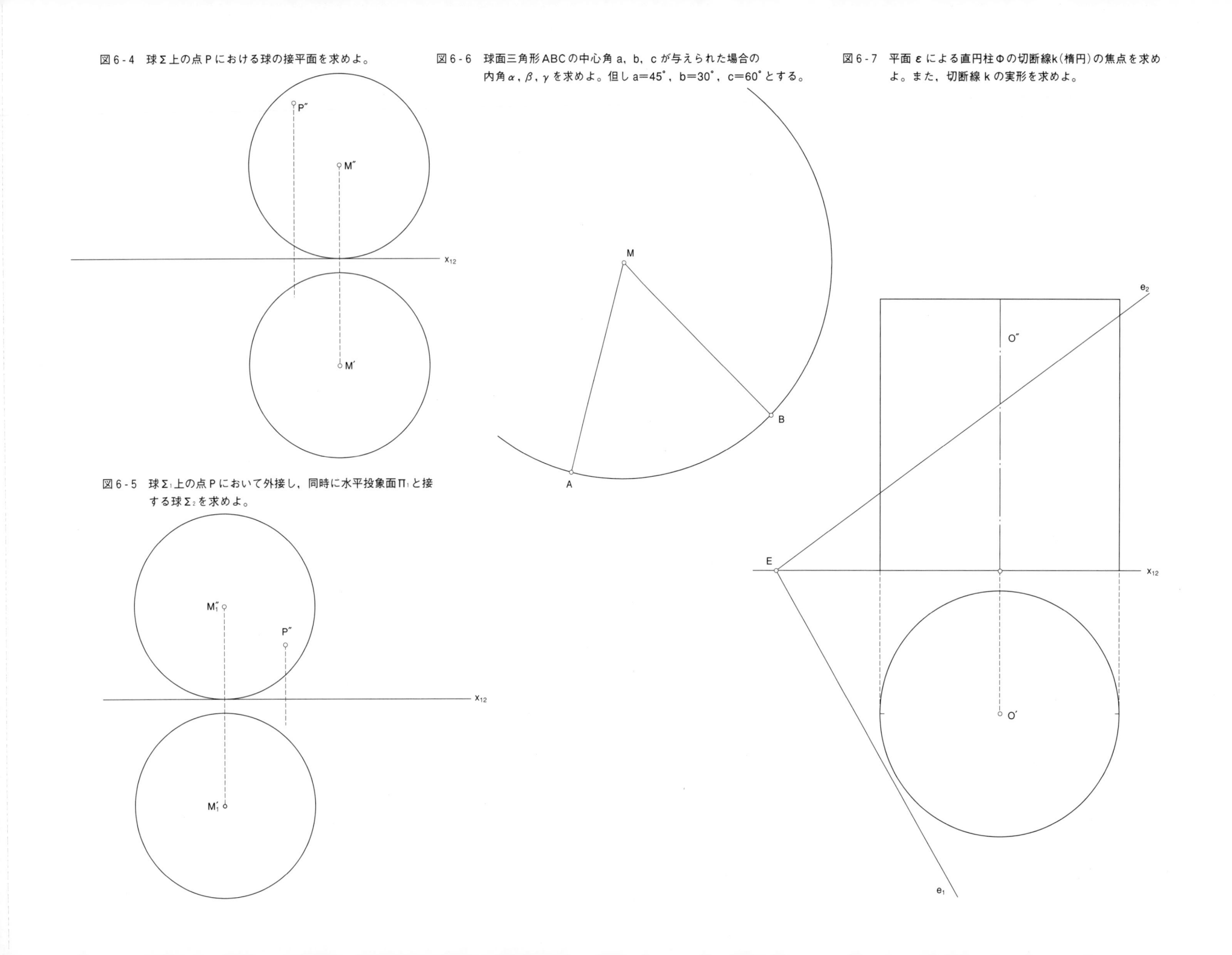

図6-8　斜円柱Φの陰影の全てを求めよ。

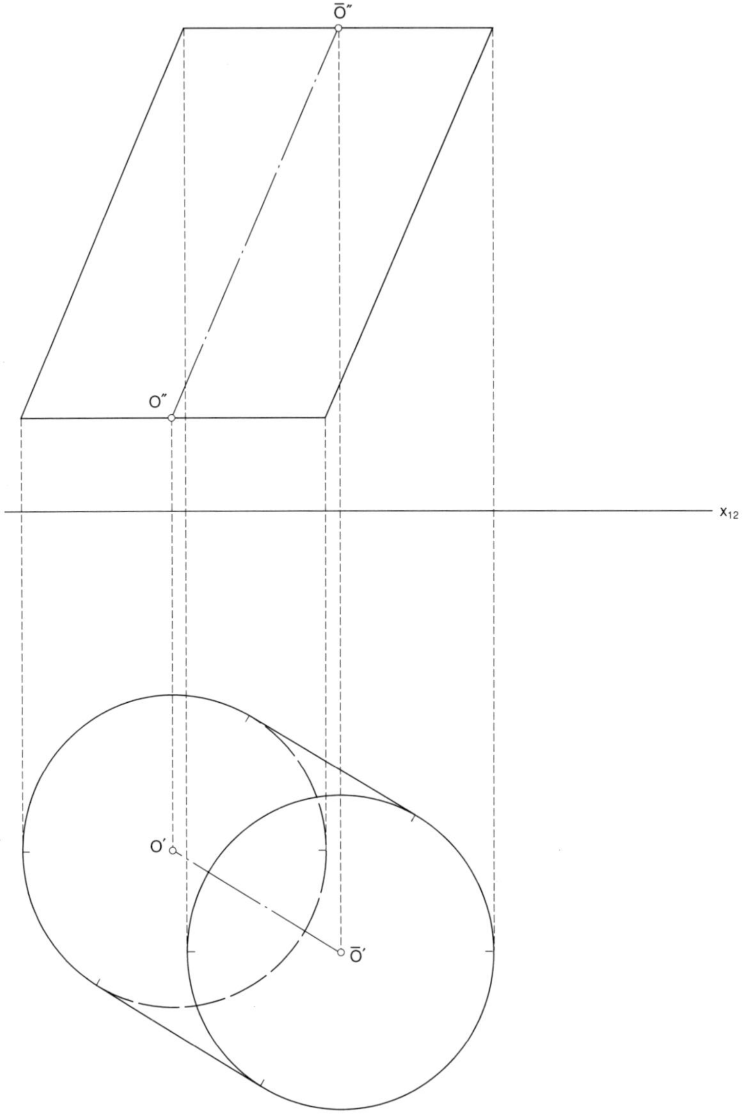

図6-9　直円柱Φを平面 ε で切断し，その下半部の展開図を求めよ。またΦ上の二点P，Q間の測地線を求めよ。

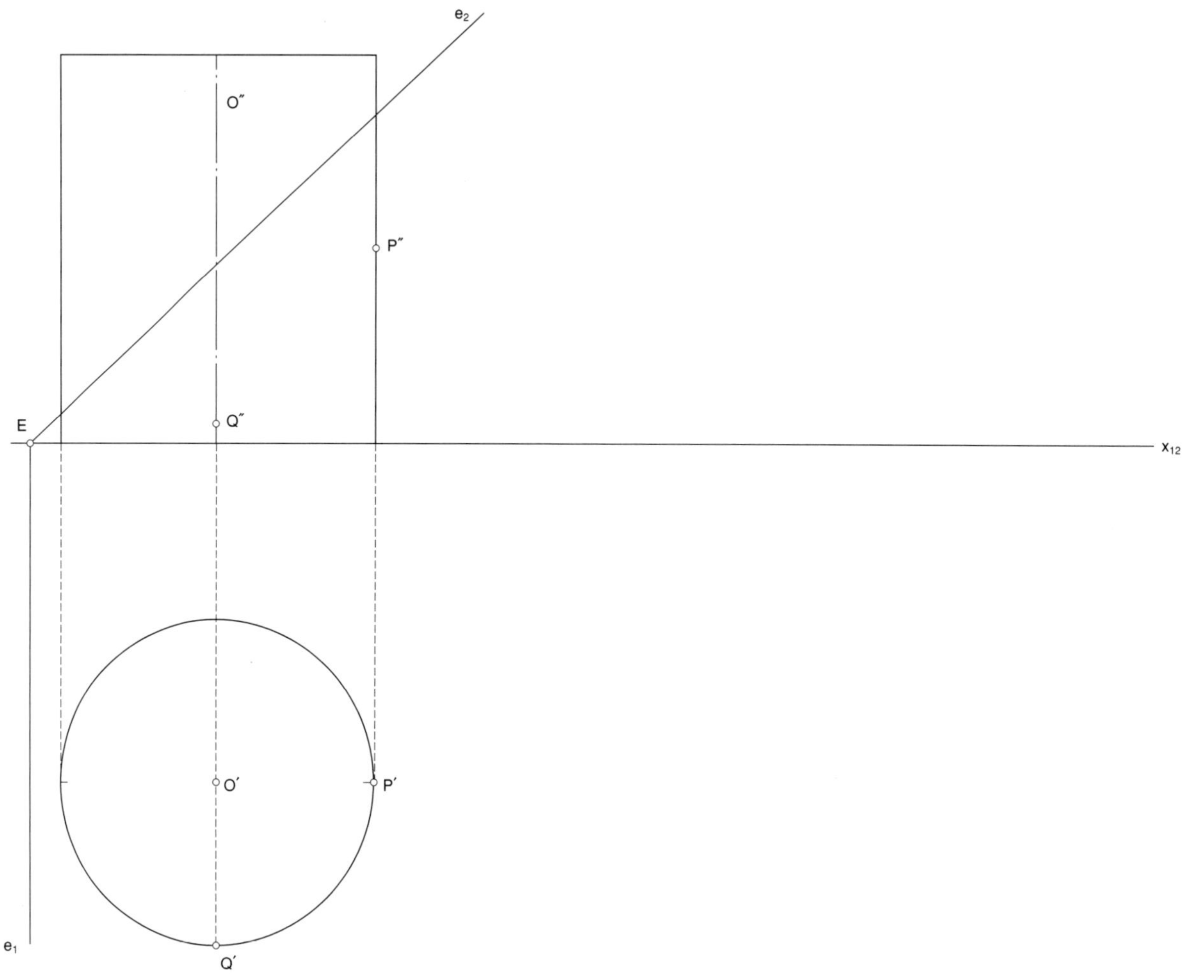

図6-10　直円錐Φの平面 ε_1, ε_2, ε_3 による切断線の投象図，及びその実形を求めよ。

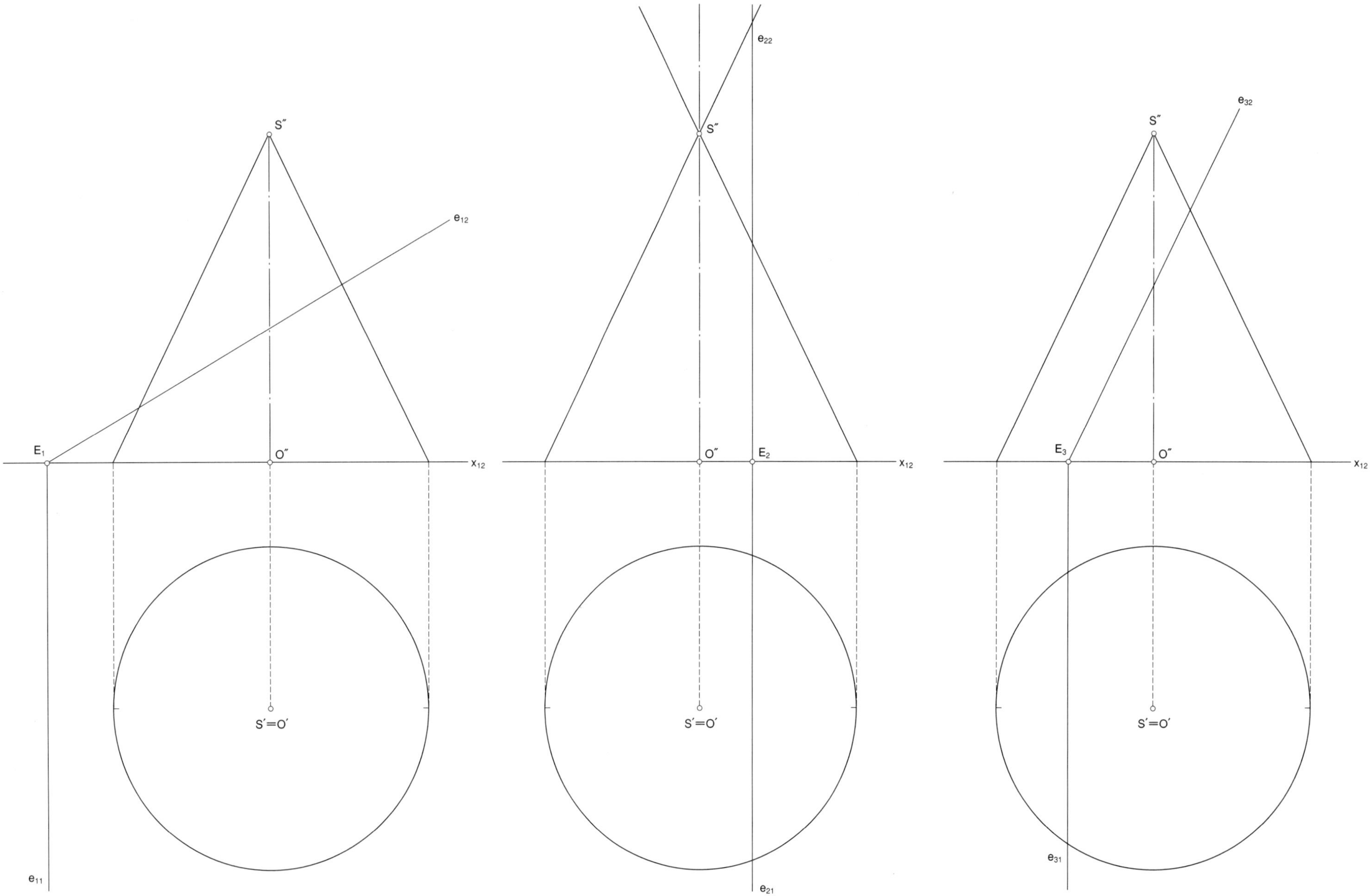

図 6-11　点光源Sによる球Σの陰影の全てを求めよ。

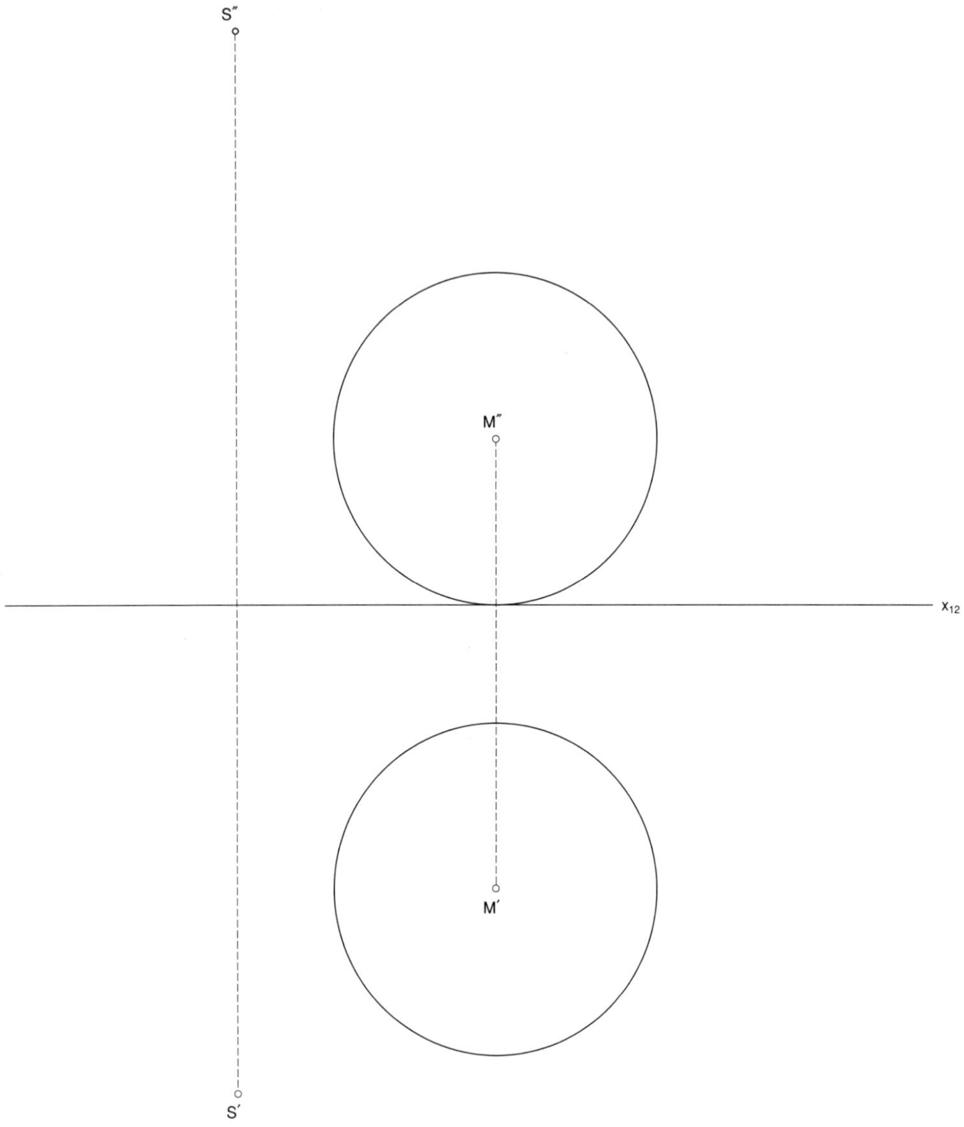

図 6-12　基準方向の平行光線による直円錐Φの陰影の全てを求めよ。

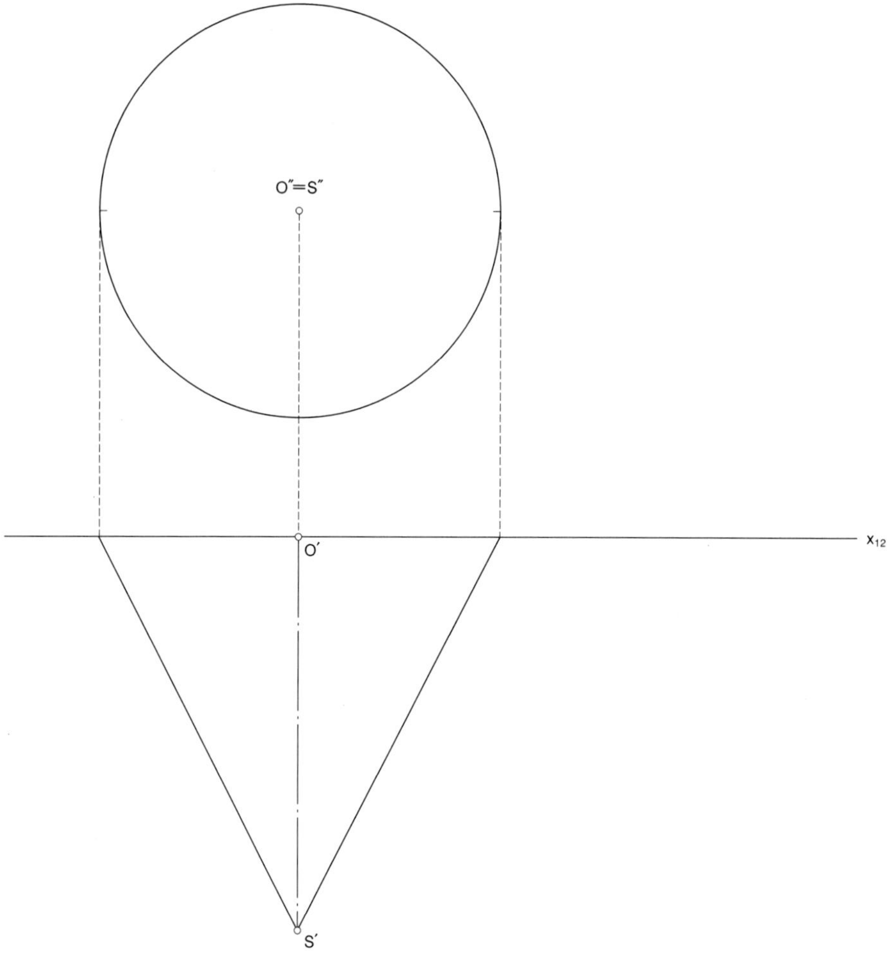

図 6-13　平面 ε による直円錐 Φ の切断線を求めよ。またその下半部の展開図を求めよ。

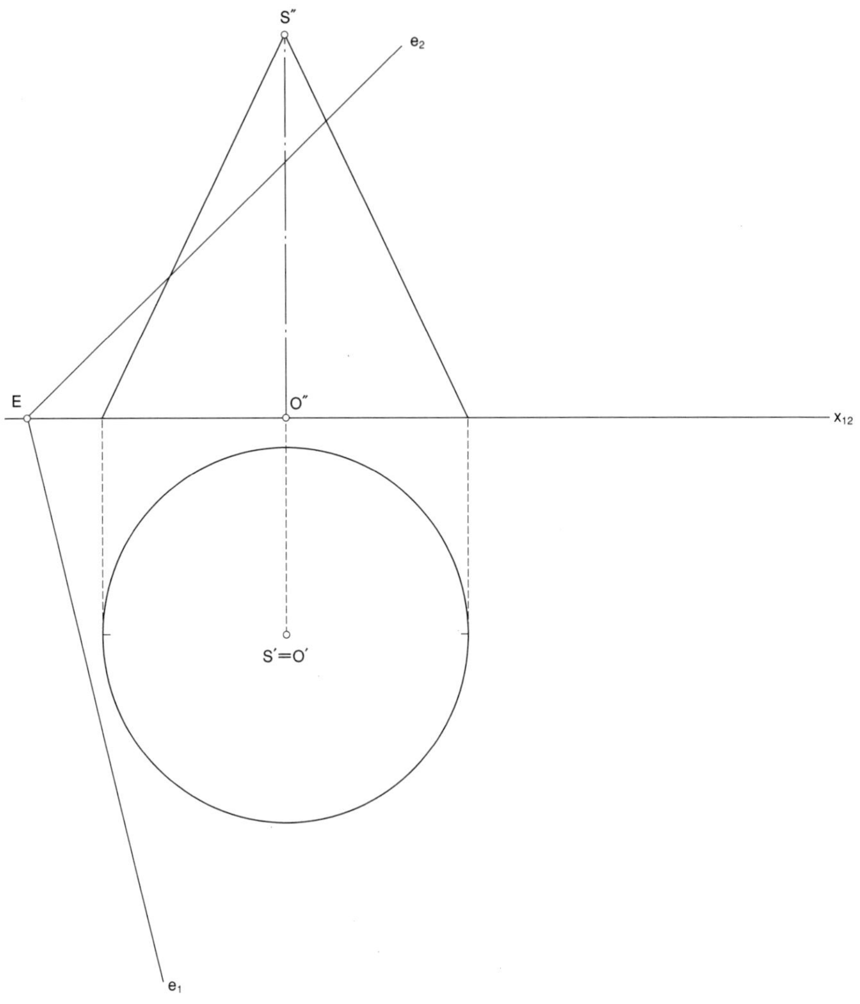

図 6-14　斜円錐 Φ を平面 ε で切断し，その下半部の展開図を求めよ。また，円錐面上の点 P，Q 間の測地線を求めよ。

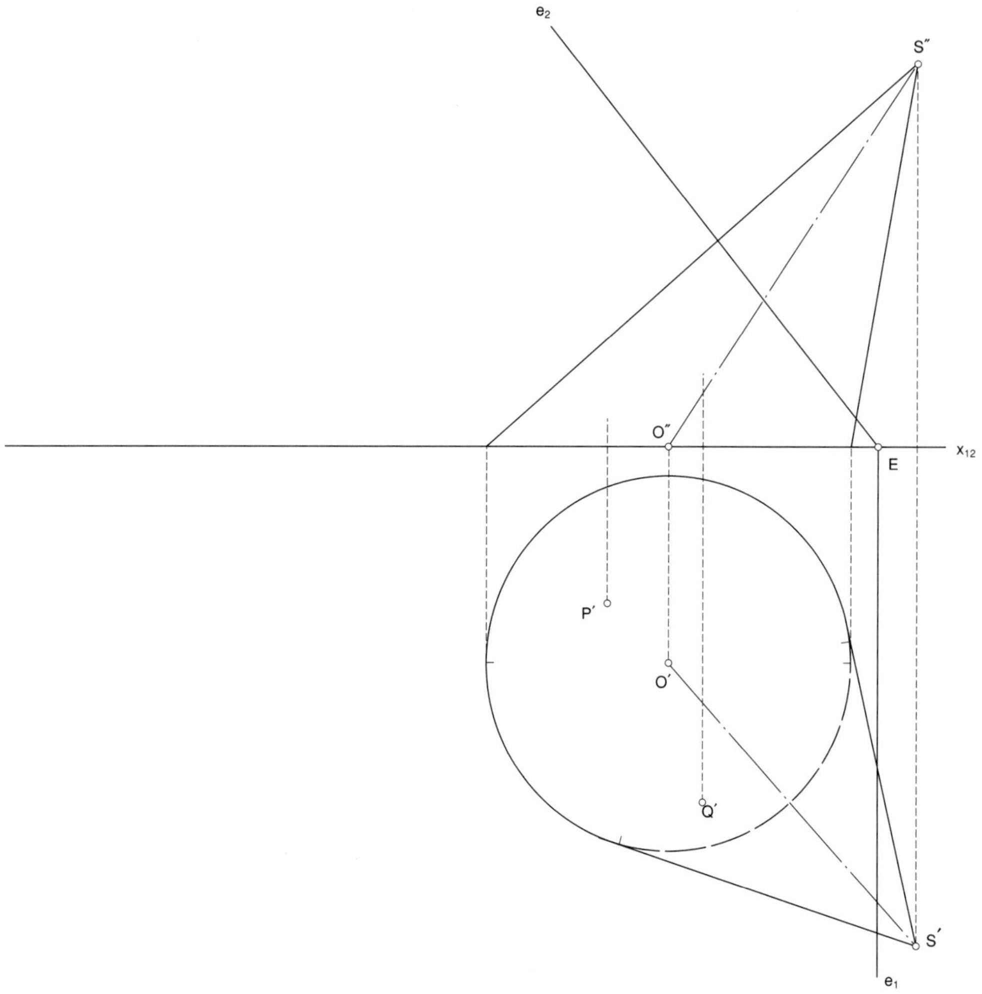

図 6-15　直線 ℓ を直線 g の廻りに回転して出来る曲面の輪郭線を求めよ。また，曲面上の点 P における輪郭線の接線を求めよ。そして平面 ε (// Π_2)による切断線を求めよ。

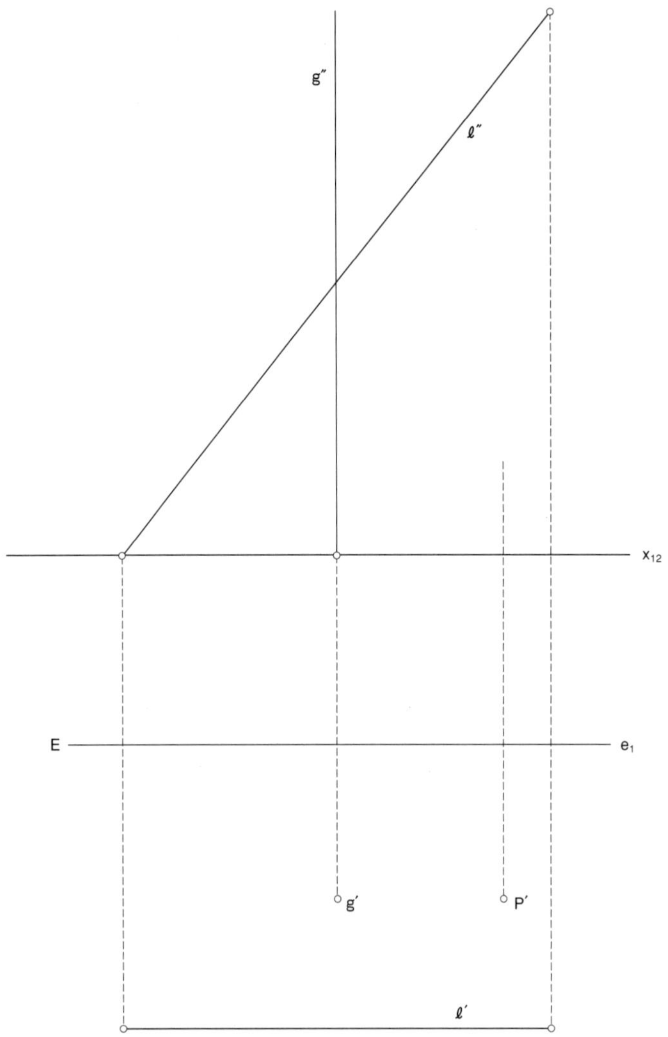

図 6-16　直線 ℓ を直線 g の廻りに回転して出来る曲面の輪郭線を求めよ。

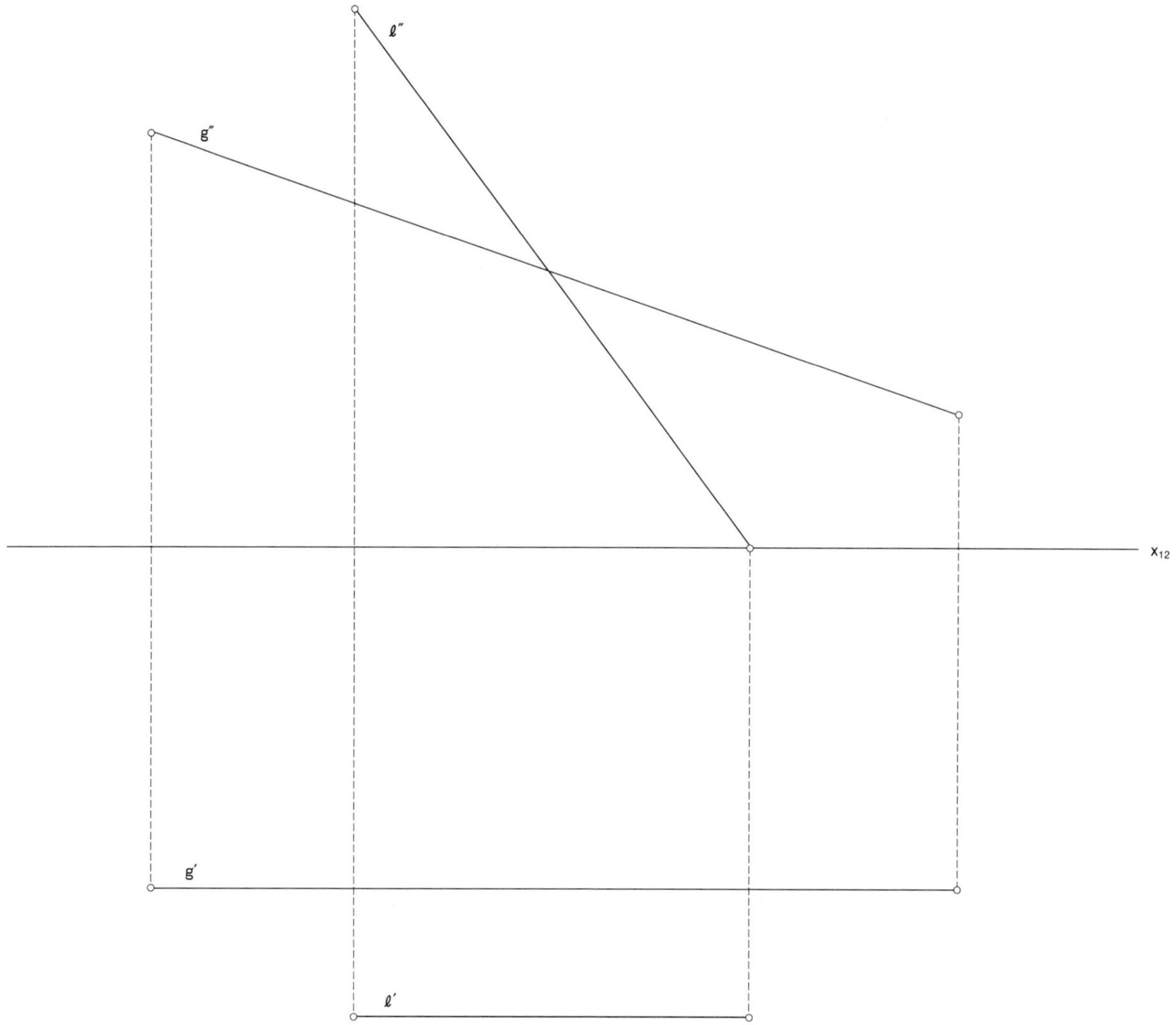

図 6 -17　直線 ℓ を直線 g の廻りに回転して出来る曲面の展開図を求めよ。
また，曲面上の点 P，Q 間の測地線を求めよ。

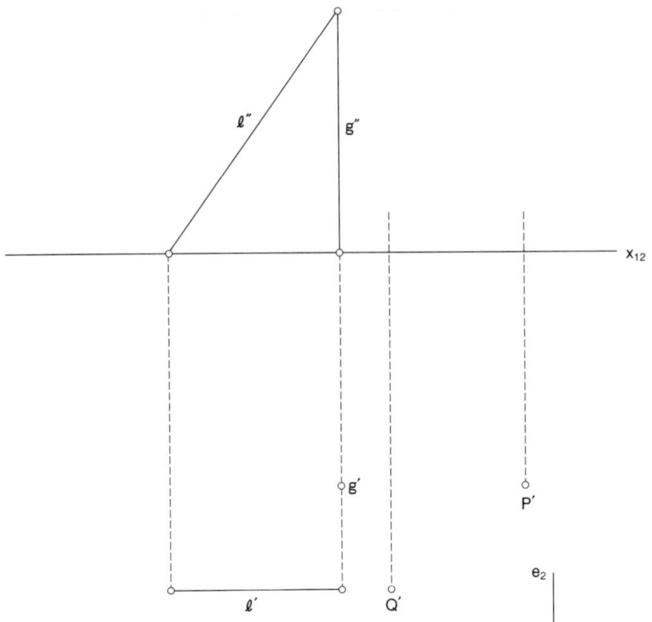

図 6 -18　二直線 g，ℓ を導直線とし，平面 ε を導平面とする曲面の平面図，立面図，側面図を求めよ。

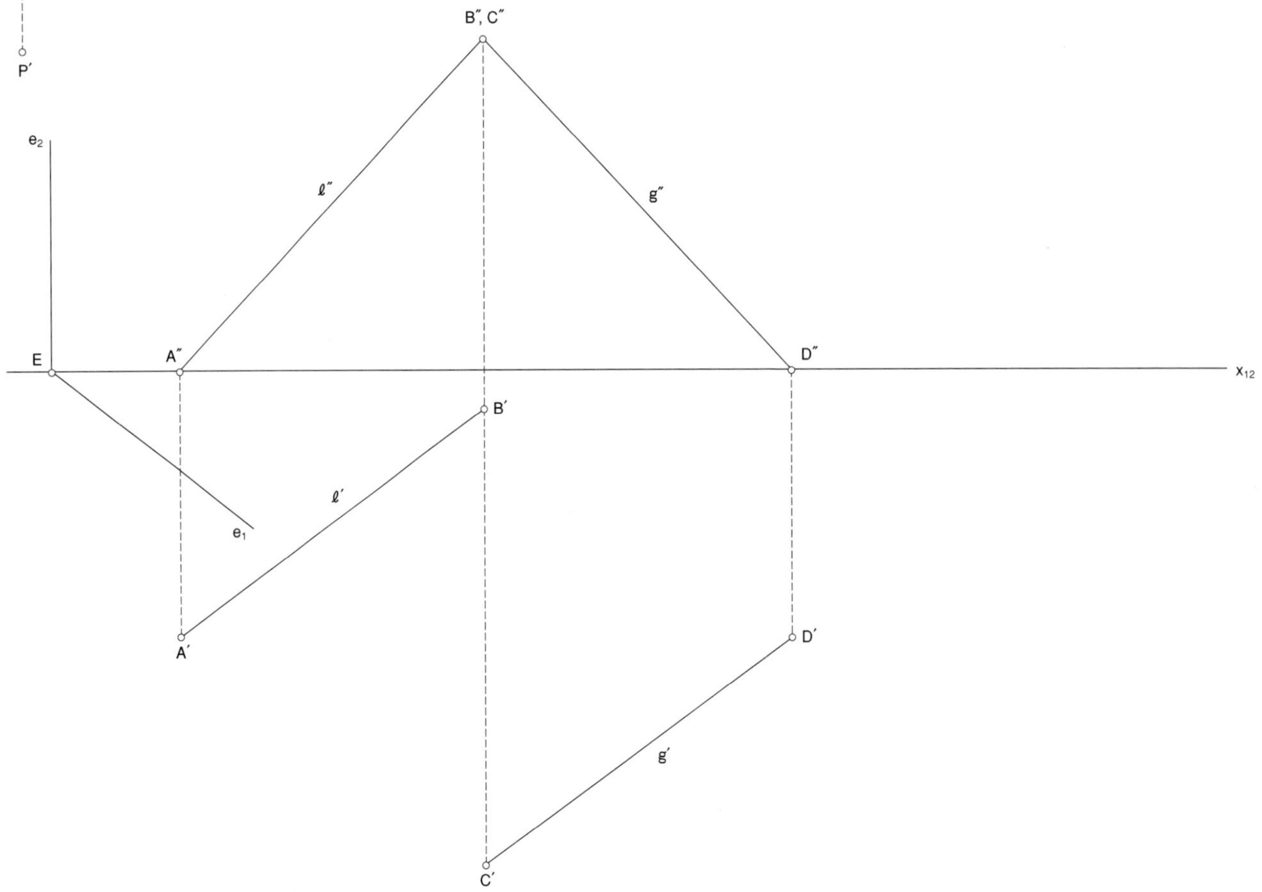

図 6-19　長軸 a を回転軸とする楕円 k(⊥ Π_1) の回転面を求めよ。

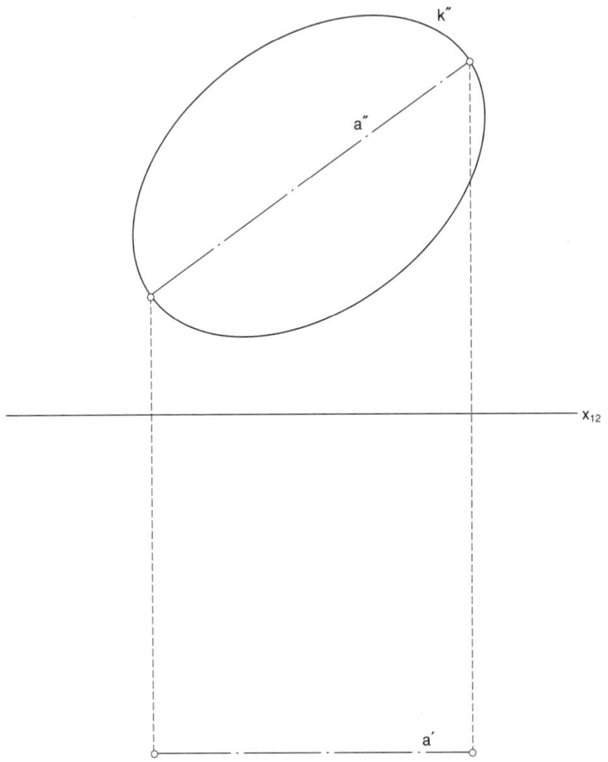

図 6-20　球 Σ を直線 ℓ の廻りに回転して出来る円環の輪郭線を求めよ。また点 P における円環の接平面を求め，この接平面で円環を切断した際にできる切断線を求めよ。

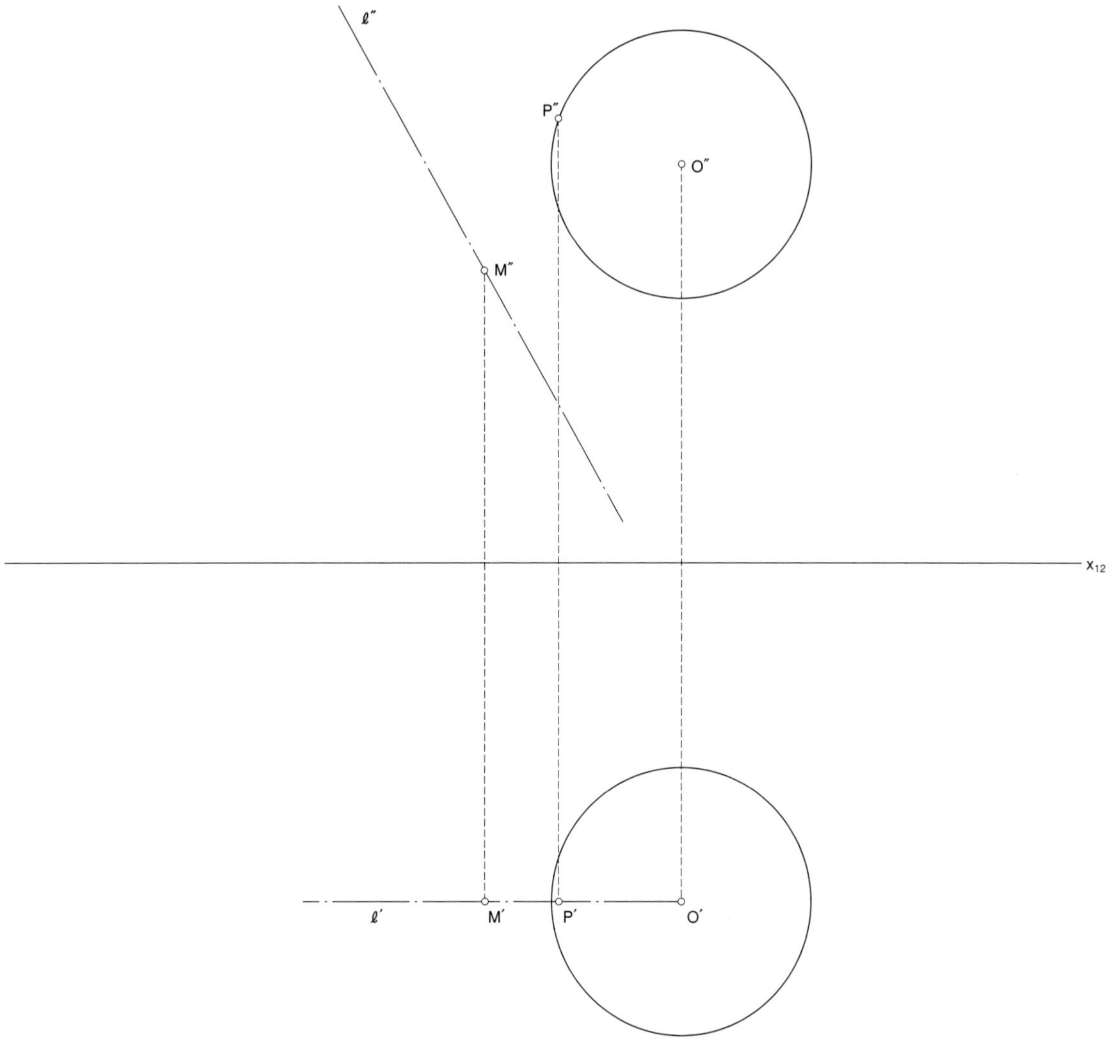

図 6 -21 円弧回転面Φの基準光線による陰影の全てを求めよ。

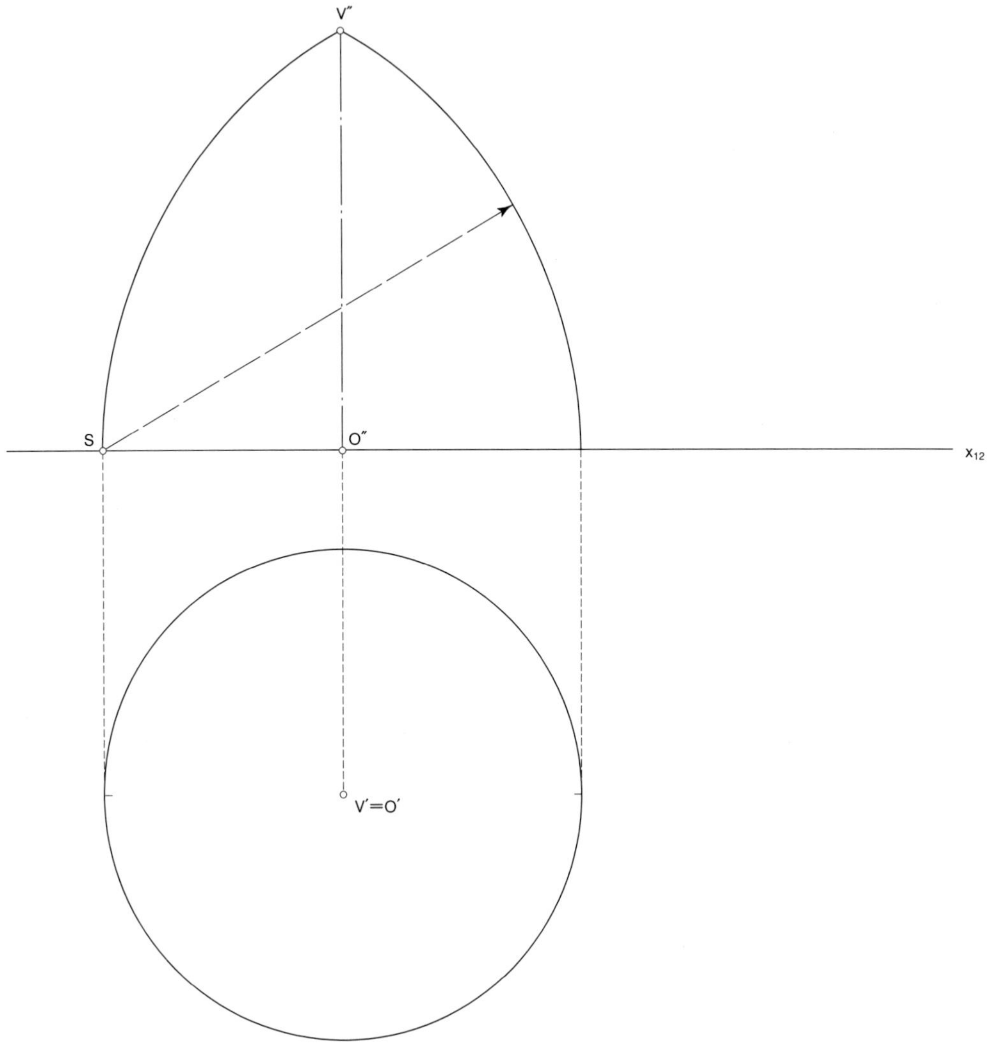

図 6 -22 円弧回転面Φの展開図を求めよ。

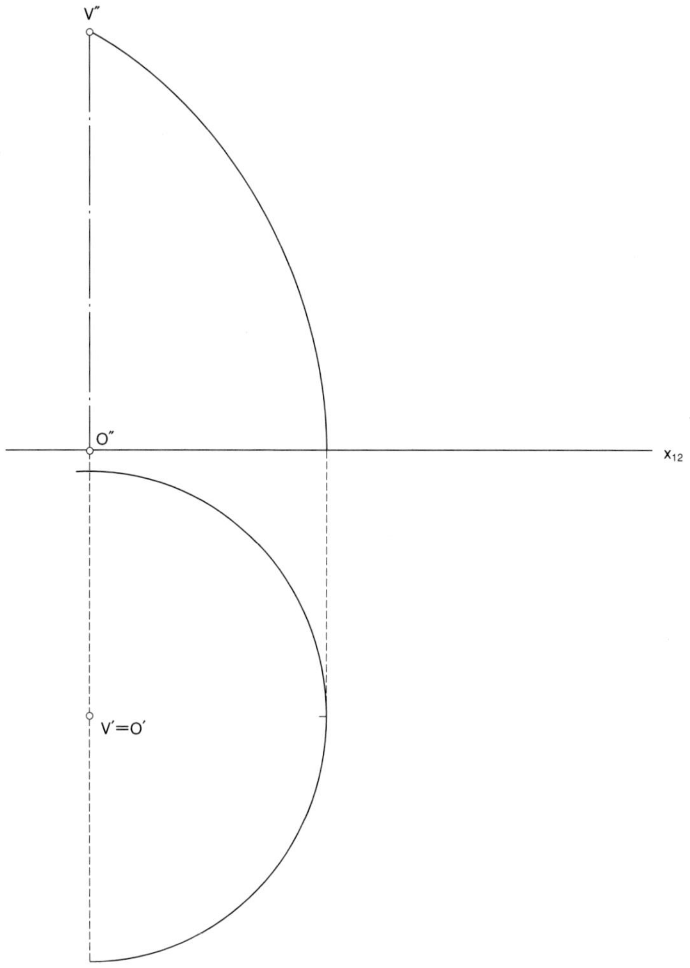

図7-1　斜円柱Φ_1，Φ_2の相貫線を求めよ。

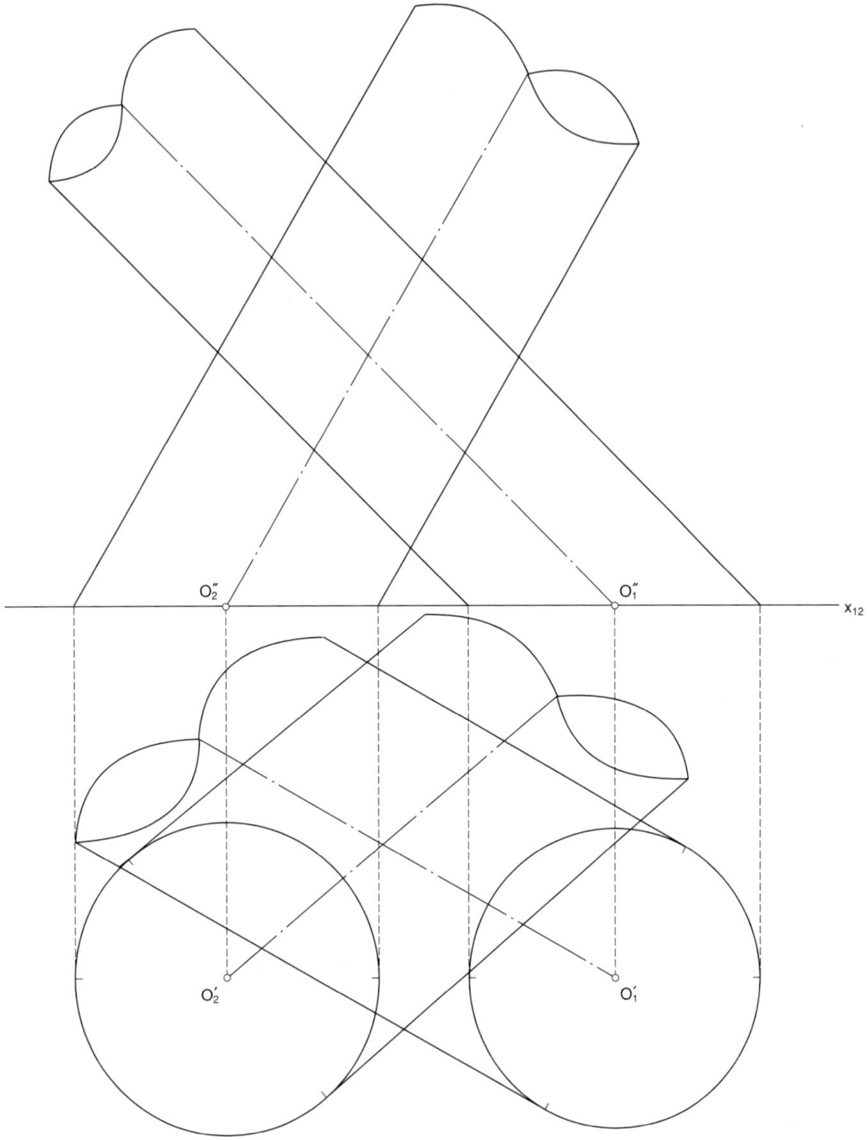

図7-2　直円柱Φ_1，Φ_2の相貫線を求めよ。

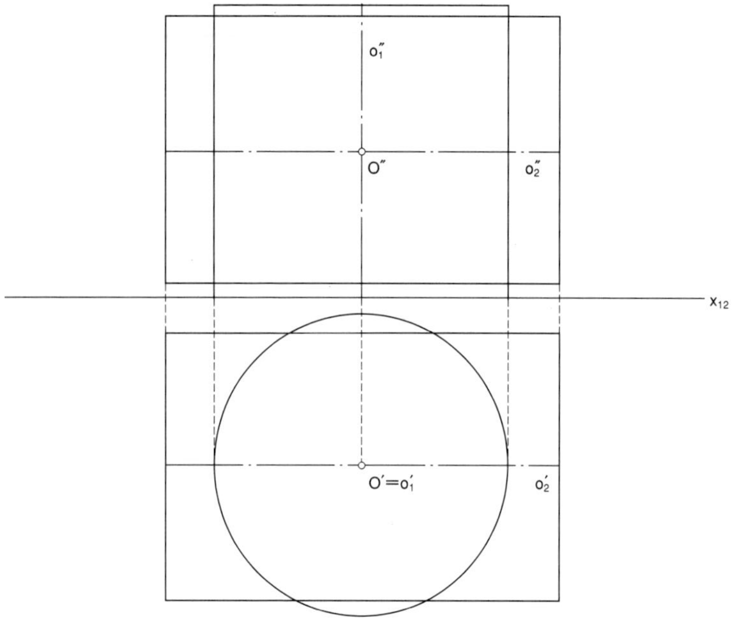

図7-3　直線g，ℓの基準光線による両投象面上への影，及び直線ℓの直線g上への影を求めよ。

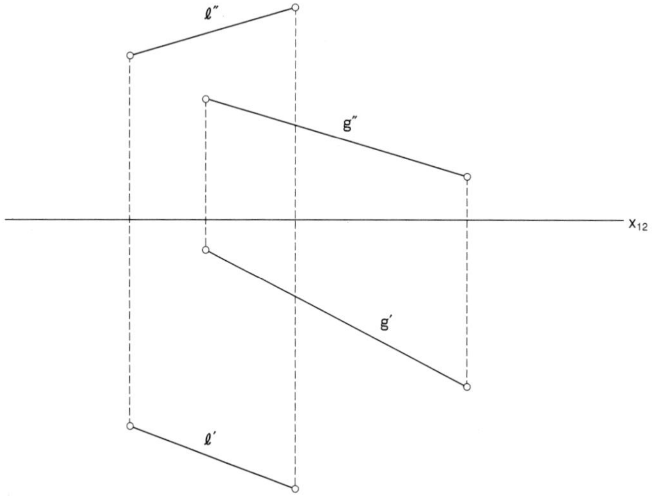

図7-4　上底面を欠く斜円柱Φについて基準光線による陰影の全てを求めよ。

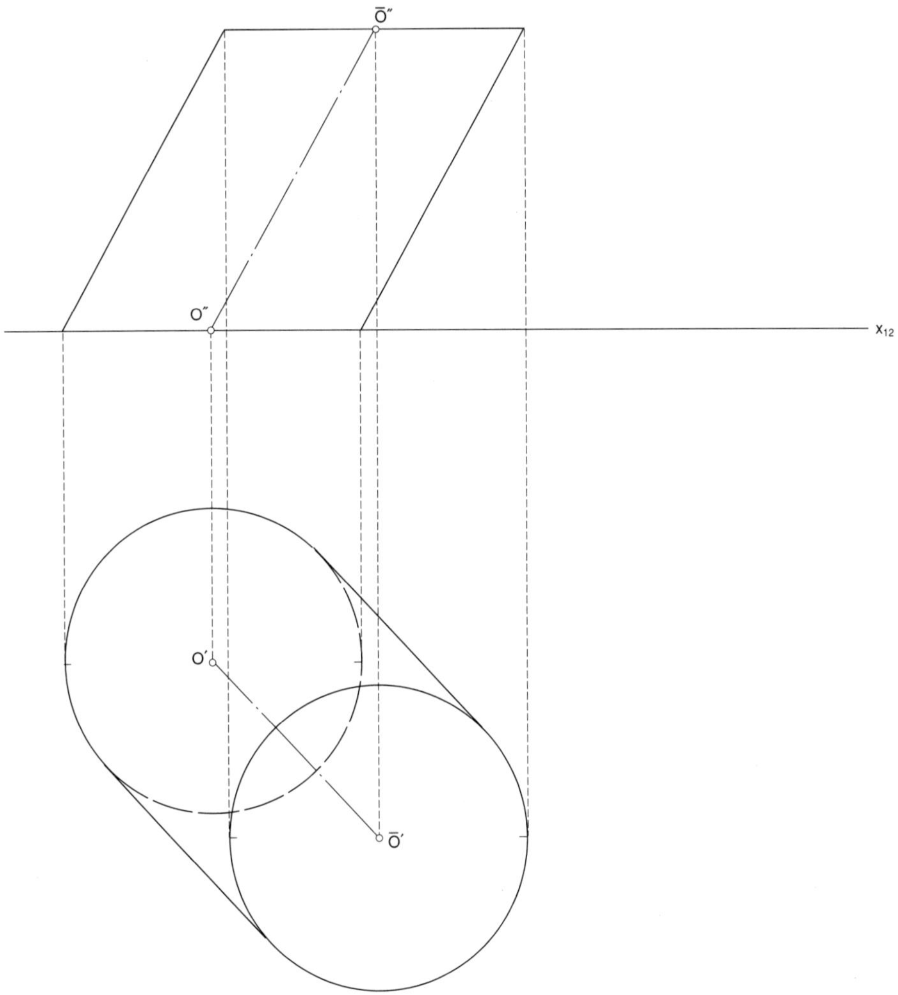

図7-5　三角錐Γ_1, Γ_2の相貫線を求めよ。

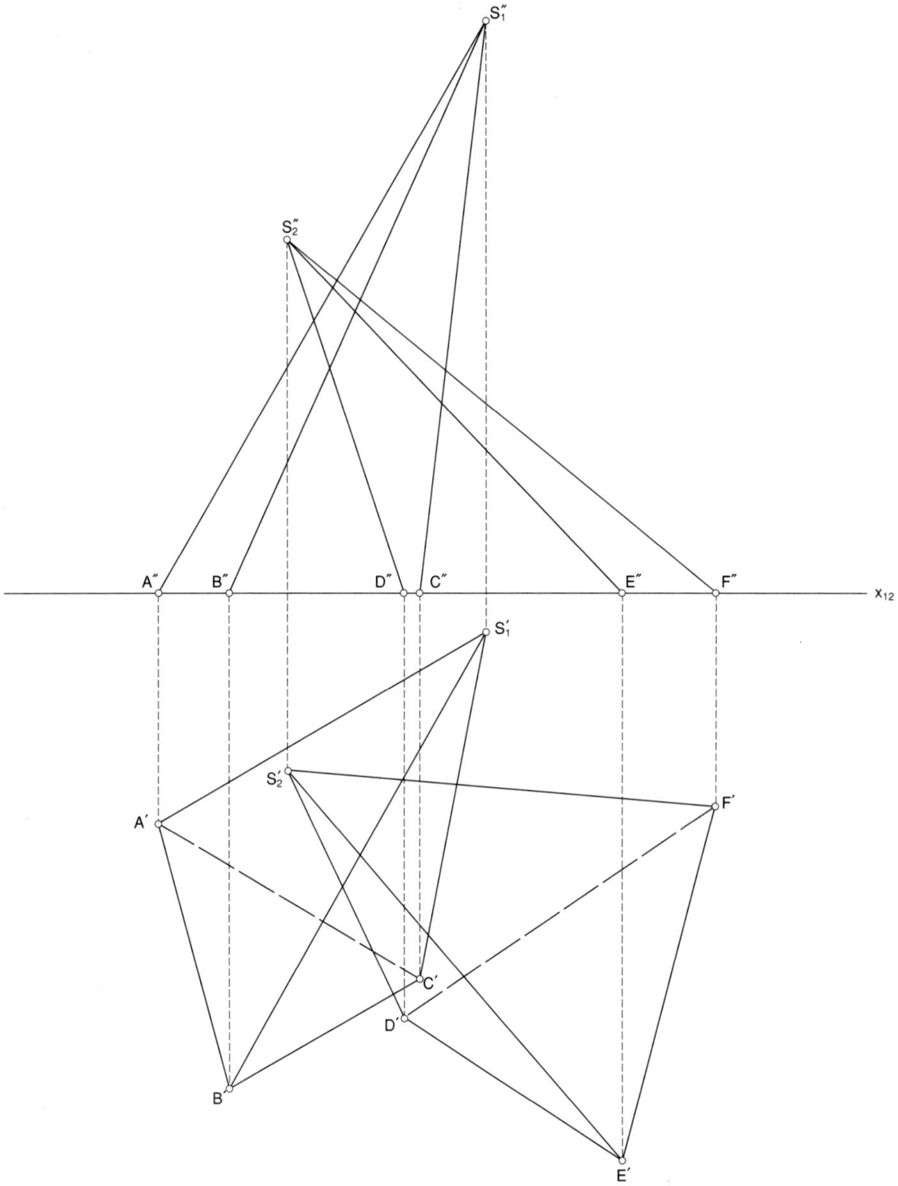

図7-6　水平投象面Π_1上に底面を有する直円錐Φ_1と，両投象面Π_1，Π_2に垂直な底面を有する直円錐Φ_2の相貫線を求めよ。

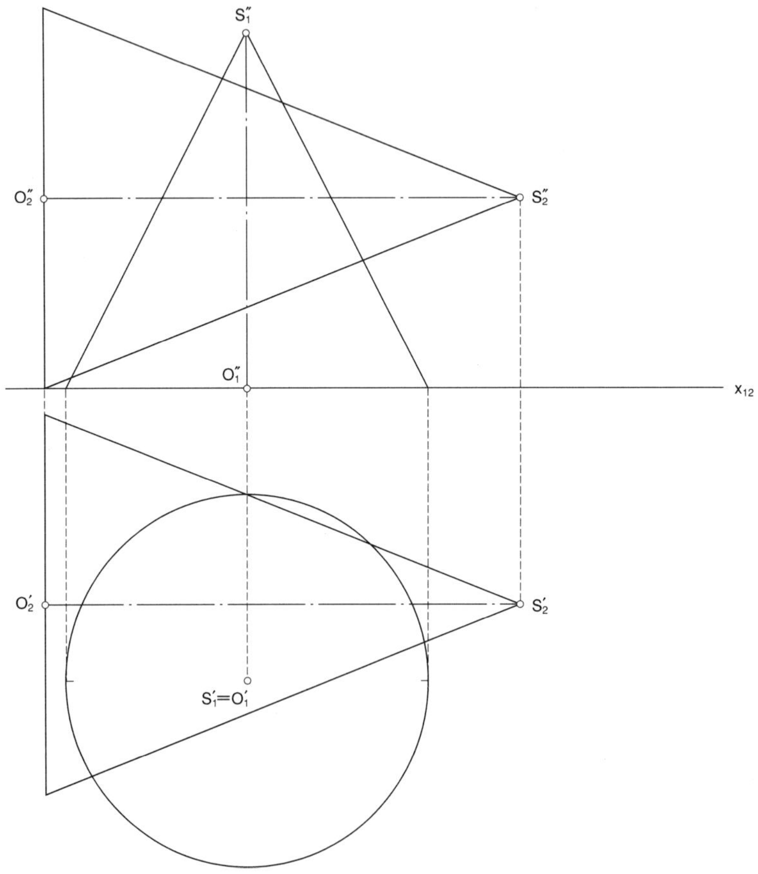

図7-7　直円柱Φ_1と直円錐Φ_2の相貫線を求めよ。ただし，これらの立体の中心軸は直交している。

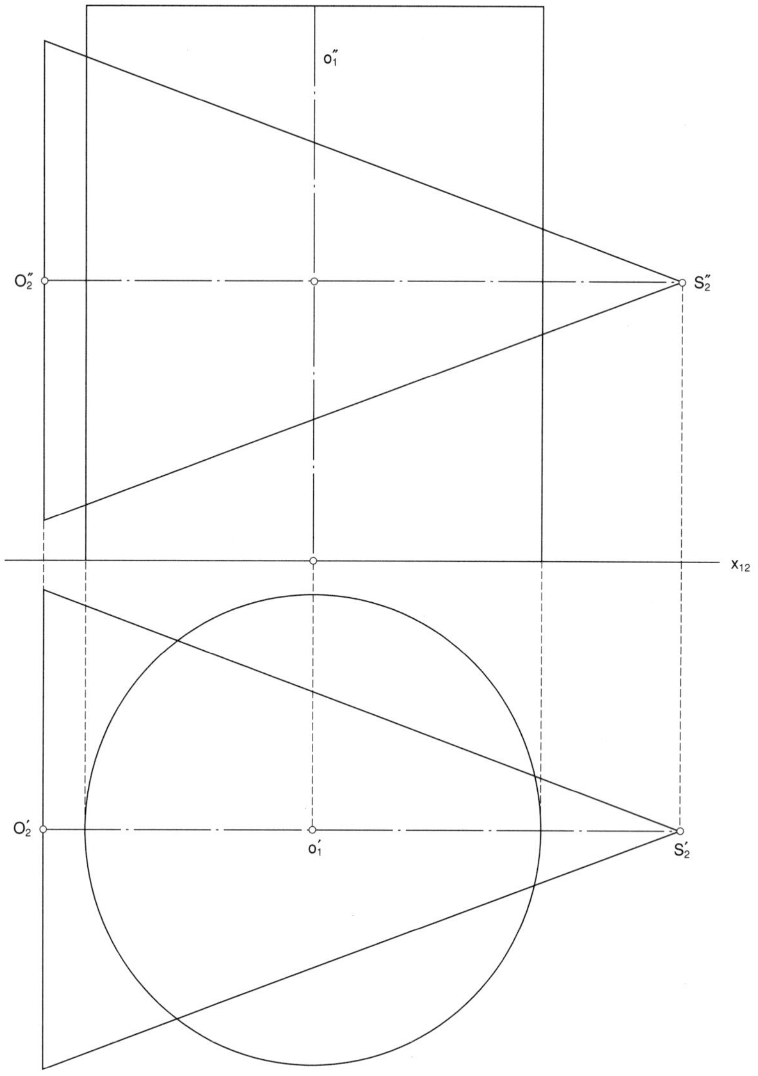

図7-8　底面と側面の一部を欠く直円錐Φについて基準光線による陰影の全てを求めよ。

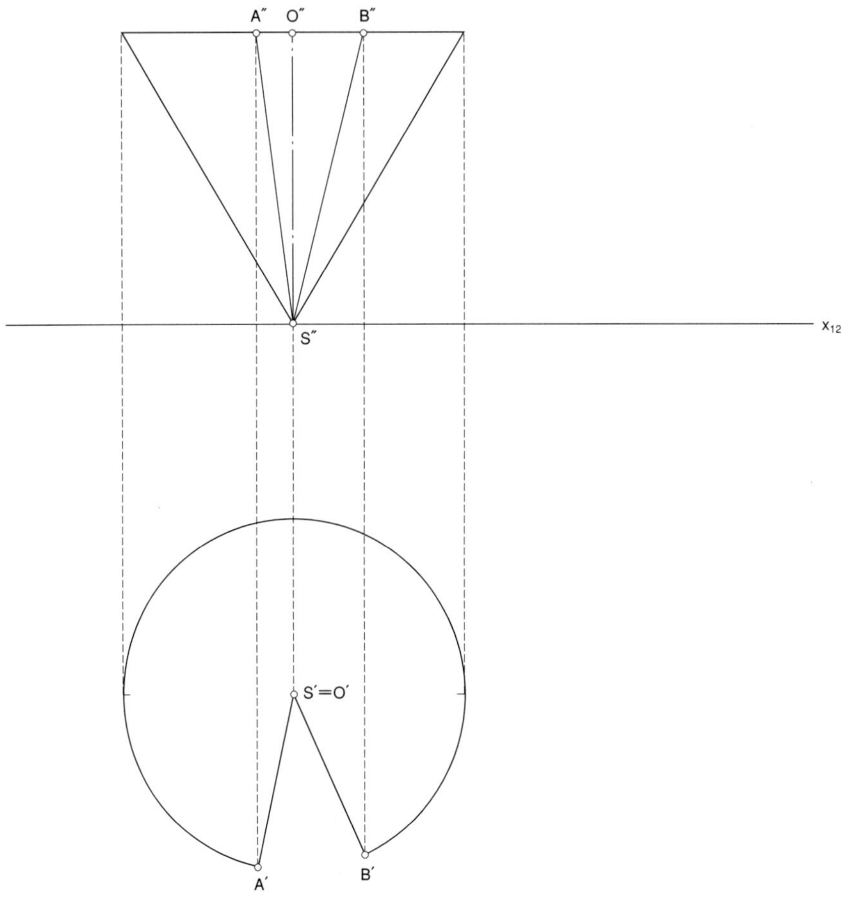

図7-9　球Σと直円柱Φの相貫線を求めよ。

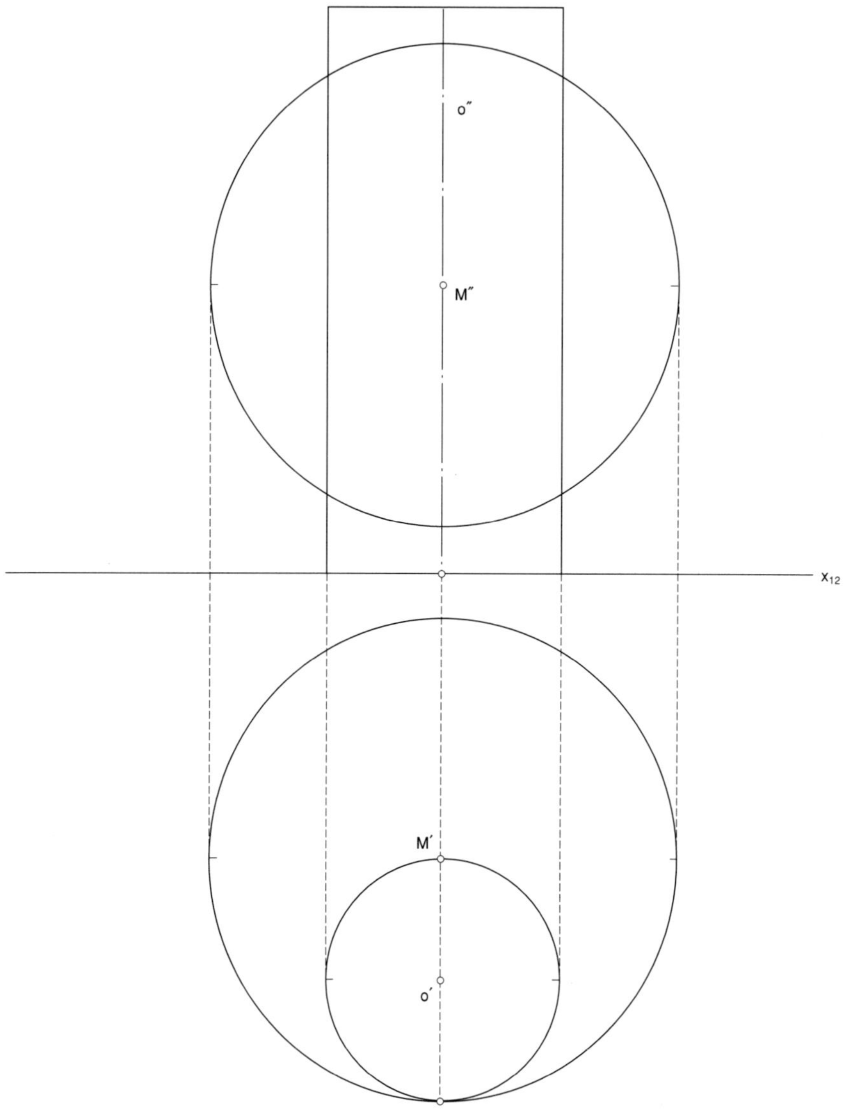

図 7-10　四分一球と直円柱(半分)よりなるニッチの基準光線による陰影を求めよ。

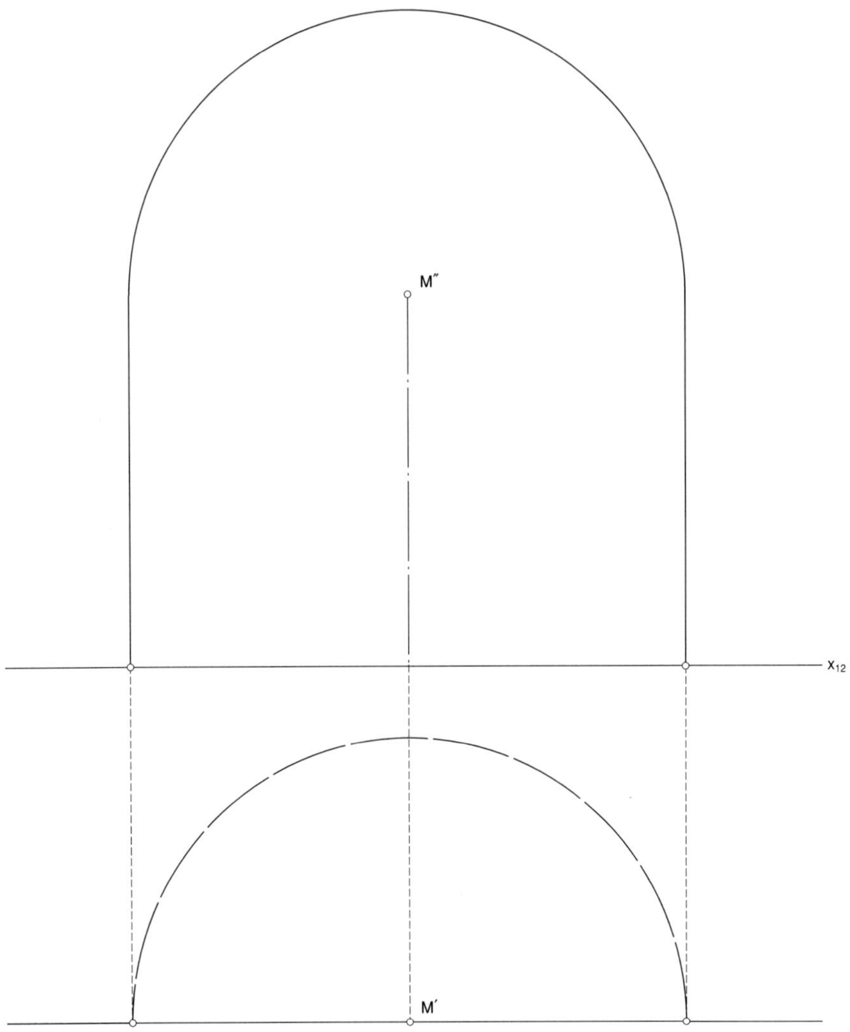

図 7-11　水平投象面 Π_1 に直立するラッパ状の曲面の内外面の基準光線による陰影を求めよ。
ただし，この曲面は円柱とトーラスよりなっていて，上底面を欠く。

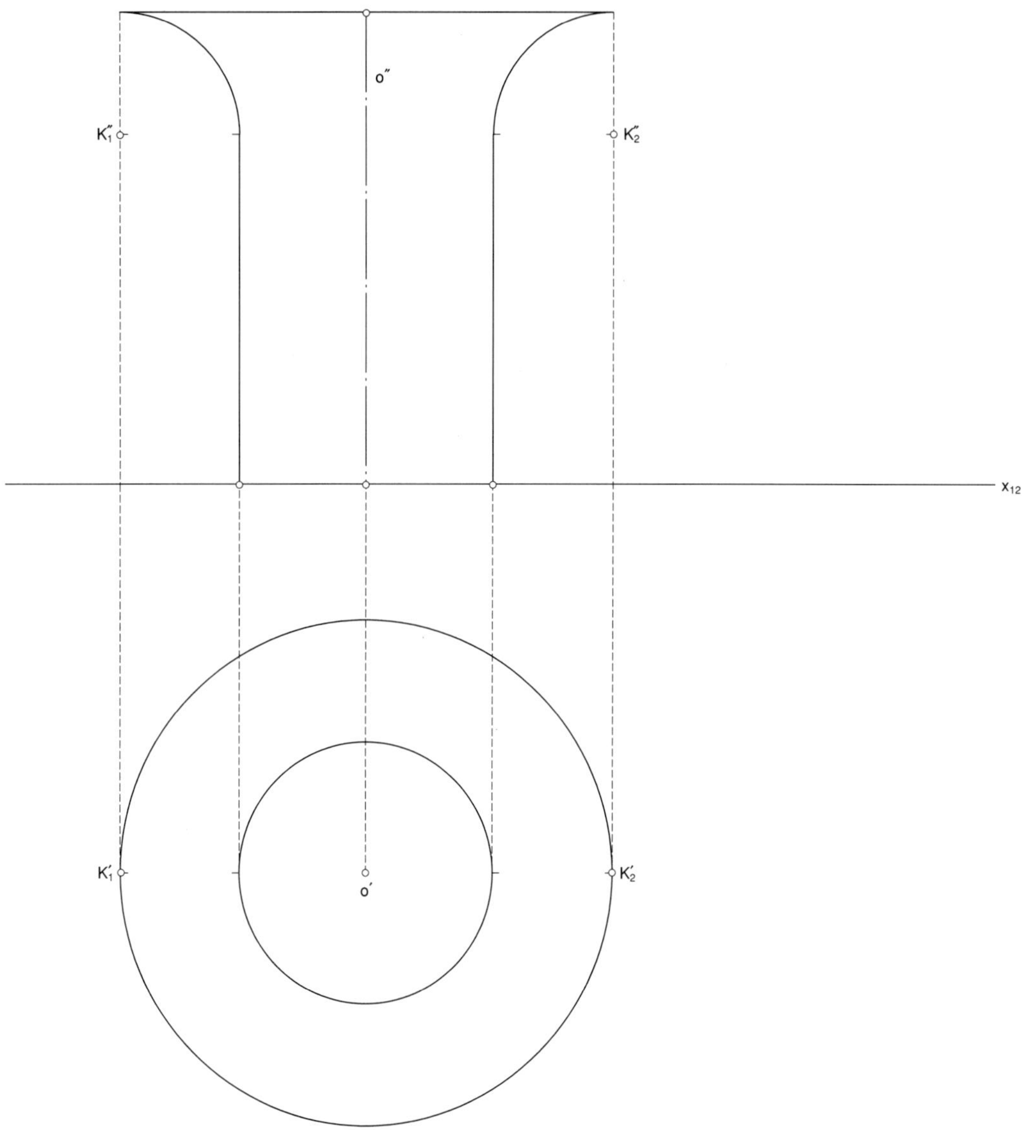

図 8 - 1　直線 a，b 上の二主点間にある二点 A，B を結ぶ直線 AB の相隣りあう二主点を求め，その実長 $\overline{AB}$ を求めよ。

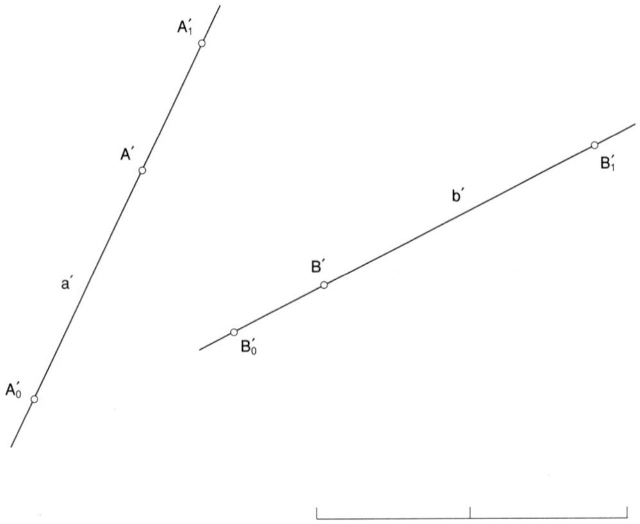

図 8 - 2　三点 A，B，C により決定される平面 ε の勾配尺を求めよ。

図 8 - 3　相隣りあう二主点で示される直線上の三点 A，B，C により決定される平面 ε の等高線を求めよ。

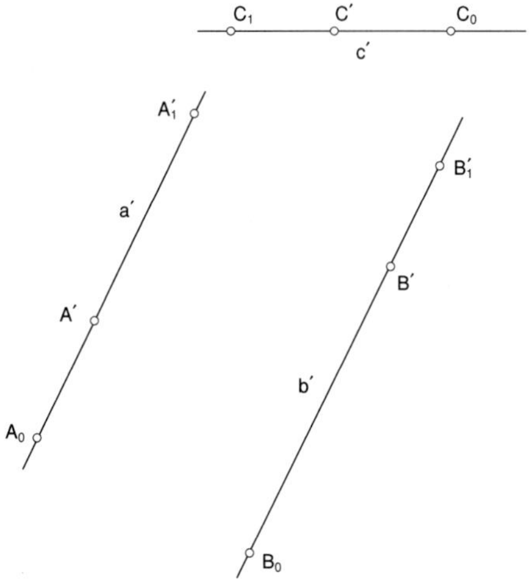

図8-4　二平面 ε，μ の交線 g を求め，その勾配角を求めよ。

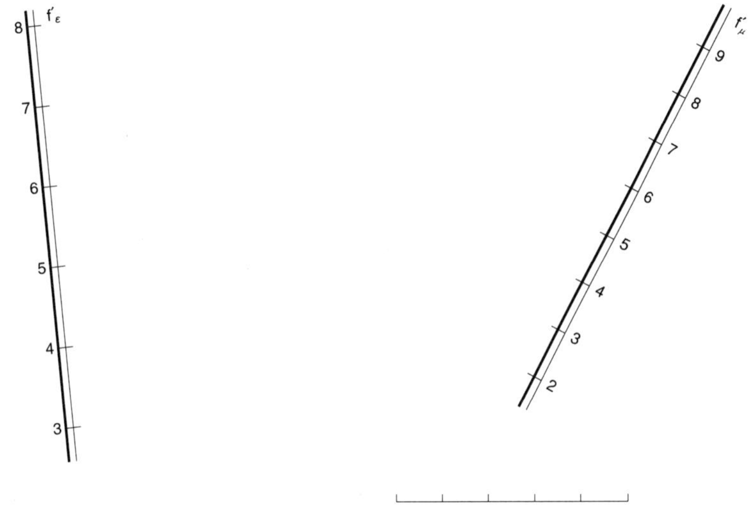

図8-6　平面 ε 上の点 P の標高を求め，点 P を通り区間が i_g なる直線 g を求め目盛りをつけよ。

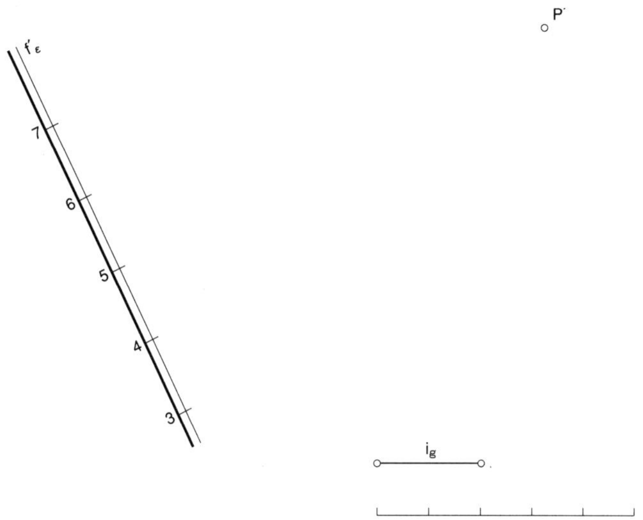

図8-5　平面 ε と直線 AB との交点 S を求めよ。

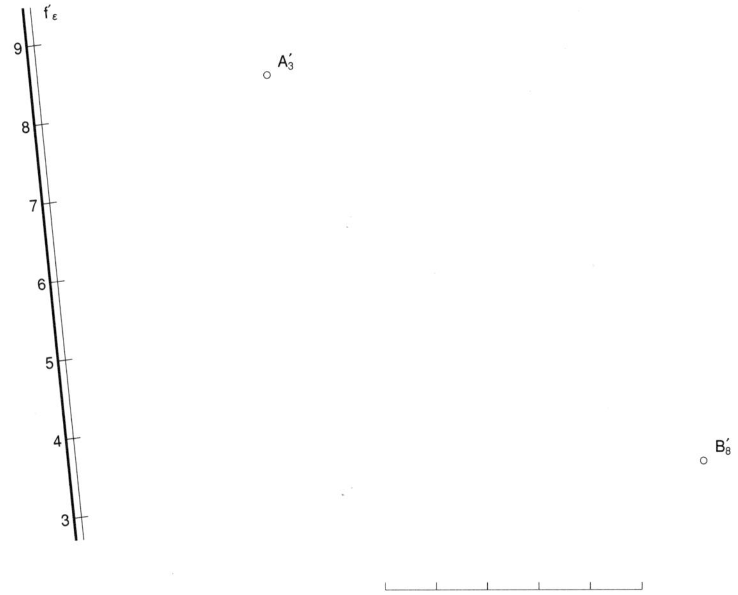

図8-7　直線 g を含み，その勾配尺の区間が i_ε なる平面 ε を求めよ。

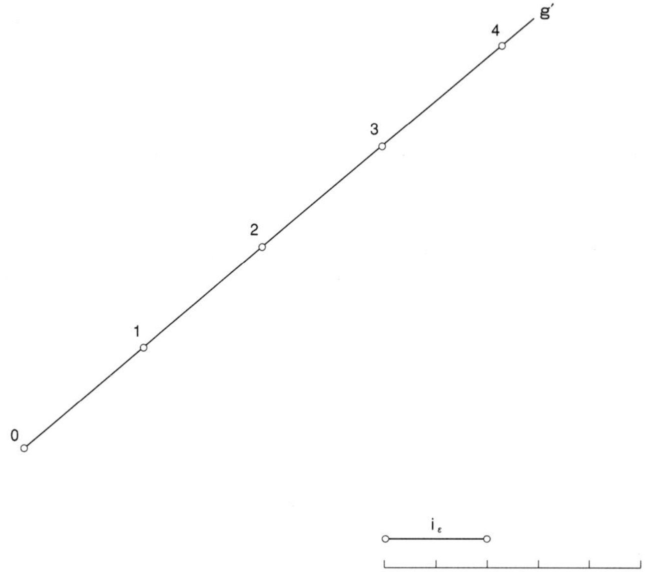

図8-8　平面ε上の直線ABを一辺とする正五角形を平面ε上に求めよ。

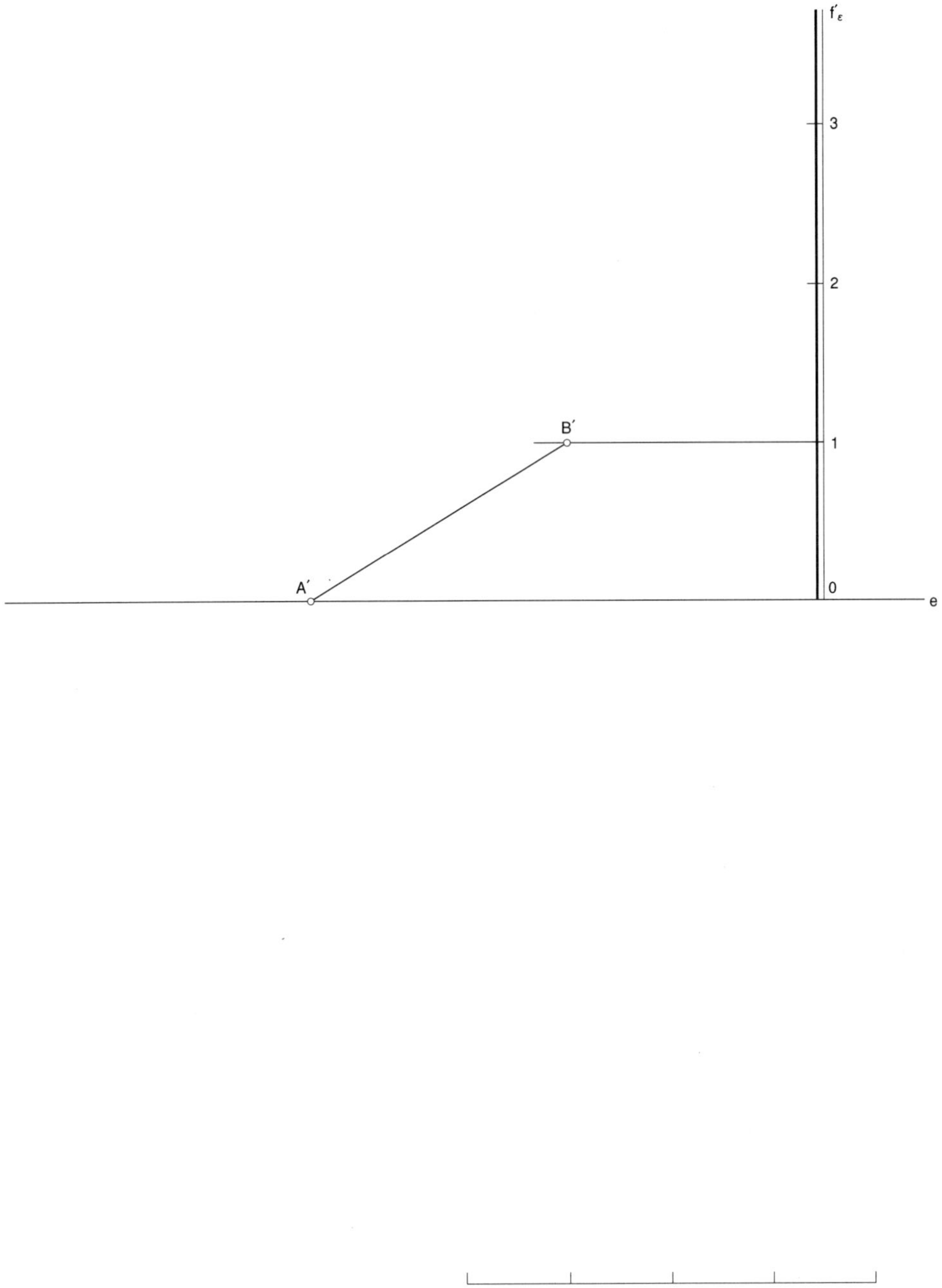

図8-9　平面ε上の点Kを中心とし半径rの円kを平面ε上に求めよ。

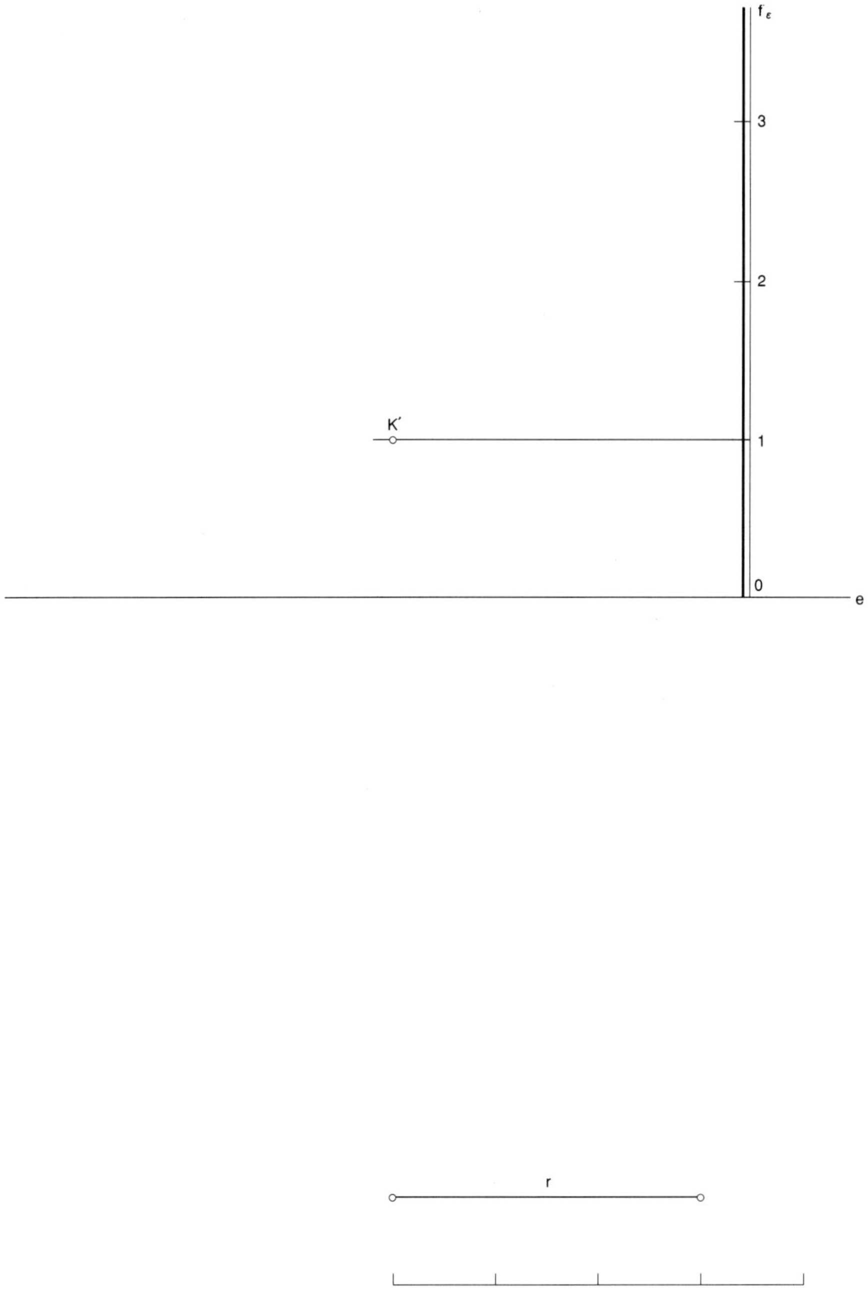

図 8-10　斜円錐Φの底円を k とし，その中心を K とする。頂点 S の標高を10としたとき
Φの平面 ε による切断線を求めよ。

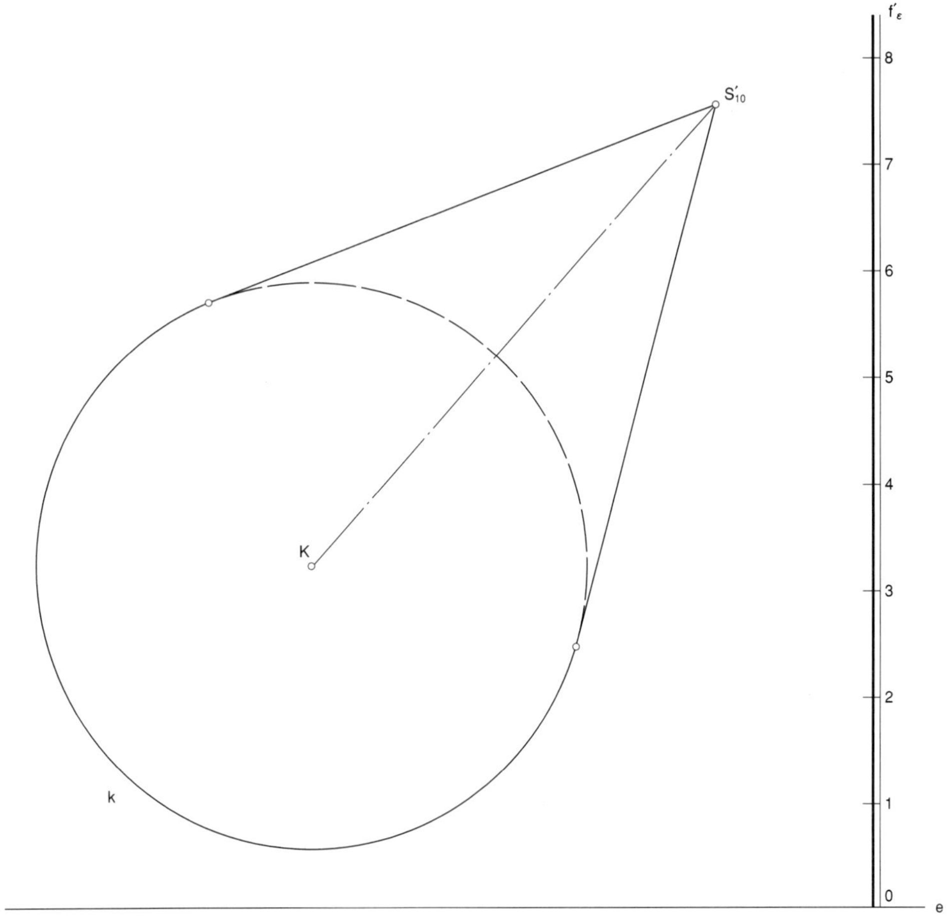

図 8-11　等勾配の地形平面 ε 上に，図に示す前方後円の標高 6 の平坦地PQBAと斜路を造成する。
切取り，盛土の法面の勾配尺を下に示す。法面の切取線，土盛線を求めよ。

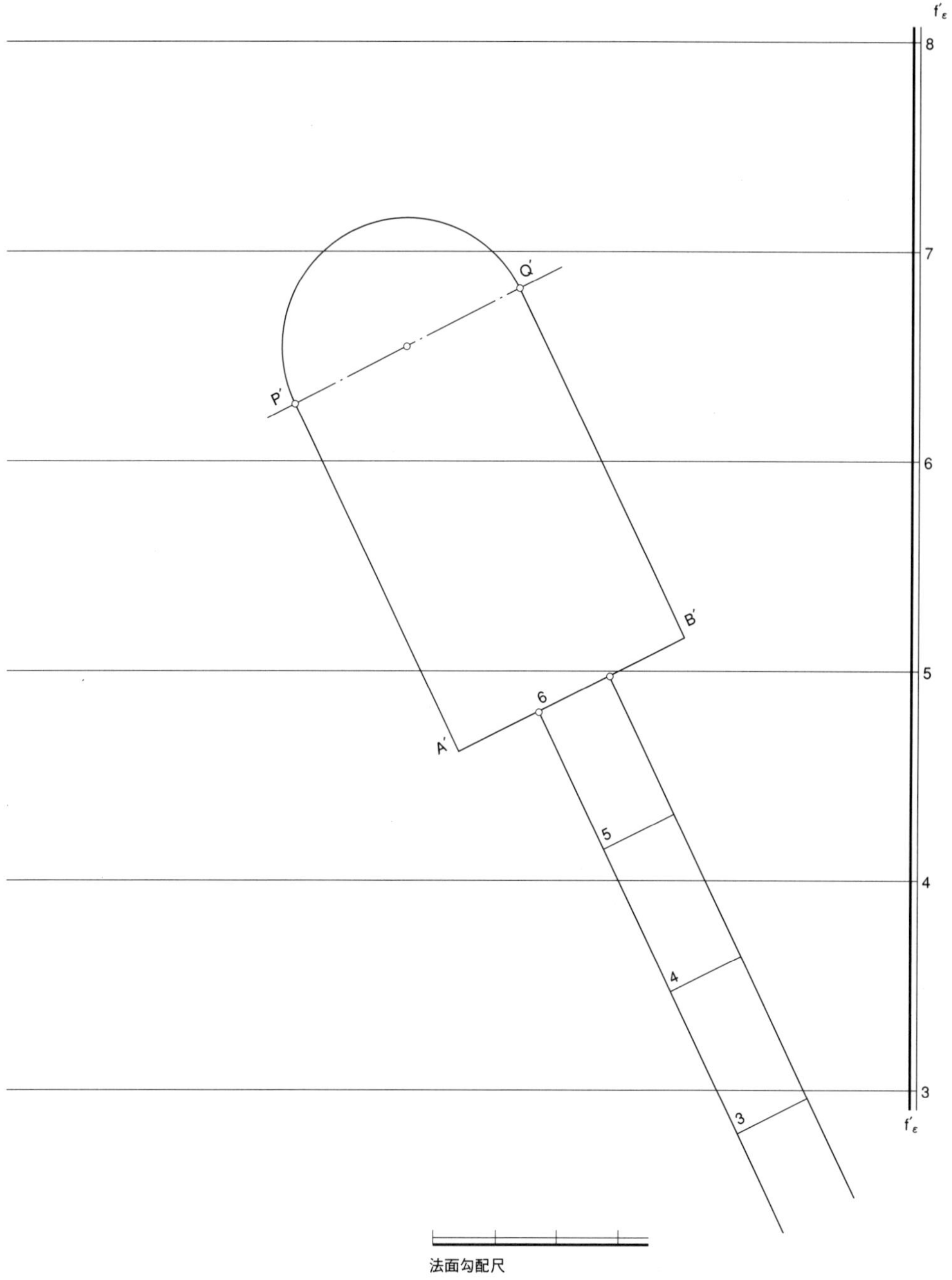

図 8-12　下に与える地形図形ABCDにより示す平坦なプラットホームを造成する。また区間を下図中に示す斜路を設け，与えられた勾配尺 f'_{ε} の法面による土盛線を作図せよ。

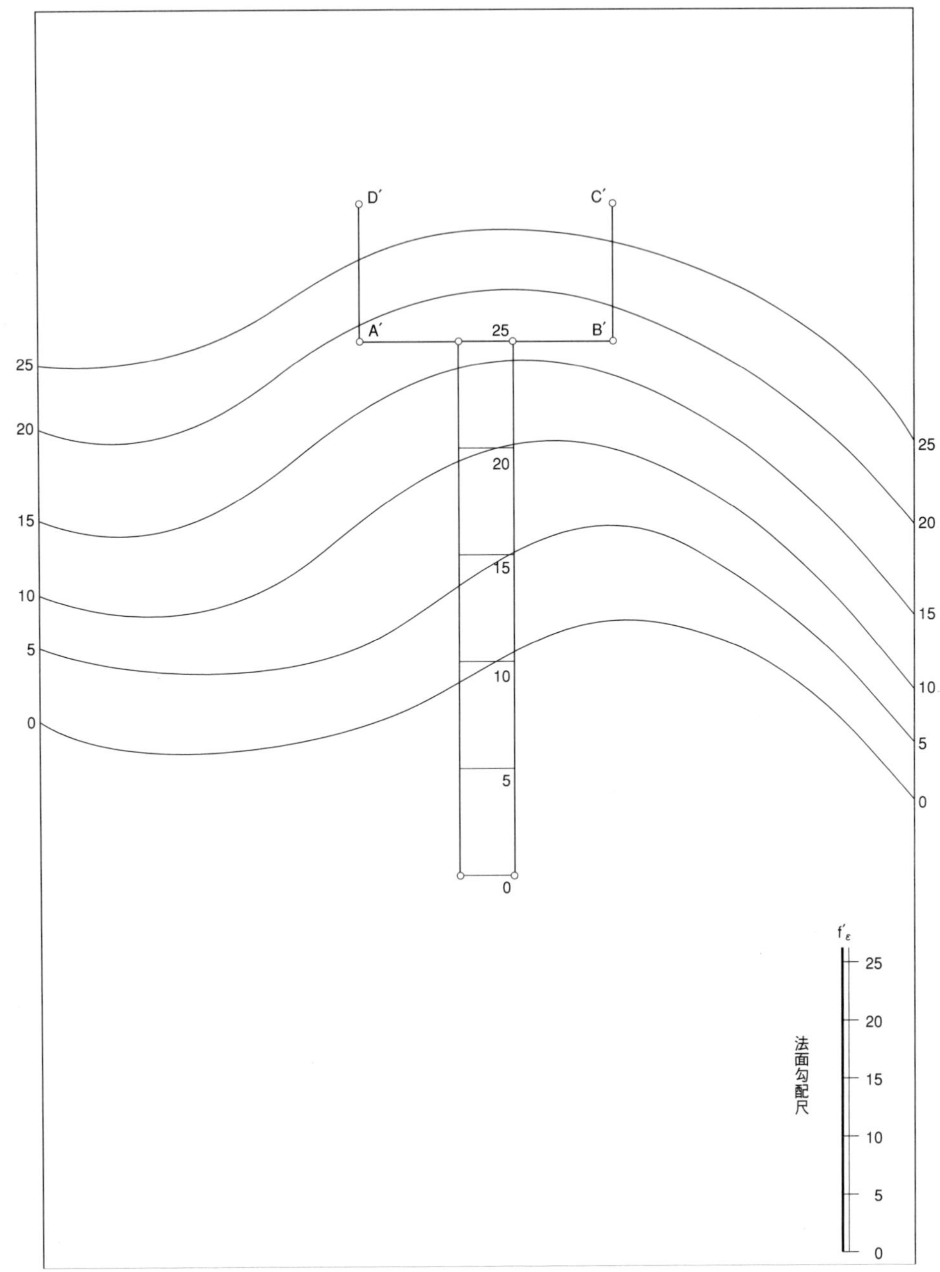

図 8-13　下に与えられた地形に等勾配の直線道路をつくる。切取り，土盛の法面の勾配尺を下に示すものとするとき，切取線，土盛線を作図せよ。

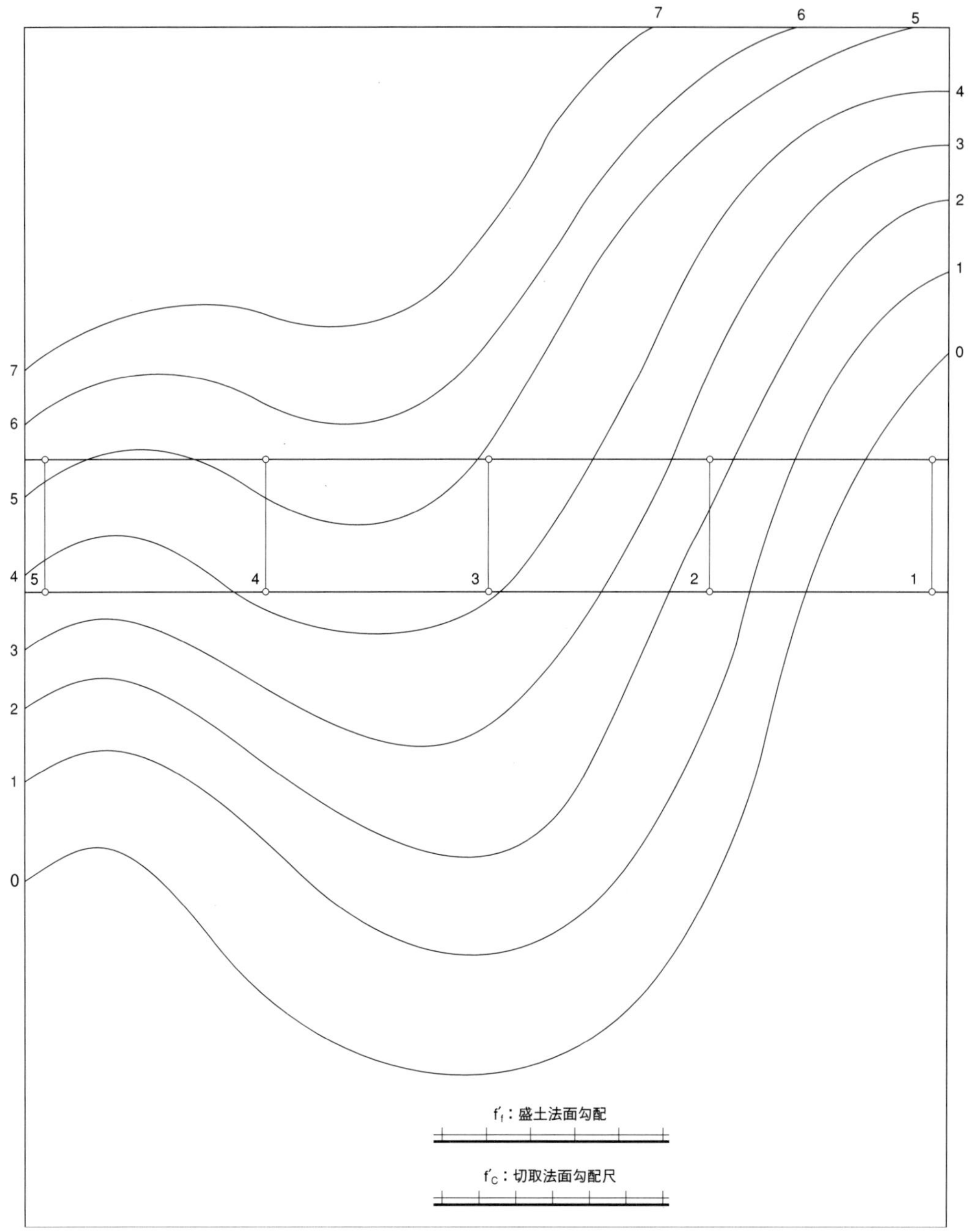

図 9-1　建築家配置法(切断法)により，正投象図(平面図，立面図)により示される立体Ψ(Ψ′, Ψ″)の透視図を作図せよ。

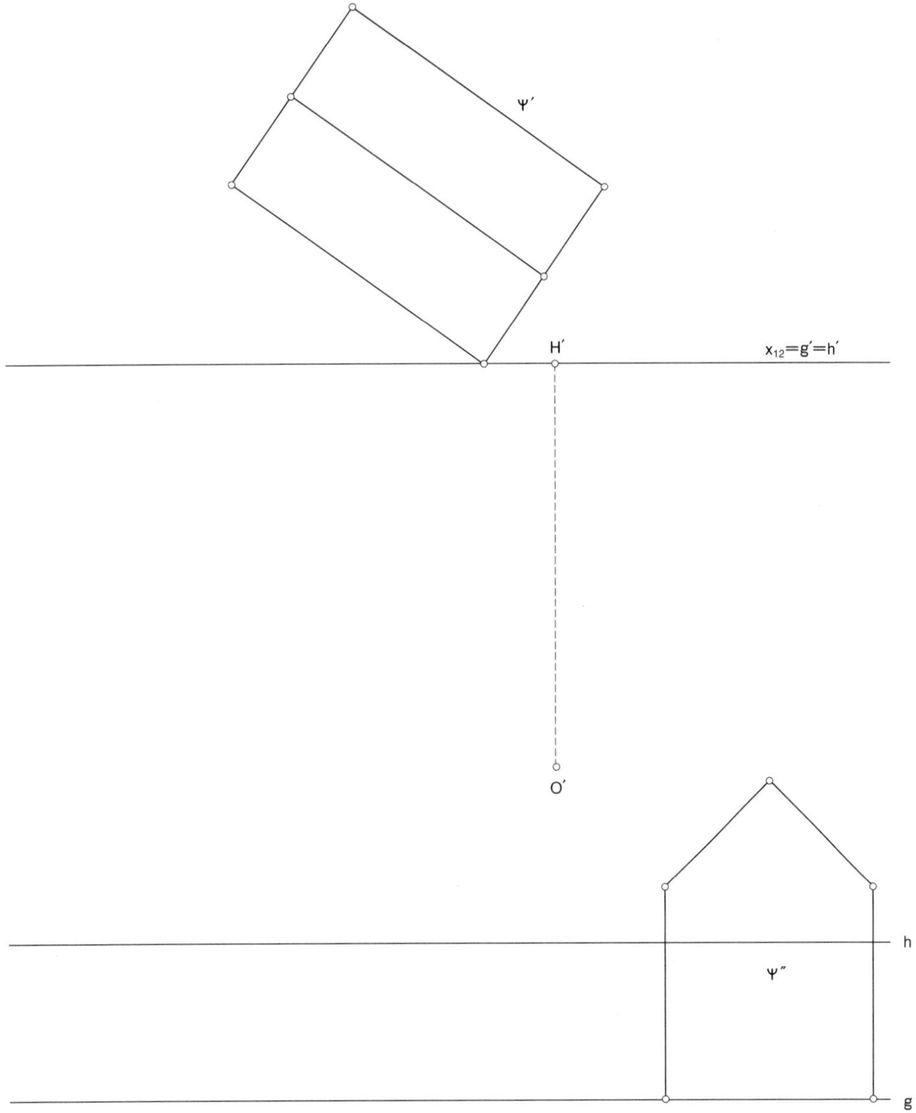

図 9-2　組立法により三点A，B，Cの透視図を求め，三点を通る平面 ε の跡線 e と消線 e^{c}_{u} を求めよ。

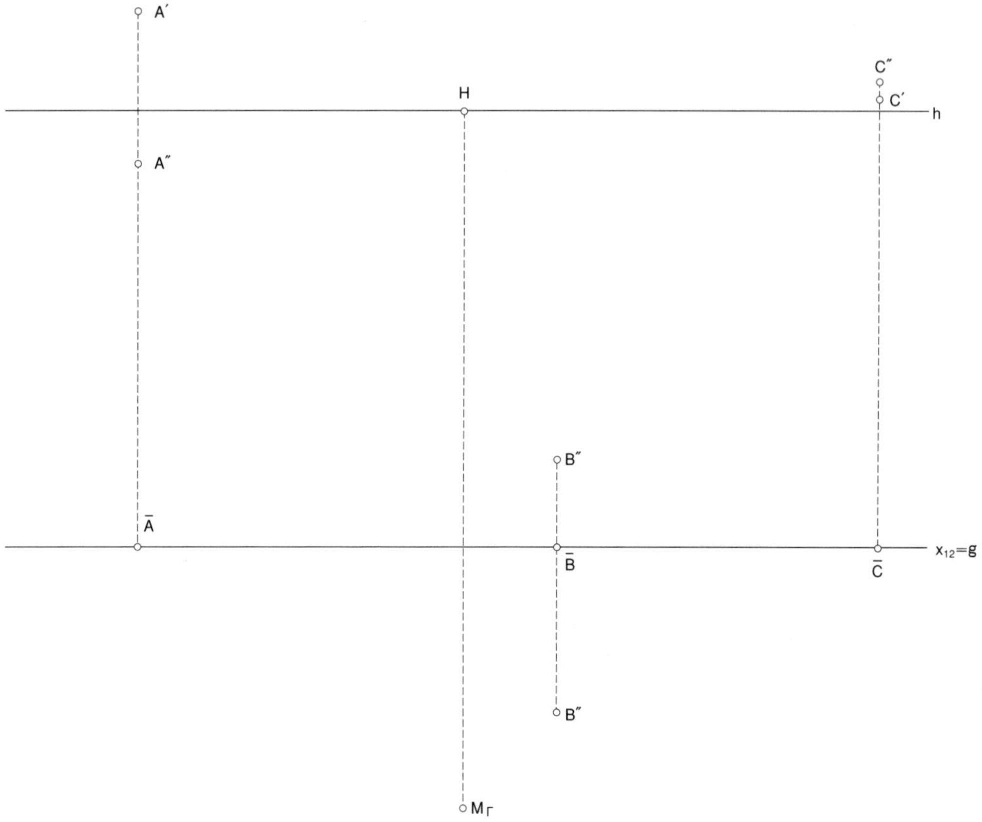

図9-3　三角形ABCの透視図対より，組立法により正投象図を求めよ。また，三角形ABCのつくる平面 ε の測点 M_{ε} を求め，三角形の実形 $A_0B_0C_0$ を求めよ。

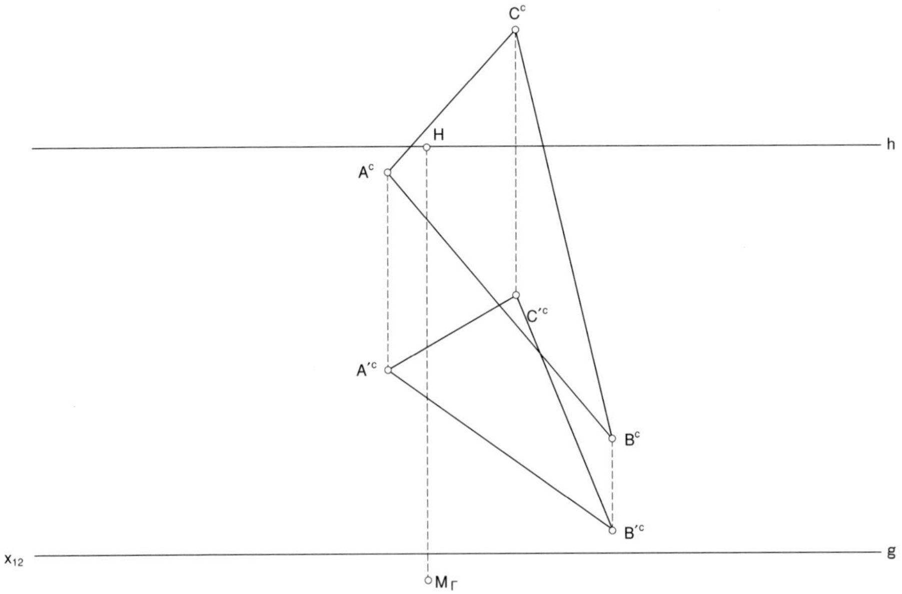

図9-4　平面 ε 上の二直線 a，b の交点 P を一頂点とし，その隣あう二辺の長さを ℓ_a，ℓ_b とする平行四辺形の透視図を求めよ。

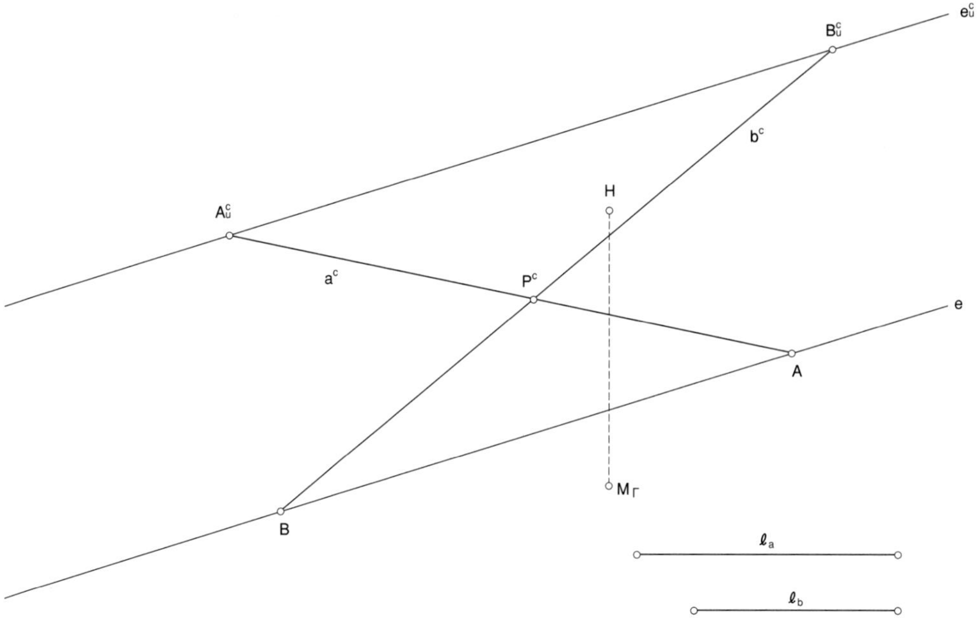

図9-5　基面Γ上の平行二直線 a，b 上に二辺をもち，一頂点を点 P とする正方形の透視図を求めよ。

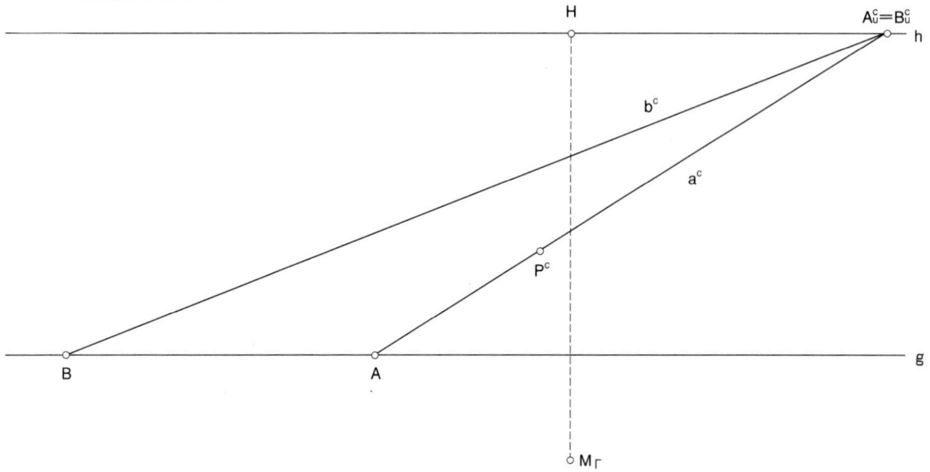

図9-6　直線a上に跡点Aを基点として，長さℓの目盛りを透視図に施せ。

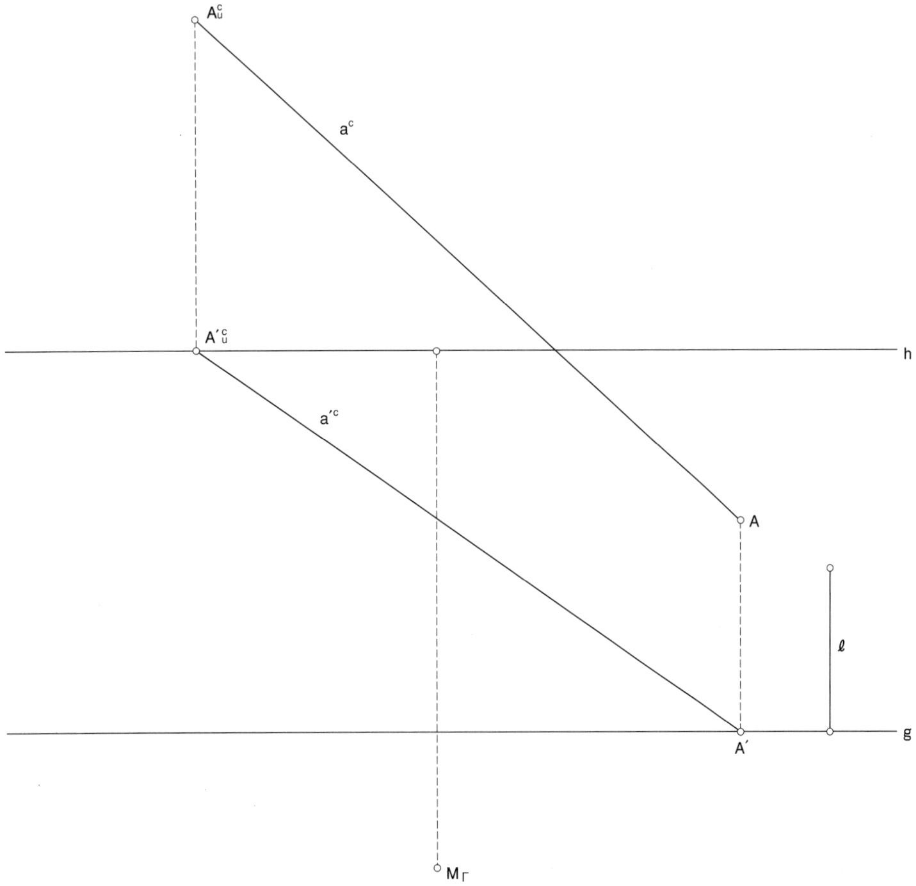

図9-7　立方体Ψのスケッチから各稜の実長を求めよ。ただし稜ABは画面上の直線であるとする。

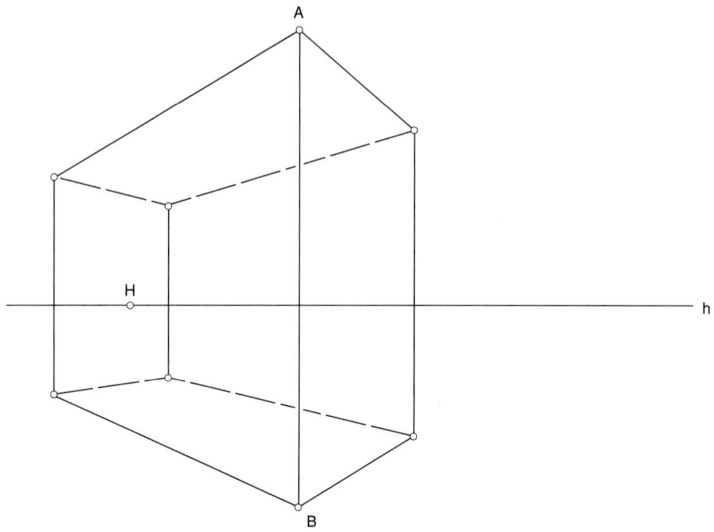

図 9-8　与えられた条件から，平面 ε を決定せよ(跡線 e，基面跡線 e^c，消線 e^c_u を求めよ)。

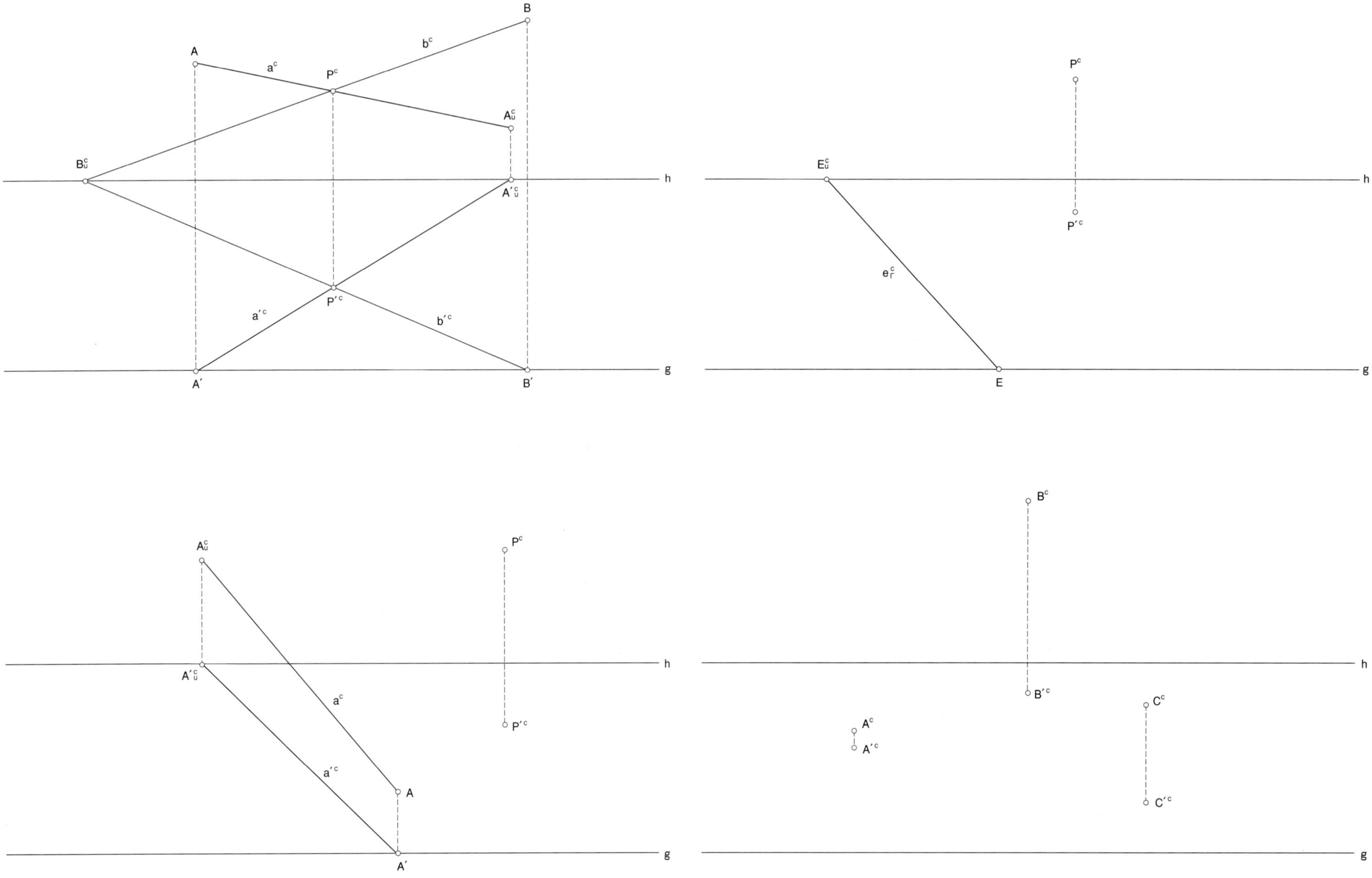

図 9-9　平面 $\boldsymbol{\varepsilon}$ (e_u^c, e^c) と直線 a (a^c, a'^c) との交点を求めよ。

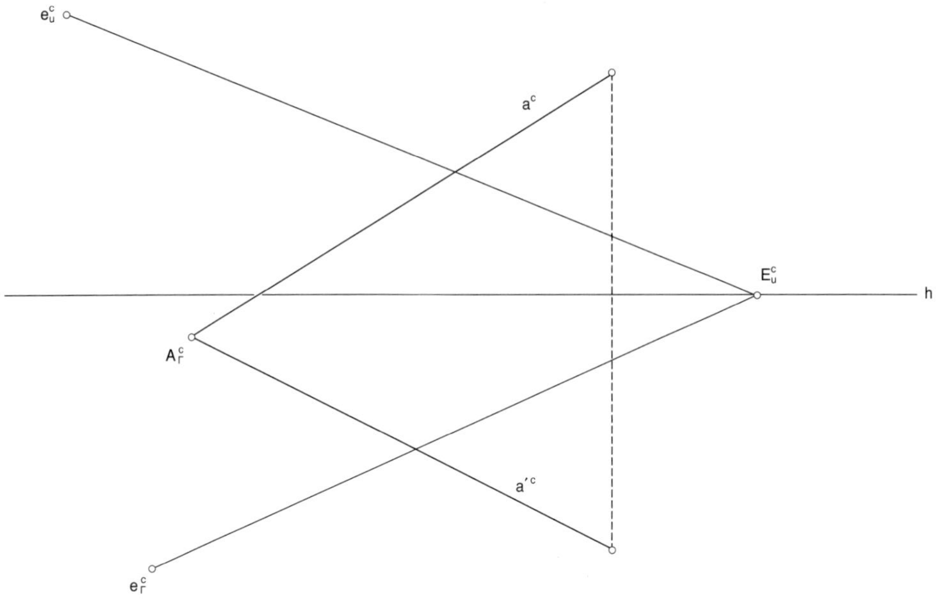

図 9-10　平行光線 ℓ の消点 L_u^c が与えられたとき，直線ABの基面上への影を求めよ。

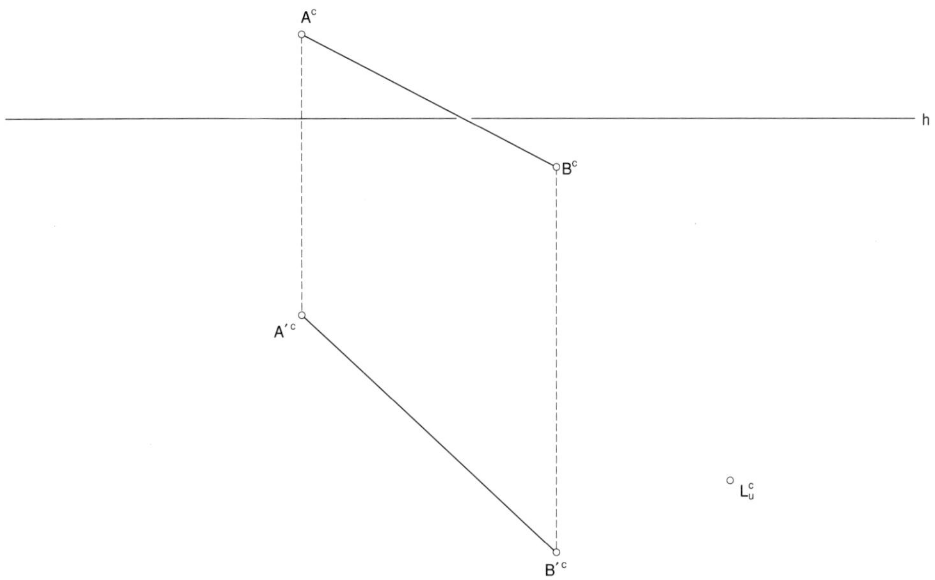

図 9-11　三角形ABCの基面 Γ および平面 $\boldsymbol{\varepsilon}$ (e_u^c, e^c) 上の影を求めよ。ただし平行光線の消点を L_u^c とする。

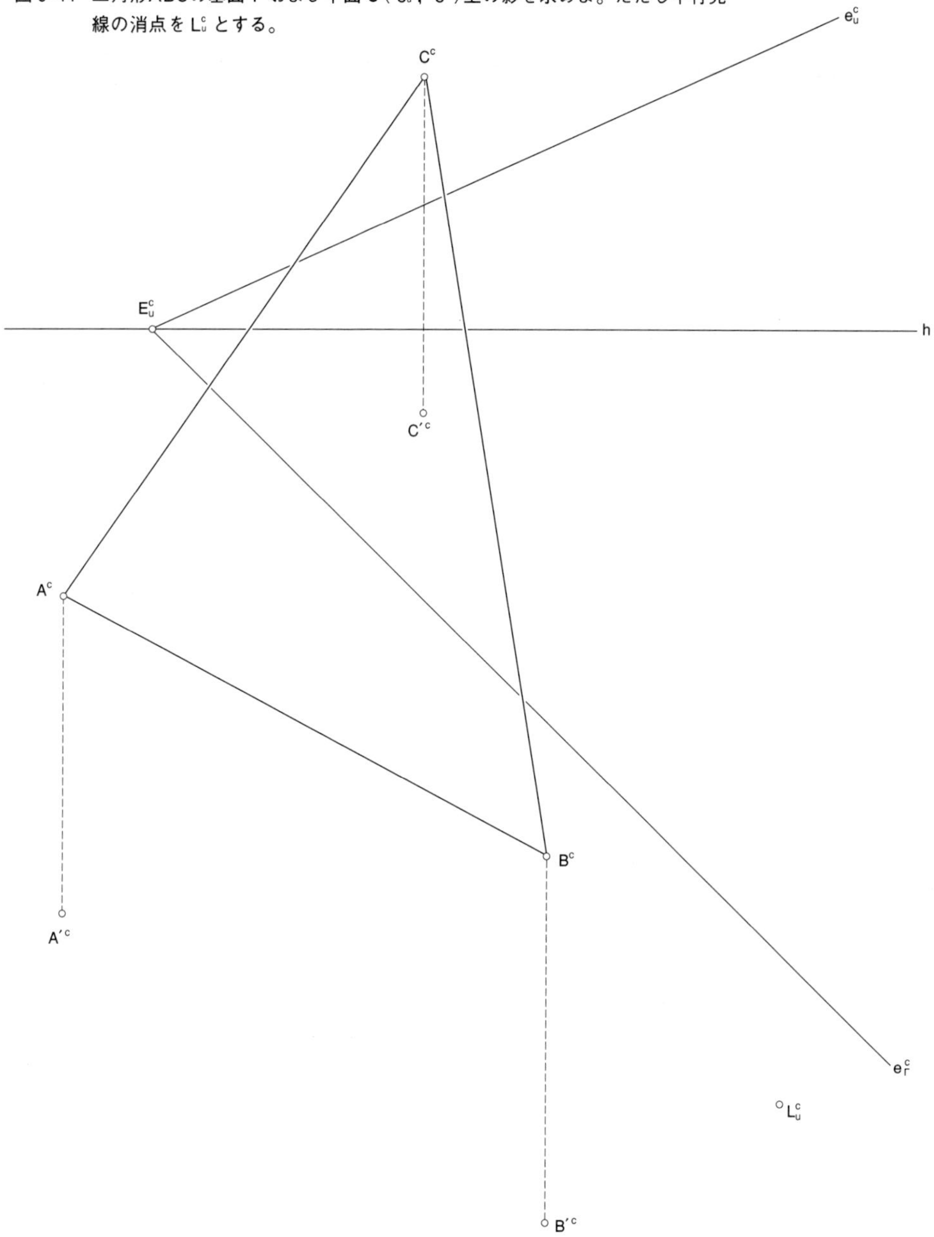

図 9-12　直線 AB を一辺とする基面 Γ 上の正五角形の透視図を求めよ。

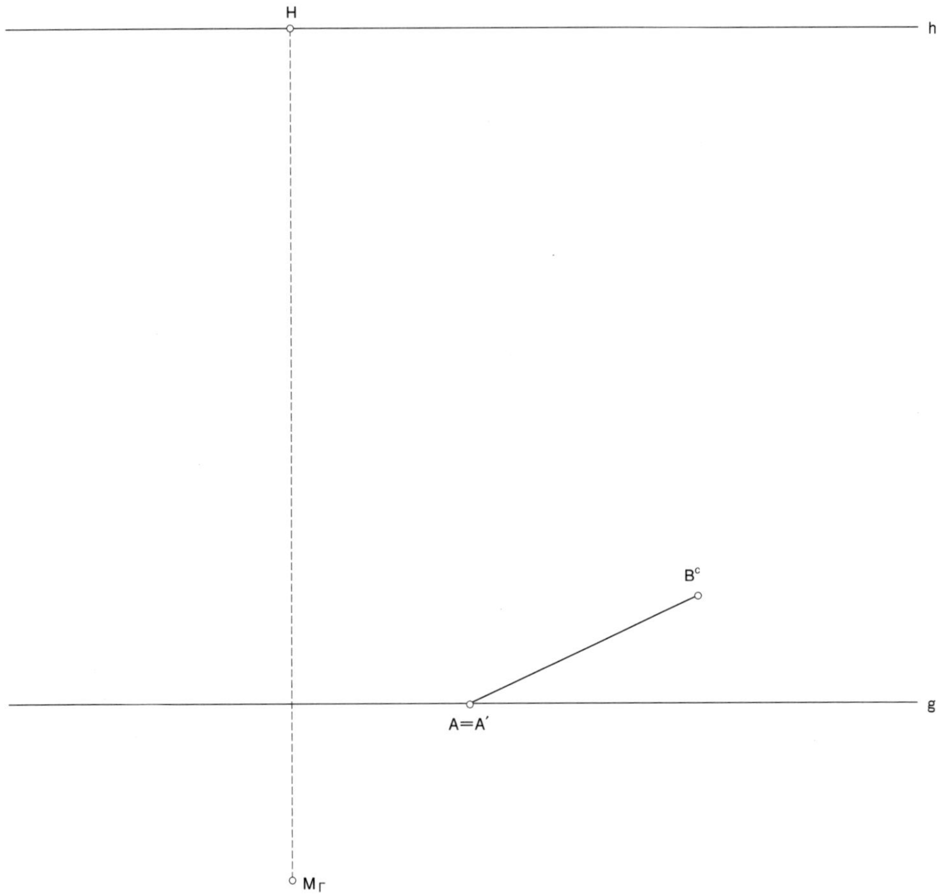

図 9-13　直線 AB を一辺とし，基面 Γ に垂直な平面 ε 上の正六角形の透視図を求めよ。

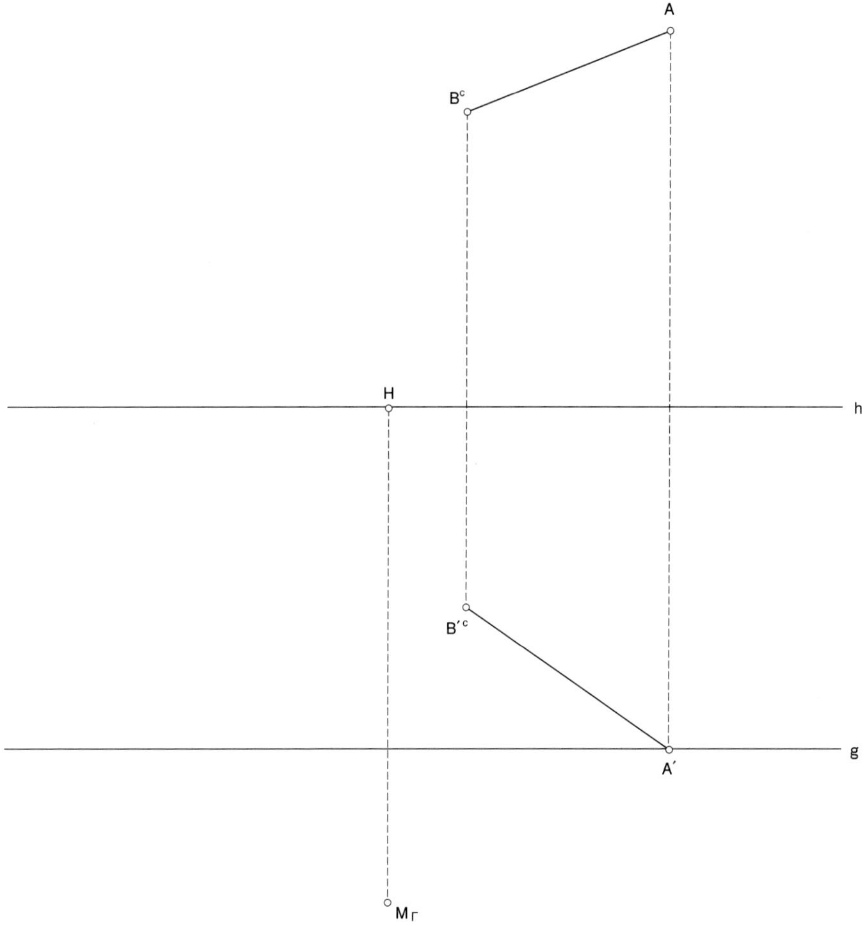

図9-14　点Pより直線aへ垂線を下し，その脚を求めよ。

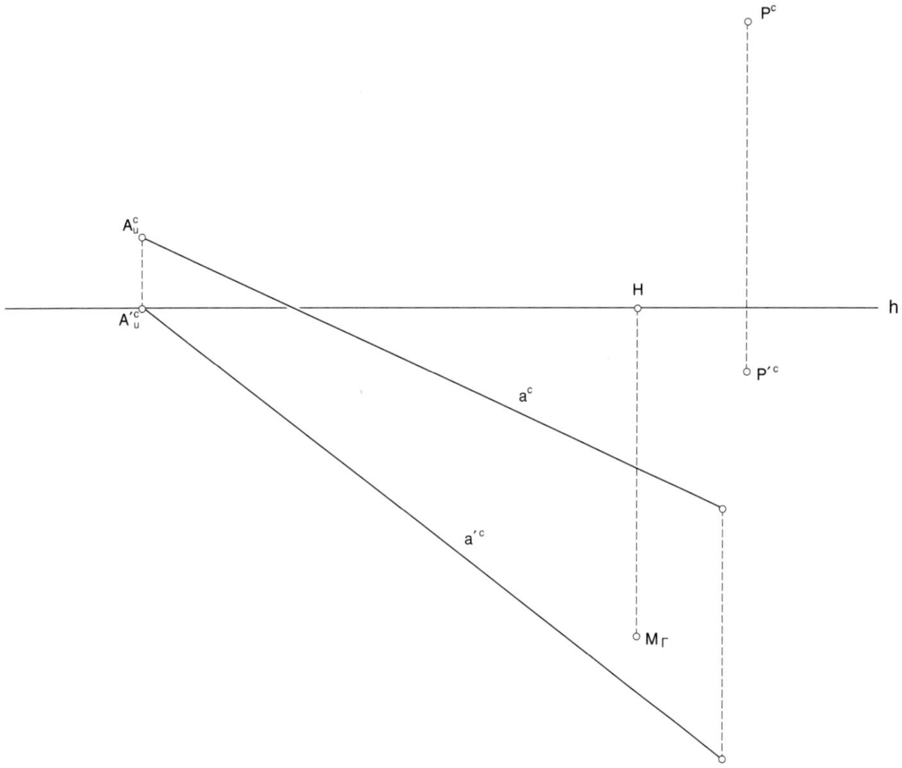

図9-15　点Pより平面εへ垂線を下し，その脚を求めよ。

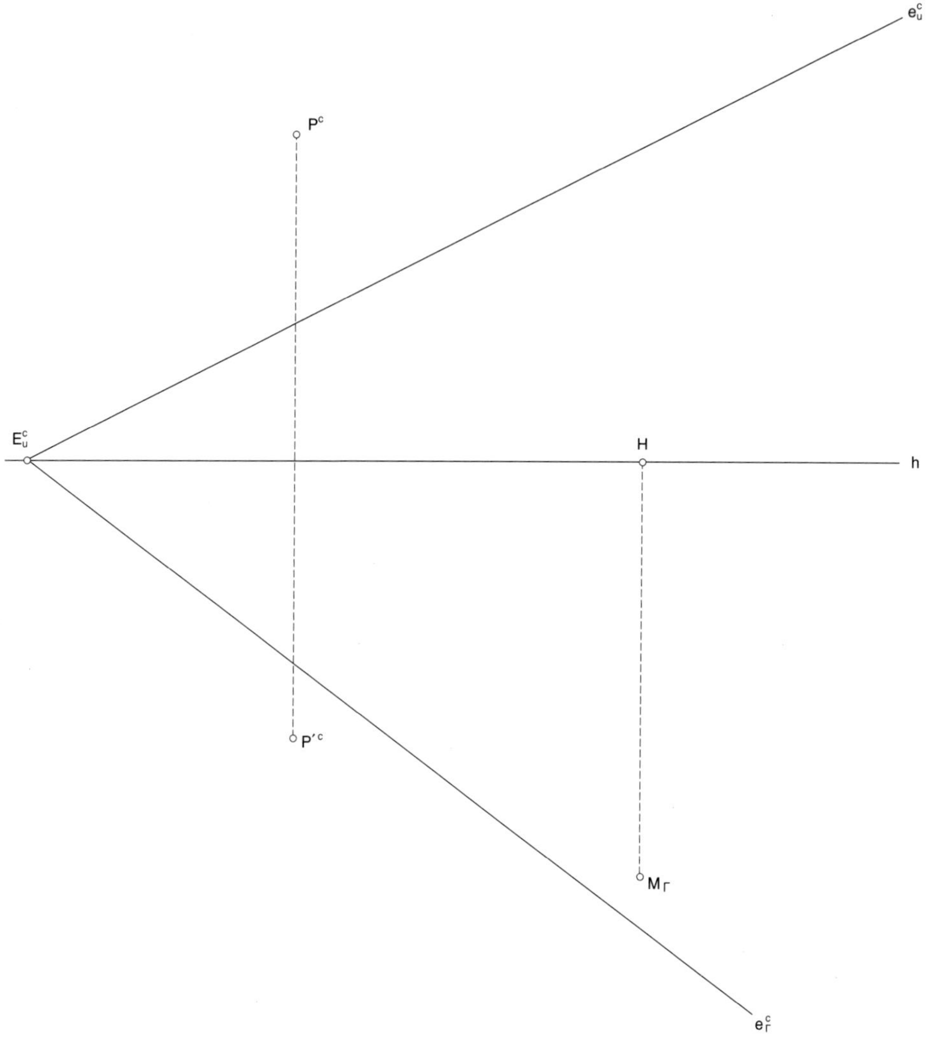

図9-16　点P，Qを底の中心とし，半径 r の円柱の透視図を求め，平行光線 ℓ の消点をL_u^cとするとき，その陰影を求めよ。ただし点Qは基面上の点である。

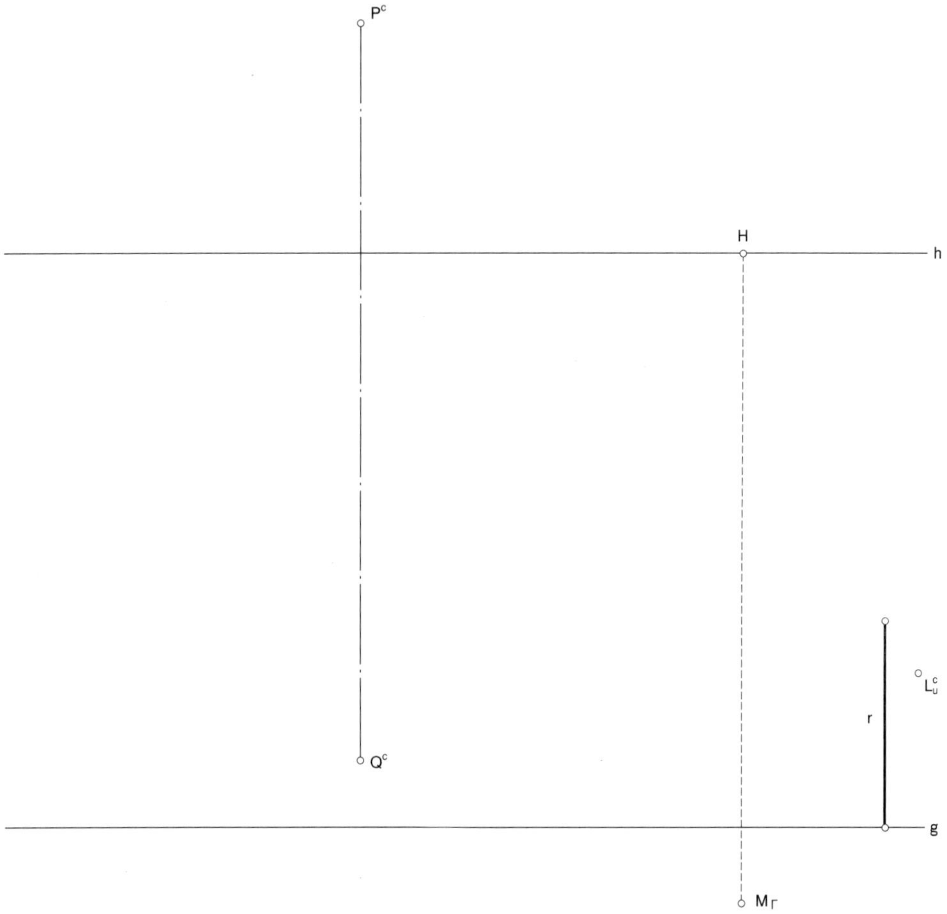

図9-17　点Kを中心とし，基面 Γ に垂直な平面 ε 上の円 k(半径 r)の透視図を求め，平行光線 ℓ の消点をL_u^cとして，その基面 Γ 上への影を求めよ。

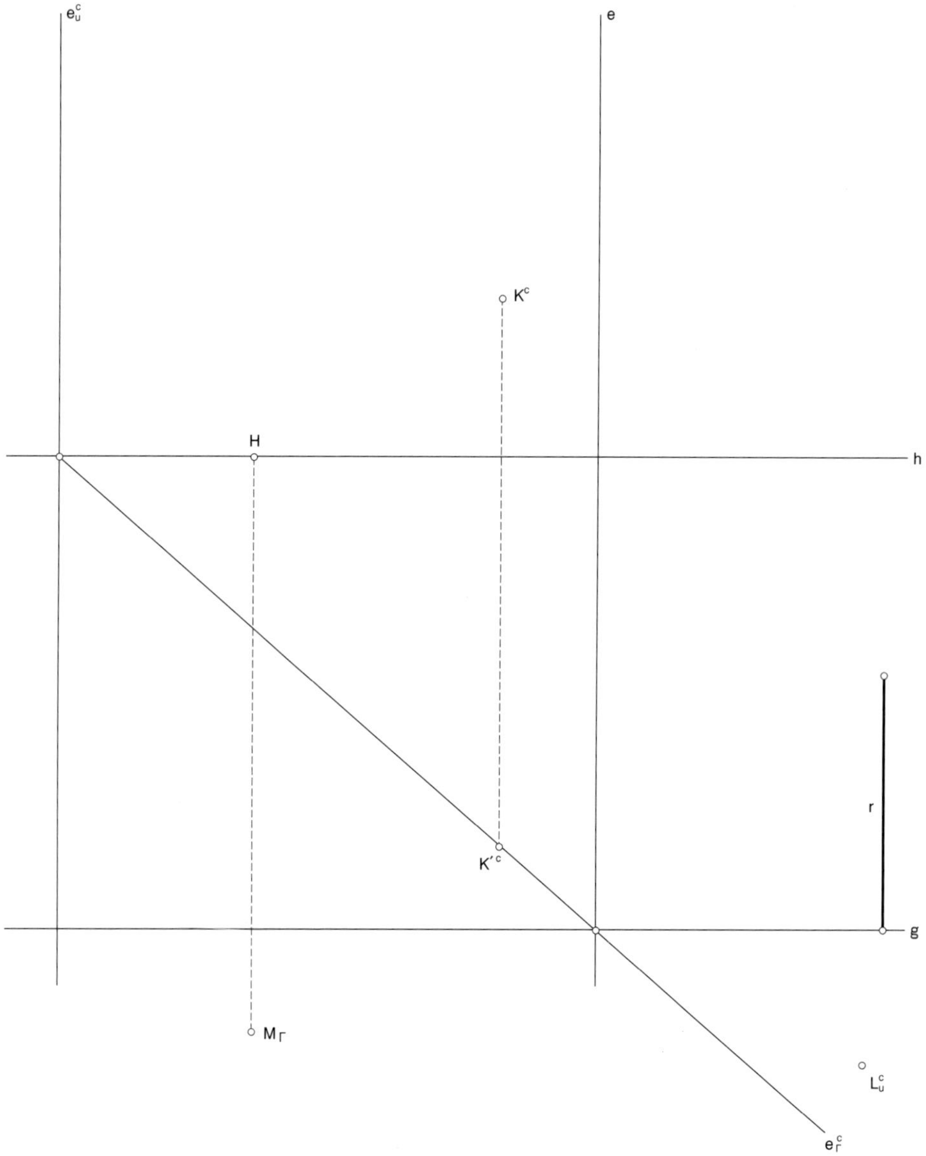

図 9-18　点Kを中心とし，半径rの球Σの透視図を求めよ。

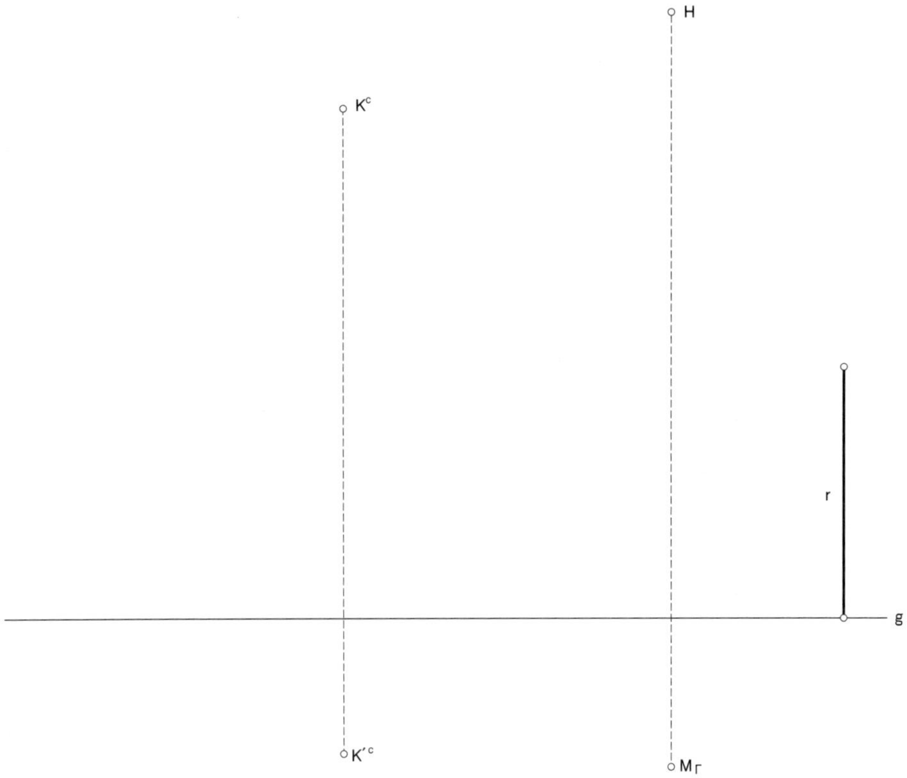

図 9-19　直線ABを一辺とする基面Γ上の正五角形ABCDEを底とし高さℓの正五角柱の仰観透視図を求めよ。

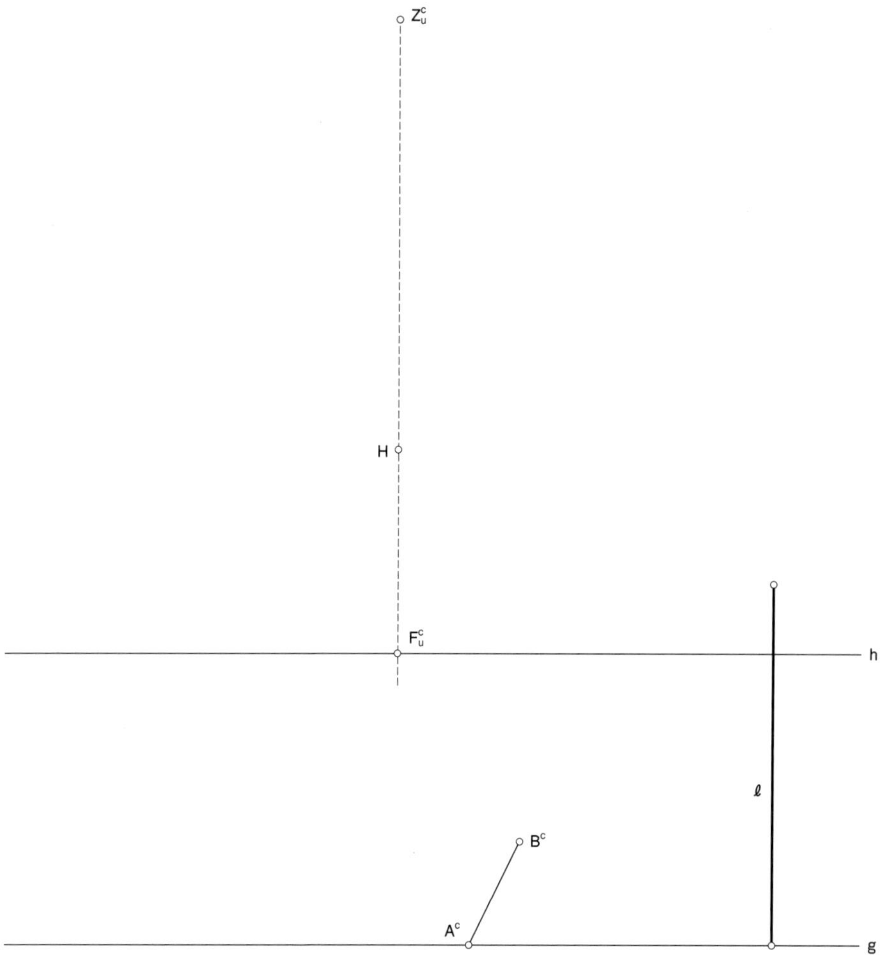

図 9-20　直線ABを一辺とする基面Γ上の正五角形ABCDEを下底とし高さ ℓ の正五角柱の俯瞰透視図を求めよ。

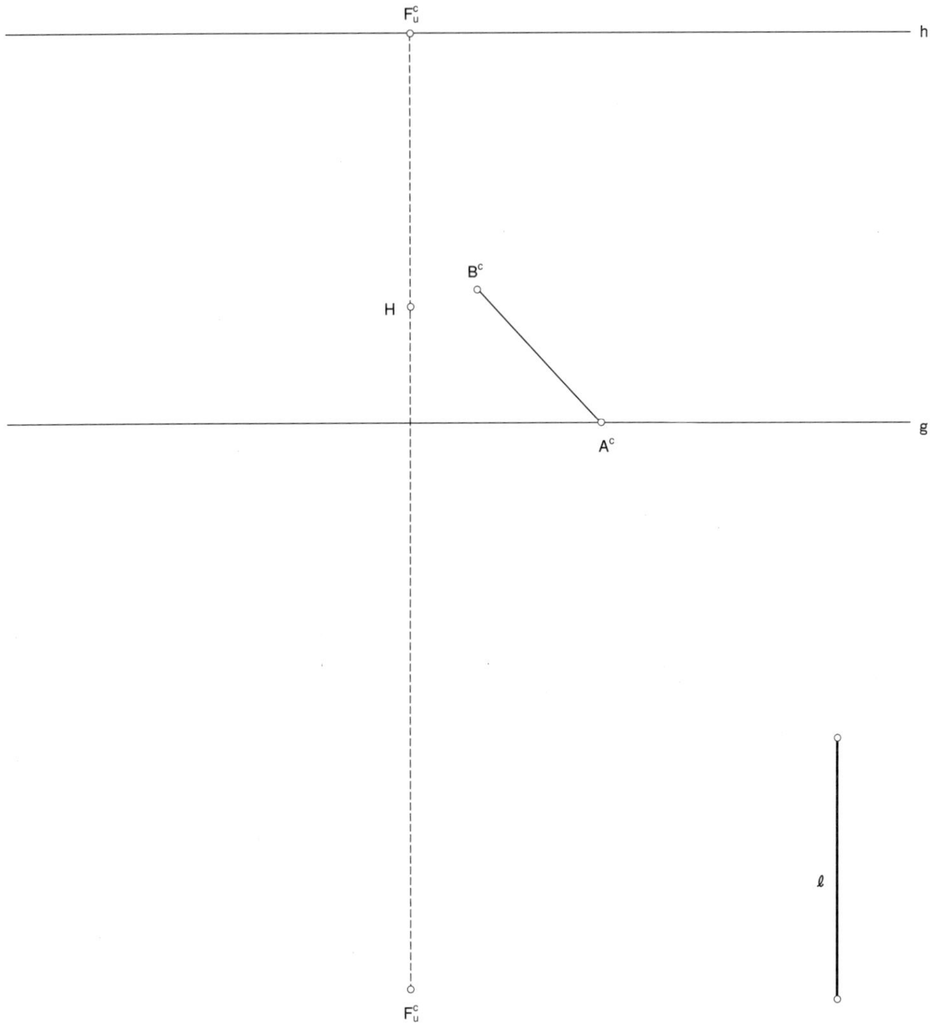

図 9-21　消点三角形 X_u^c Y_u^c Z_u^c と三直交軸U(xyz)の原点Uの透視図 U^c を知って原点Uを一頂点とし，三軸上の長さをそれぞれ ℓ_x，ℓ_y，ℓ_z とする直方体の仰観透視図を求めよ。

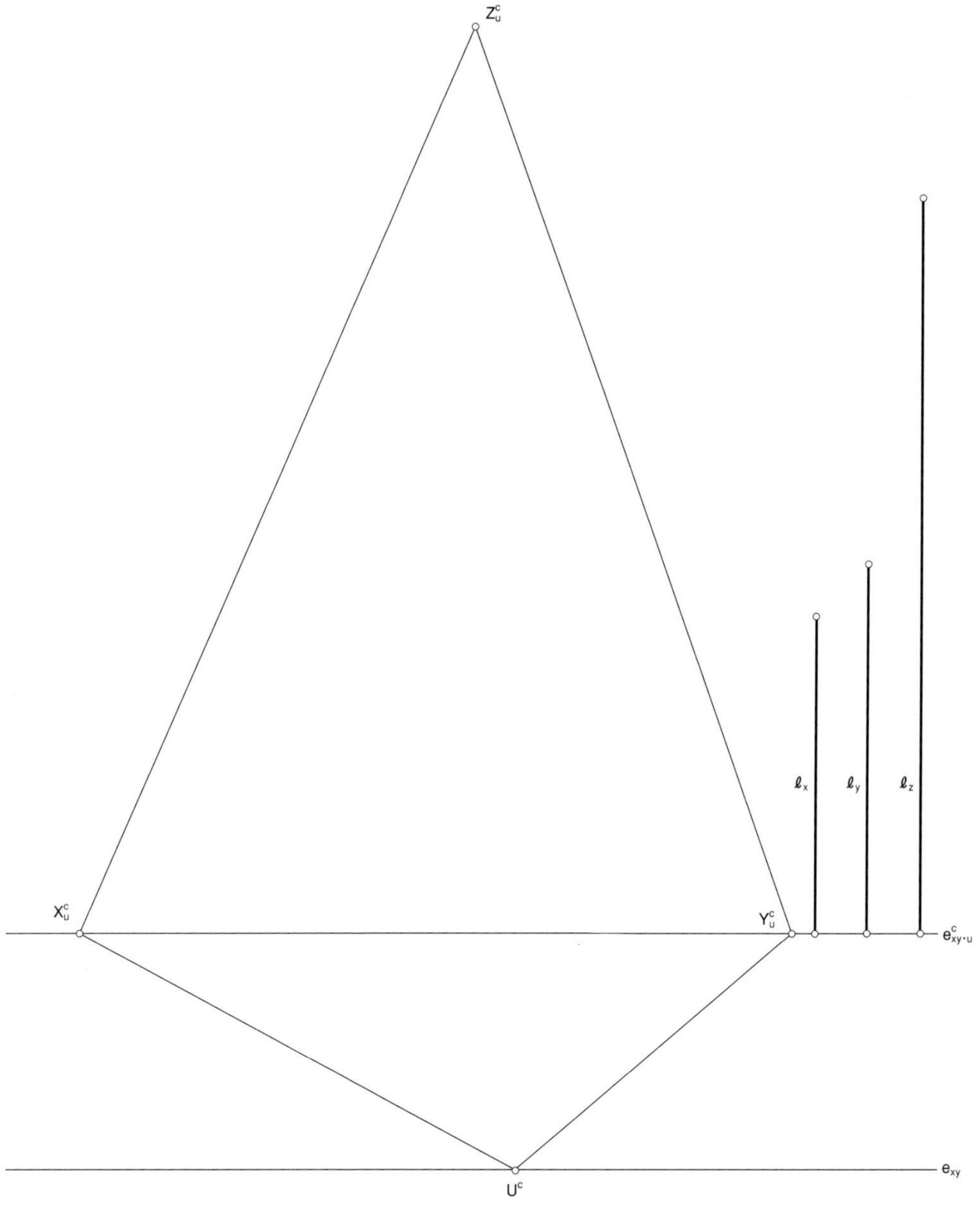